国家出版基金项目
NATIONAL PUBLICATION FOUNDATION

大飞机出版工程
总主编　顾诵芬

民用飞机复合材料结构
适航验证概论

An Introduction to Airworthiness Certification of Civil Airplane Composite Structure

路遥　编著

上海交通大学出版社
SHANGHAI JIAO TONG UNIVERSITY PRESS

内容提要

本书从民用飞机复合材料基础知识和适航验证体系入手,系统介绍复合材料结构的特性和设计准则、复合材料结构的适航验证要求和方法,重点介绍复合材料的材料规范验证、工艺规范验证、结构积木式验证方法、疲劳和损伤容限验证方法。同时概述了复合材料结构的气动弹性适航验证、防火、适坠性、闪电防护和结构修理相关的内容。

本书可供从事民用飞机设计、研究和制造的工程技术人员、适航审定人员以及航空工程相关专业的学生使用。

图书在版编目(CIP)数据

民用飞机复合材料结构适航验证概论/路遥编著. —上海:上海交通
大学出版社,2013
(大飞机出版工程)
ISBN 978 - 7 - 313 - 10729 - 9

Ⅰ.①民… Ⅱ.①路… Ⅲ.①民用飞机−复合材料−结构设计−
适航性飞行试验 Ⅳ.①V257

中国版本图书馆 CIP 数据核字(2013)第 308961 号

民用飞机复合材料结构适航验证概论

编   著:路 遥
出版发行:上海交通大学出版社　　　　　　　地   址:上海市番禺路 951 号
邮政编码:200030　　　　　　　　　　　　　电   话:021 - 64071208
出 版 人:韩建民
印   制:浙江云广印业有限公司　　　　　　经   销:全国新华书店
开   本:787mm×1092mm 1/16　　　　　　印   张:15.25
字   数:296 千字
版   次:2013 年 12 月第 1 版　　　　　　　印   次:2013 年 12 月第 1 次印刷
书   号:ISBN 978 - 7 - 313 - 10729 - 9/V
定   价:66.00 元

大飞机出版工程

丛书编委会

总主编

顾诵芬（中国航空工业集团公司科技委副主任、两院院士）

副总主编

金壮龙（中国商用飞机有限责任公司董事长）

马德秀（上海交通大学党委书记、教授）

编　委（按姓氏笔画排序）

王礼恒（中国航天科技集团公司科技委主任、院士）

王宗光（上海交通大学原党委书记、教授）

刘　洪（上海交通大学航空航天学院教授）

许金泉（上海交通大学船舶海洋与建筑工程学院工程力学系主任、教授）

杨育中（中国航空工业集团公司原副总经理、研究员）

吴光辉（中国商用飞机有限责任公司副总经理、总设计师、研究员）

汪　海（上海交通大学航空航天学院副院长、研究员）

沈元康（中国民用航空局原副局长、研究员）

陈　刚（上海交通大学副校长、教授）

陈迎春（中国商用飞机有限责任公司常务副总设计师、研究员）

林忠钦（上海交通大学常务副校长、院士）

金兴明（上海市经济与信息化委副主任、研究员）

金德琨（中国航空工业集团公司科技委委员、研究员）

崔德刚（中国航空工业集团公司科技委委员、研究员）

敬忠良（上海交通大学航空航天学院常务副院长、教授）

傅　山（上海交通大学航空航天学院研究员）

适航系列编委会

总　序

国务院在 2007 年 2 月底批准了大型飞机研制重大科技专项正式立项,得到全国上下各方面的关注。"大型飞机"工程项目作为创新型国家的标志工程重新燃起我们国家和人民共同承载着"航空报国梦"的巨大热情。对于所有从事航空事业的工作者,这是历史赋予的使命和挑战。

1903 年 12 月 17 日,美国莱特兄弟制作的世界第一架有动力、可操纵、重于空气的载人飞行器试飞成功,标志着人类飞行的梦想变成了现实。飞机作为 20 世纪最重大的科技成果之一,是人类科技创新能力与工业化生产形式相结合的产物,也是现代科学技术的集大成者。军事和民生对飞机的需求促进了飞机迅速而不间断的发展,应用和体现了当代科学技术的最新成果;而航空领域的持续探索和不断创新,为诸多学科的发展和相关技术的突破提供了强劲动力。航空工业已经成为知识密集、技术密集、高附加值、低消耗的产业。

从大型飞机工程项目开始论证到确定为《国家中长期科学和技术发展规划纲要》的十六个重大专项之一,直至立项通过,不仅使全国上下重视起我国自主航空事业,而且使我们的人民、政府理解了我国航空事业半个世纪发展的艰辛和成绩。大型飞机重大专项正式立项和启动使我们的民用航空进入新纪元。经过 50 多年的风雨历程,当今中国的航空工业已经步入了科学、理性的发展轨道。大型客机项目其产业链长、辐射面宽、对国家综合实力带动性强,在国民经济发展和科学技术进步中发挥着重要作用,我国的航空工业迎来了新的发展机遇。

大型飞机的研制承载着中国几代航空人的梦想,在 2016 年造出与波音 B737 和空客 A320 改进型一样先进的"国产大飞机"已经成为每个航空人心中奋斗的目标。然而,大型飞机覆盖了机械、电子、材料、冶金、仪器仪表、化工等几乎所有工业门类,集成了数学、空气动力学、材料学、人机工程学、自动控制学等多种学科,是一个复杂的科技创新系统。为了迎接新形势下理论、技术和工程等方面的严峻挑战,迫切需要引入、借鉴国外的优秀出版物和数据资料,总结、巩固我们的经验和成果,编著一套以"大飞机"为主题的丛书,借以推动服务"大型飞机"作为推动服务整个航空科学的切入点,同时对于促进我国航空事业的发展和加快航空紧缺人才的培养,具有十分重要的现实意义和深远的历史意义。

2008 年 5 月,中国商用飞机有限公司成立之初,上海交通大学出版社就开始酝酿"大飞机出版工程",这是一项非常适合"大飞机"研制工作时宜的事业。新中国第一位飞机设计宗师——徐舜寿同志在领导我们研制中国第一架喷气式歼击教练机——歼教 1 时,亲自撰写了《飞机性能捷算法》,及时编译了第一部《英汉航空工程名词字典》,翻译出版了《飞机构造学》、《飞机强度学》,从理论上保证了我们飞机研制工作。我本人作为航空事业发展 50 年的见证人,欣然接受了上海交通大学出版社的邀请担任该丛书的主编,希望为我国的"大型飞机"研制发展出一份力。出版社同时也邀请了王礼恒院士、金德琨研究员、吴光辉总设计师、陈迎春副总设计师等航空领域专家撰写专著、精选书目,承担翻译、审校等工作,以确保这套"大飞机"丛书具有高品质和重大的社会价值,为我国的大飞机研制以及学科发展提供参考和智力支持。

编著这套丛书,一是总结整理 50 多年来航空科学技术的重要成果及宝贵经验;二是优化航空专业技术教材体系,为飞机设计技术人员培养提供一套系统、全面的教科书,满足人才培养对教材的迫切需求;三是为大飞机研制提供有力的技术保障;四是将许多专家、教授、学者广博的学识见解和丰富的实践经验总结继承下来,旨在从系统性、完整性和实用性角度出发,把丰富的实践经验进一步理论化、科学化,形成具有我国特色的"大飞机"理论与实践相结合的知识体系。

"大飞机"丛书主要涵盖了总体气动、航空发动机、结构强度、航电、制造等专业方向,知识领域覆盖我国国产大飞机的关键技术。图书类别分为译著、专著、教材、工具书等几个模块；其内容既包括领域内专家们最先进的理论方法和技术成果，也包括来自飞机设计第一线的理论和实践成果。如：2009 年出版的荷兰原福克飞机公司总师撰写的 *Aerodynamic Design of Transport Aircraft*（《运输类飞机的空气动力设计》），由美国堪萨斯大学 2008 年出版的 *Aircraft Propulsion*（《飞机推进》）等国外最新科技的结晶；国内《民用飞机总体设计》等总体阐述之作和《涡量动力学》、《民用飞机气动设计》等专业细分的著作；也有《民机设计 1 000 问》、《英汉航空双向词典》等工具类图书。

　　该套图书得到国家出版基金资助，体现了国家对"大型飞机项目"以及"大飞机出版工程"这套丛书的高度重视。这套丛书承担着记载与弘扬科技成就、积累和传播科技知识的使命，凝结了国内外航空领域专业人士的智慧和成果，具有较强的系统性、完整性、实用性和技术前瞻性，既可作为实际工作指导用书，亦可作为相关专业人员的学习参考用书。期望这套丛书能够有益于航空领域里人才的培养，有益于航空工业的发展，有益于大飞机的成功研制。同时，希望能为大飞机工程吸引更多的读者来关心航空、支持航空和热爱航空，并投身于中国航空事业做出一点贡献。

2009 年 12 月 15 日

序　一

　　发展国产大型客机是党中央、国务院在 21 世纪作出的具有重要战略意义的决策。"民机发展,适航先行",是民用航空事业的基本理念。适航是国产大型客机获得商业成功、走向国际市场的法定前提和重要保证。

　　众所周知,第二次世界大战结束后,世界航空工业的两个超级大国——美国和苏联,分别成功制造了大型飞机波音 707 飞机和图-154 飞机,并投入民用航空运输领域。经过数十年的市场选择,最后的结果值得我们深思。目前,世界大型民机市场几乎完全由美国波音和欧洲空客两大航空巨头垄断,而辉煌一时的苏联民用运输机在市场上所占的份额不足 0.5％。造成这种结果的最重要因素,就是它的飞机安全性没有完全保证;同时,其保障安全性的适航体系也没有完全建立和全面实施。

　　美国高度重视适航体系的建立和发展。早在 1926 年商务部就成立了航空司,并颁发第 7 号航空通报,对飞行员、航图、导航和适航标准进行管理。1934年,航空司更名为航空局。从 1934 年到 1958 年相继制定并颁发了民用航空规章(CAR)如 CAR04(飞机适航要求)、CAM04(要求和解释材料)、CAR03(小飞机)、CAR06(旋翼机)、CAR04a-1(TSO)、CAR7(运输类旋翼飞机)等。

　　1958 年,航空局更名为联邦航空局(FAA),被赋予制定和监督实施美国航空规章(FAR)的职责。FAA 归属交通运输部,但局长由总统直接任命。

　　波音 707 飞机于 1958 年获得 FAA 型号合格证,获得了适航批准。在美国严格的审定标准和审定程序下,该飞机具有良好的安全性和市场表现,先后共交付 1 010 架,被誉为商用民航客机的典范。美国的适航体系和概念也得到了世界上绝大多数国家的认可。

　　苏联图-154 飞机却命运多舛。该飞机于 1966 年开始设计,苏联当时没有构成体系的民用飞机适航标准和主要参考强度规范等。虽然苏联民用飞机和直升机适航标准联合委员会于 1967 年制订了《苏联民用飞机适航标准》,该标准涵盖了运输类飞机、直升机、发动机和螺旋桨等各种航空产品,但适航要求不够详细和完善。1972 年,图-154 获得苏联民用航空部运送乘客许可并投入运行。该飞机虽然生产了 900 余架,但却发生了 56 次重大事故,最终没能在国际主流民机市场获得认可。

欧洲空中客车公司在国际民机市场的崛起,从另一个侧面说明了强有力的适航管理能力是大型客机成功的关键因素之一。欧洲为了在国际民机市场上和美国分庭抗礼,于 1990 年成立联合航空局(JAA),大力加强适航审定体系和适航管理能力建设,为空中客车公司后来居上进而在国际大型民机市场与波音公司平分秋色,起到了支撑和保障作用。

纵观欧美和苏联的运输类飞机发展历程可以发现,民机型号的发展不仅需要先进的航空工业基础,更重要的是要有国际认可的安全性——适航性。

当前,在国家政策指引下,中国航空业呈现跨越式发展。ARJ21-700 新支线飞机、215 直升机、MA600 螺旋桨飞机、Y12F 轻型多用途飞机、N5B 农用飞机、H0300 水陆两栖飞机、L7 初级教练机、28F 直升机、Y8F-600 飞机等型号陆续开展研制工作。2009 年 12 月 16 日,大型客机 C919 基本总体技术方案经过评审并获得通过,转入初步设计阶段;2010 年向中国民航局提交大型客机取证申请,预计大型客机争取在 2014 年首飞,2016 年交付客户使用。

面对正在开展的支线飞机和大型客机适航审定工作,我国的适航管理面临着新的严峻的挑战,突出表现为两个主要矛盾:一是国际审定技术快速发展与我国适航审定能力相对滞后的矛盾,尽管我们采用"影子审查"的中美两国政府合作方式来弥补;二是国内民用航空工业的快速发展与有限的适航符合性基础能力的矛盾。

现实迫切需要引入、借鉴国外的优秀出版物和数据资料,同时总结、巩固我国 30 年的实践经验和科研成果,编著一套以"民用飞机适航"为主题的丛书,这对于促进我国适航管理技术的发展和加快适航紧缺人才的培养,具有十分重要的现实意义和深远的历史意义。

与适航事业结缘近 30 年,并见证了中国适航发展变迁,我怀着继续为中国适航管理竭尽绵薄之力的愿望,欣然接受了上海交通大学出版社的邀请,担任"民用飞机适航"丛书的名誉主编。出版社同时邀请了中国民用航空局张红鹰总工程师、中商飞吴光辉总设计师和原民航局适航司副司长赵越让等适航专家撰写专著、精选书目,承担翻译、审校等工作,以确保这套丛书具有高品质和重大的社会价值,为我国的大飞机研制以及适航技术的发展提供参考和智力支持。

这套丛书主要涵盖了适航理念与原则、机载软件适航、试飞、安全可靠性、金属材料与非金属材料等专业方向,知识领域覆盖我国国产大飞机适航的关键技术,内容既包括适航领域专家们最先进的理论方法和技术成果,也包括来自工艺部门进行适航符合性验证的理论和实践成果。

该套图书得到国家出版基金资助,体现了国家对"大型飞机项目"以及"民用飞机适航出版工程"的高度重视。这套丛书承担着记录与弘扬科技成就、积累和传播科技知识的使命,凝结了国内外民机适航领域专业人士的智慧和成果,具有较强的系统性、完整性、实用性和技术前瞻性,既可作为实际工作指导用书,也可作为相关专业人员的学习参考用书。期望这套丛书能够有益于民用航空领域里适航人才的培养,有益于国内适航法规的完善、有益于国内适航技术的发展,有益于大飞机的成功研制。同时吸引更多的读者重视适航、关心适航、支持适航,为国产大型客机的商业成功做出贡献。

最后,我们衷心感谢中商飞、上海交通大学出版社和参与编写、编译、审校的专家们以及热心于适航教育的有识之士做出的各种努力。

由于国内外专家们的背景、经历和实践等差异,有些观点和认识不尽相同,但本着"仁者见仁,智者见智","百花齐放,百家争鸣"的精神,给读者以研究、思考的广阔空间,也诸多裨益。当然,不同认识必将在未来的实践检验中得到统一和认可。这也是我们出版界伟大的社会责任。我们期望的事业也就蓬勃发展了。大家努力吧!

2013 年 4 月 20 日

序　二

2012年7月8日,国务院出台了《国务院关于促进民航业发展的若干意见》。其中明确提出"积极支持国产民机制造",包括加强适航的审定和航空器的适航评审能力建设,健全适航审定组织体系,积极为大飞机战略服务,积极拓展中美、中欧等双边适航范围,提高适航审定国际合作水平。2013年1月14日,国务院办公厅以国办函[2013]4号文件下发了《促进民航业发展重点工作分工方案的通知》,要求有关部门认真贯彻落实《国务院关于促进民航业发展的若干意见》精神,将涉及本部门的工作进行分解和细化,并抓紧制订出具体落实措施。由此可见,适航和适航审定能力建设已上升为国家民航强国战略、国产大飞机战略的有效组成部分。

适航是民用飞机进入市场的门槛,代表了公众对民用飞机安全的认可,也是民用飞机设计的固有属性。尽管相比国外,我国的适航管理起步较晚,1987年国务院才颁布《中华人民共和国民用航空器的适航管理条例》,但是我们一开始在适航标准的选用上就坚持了高标准并确定了与欧美国家接轨的道路,几十年国际民用飞机的发展和经验已充分证明我国适航管理道路的正确性和必要性,对于国家的大飞机战略,我们仍将坚持和选择这样的道路,只有这样,才能确保我国从民航大国走向民航强国,形成有国际竞争力的民用飞机产业。

飞机已经诞生110年了,国外先进的民机发展历史也有七八十年,我国民机发展历史较短,目前还无真正意义上按25部适航标准要求取得型号合格证的产品出现,但可喜的是从中央到企业,从民航到工业界,业界领导和专家将适航及适航能力的突破作为国产民用飞机产业发展的基础和前提,达成了共识。专家、学者、工程师和适航工作者全面探索和开辟了符合中国国情的适航成功道路的研究及实践,并直接应用到 C919 等型号研制中。我很高兴地看到上海交通大学出版社面向大飞机项目的适航技术提高和专业适航人才的培养,适时推出"民用飞机适航出版工程"系列丛书,引入、借鉴国外的优秀出版物,总结并探索我国民机发展适航技术的实践经验及工程实践道路,直接呼应了国家重大任务,应对了民机产业发展,这无疑具有十分重要的现实意义和深远的历史意义。

张红鹰

2013 年 7 月 20 日

作者介绍

  路遥,高级工程师,毕业于北京航空航天大学材料与科学工程专业,获硕士学位,现就职于中国民航科学技术研究院。曾参与"民用航空产品和零部件合格审定规定"(CCAR 21)、"运输类飞机适航标准"(CCAR 25)等多部适航规章的编写工作;参与空客 A380 飞机、巴西 ERJ190/195 等飞机的型号认可审定工作;担任 ARJ21-700 国产新支线飞机型号合格审定委员会秘书和结构强度专业组审查代表;担任 C919 大型客机型号合格审定委员会委员;以及承担多项适航审定验证技术研究。发表国际国内论文数十篇,参与航空安全课题研究,分别获得中国民用航空科学技术一等奖(2 次),三等奖(1 次)。

前　　言

　　复合材料以其独特的性能在航空航天结构中获得越来越广泛的应用,今天这种发展趋势更是有增无减,其巨大的结构减重潜力,较高的比强度、比刚度特征以及广泛的可设计性都是其他材料不可比拟的。先进复合材料结构占飞机结构总量的比例,在某种程度上成为评价该飞机性能的重要技术指标,也标志着该飞机设计制造厂家(国家)的工业技术的先进程度和实力。

　　尽管复合材料用于航空器结构拥有诸多优势,例如可设计性好、比强度/比模量高、化学性质稳定、耐腐蚀、疲劳性能好;但是复合材料也存在材料形成和结构成型工艺高度融合、多向异性和非线性的力学性能、材料分散性大、工艺参数对材料性能影响大、构造细节对结构强度影响大的特点。站在适航审定工作的角度看,这些特点要求对飞机用复合材料结构的适航验证需要额外考虑更多的内容,更加充分地试验实证和技术细节把握,这也使得相较于传统的金属材料结构,复合材料结构的适航验证难度更大。

　　本书旨在站在适航审定当局工作人员的立场,讨论与民用飞机复合材料结构适航验证相关的基本概念、适航要求及其验证方法。在民用航空制造业发达的国家,通常是先有大量的设计实践、设计验证经验和使用经验,然后再总结出一套行之有效的适航标准和验证方法,用于指导后来的设计实践活动和确定设计所应达到的安全水平。在这个过程中,为什么这样定适航标准、适航标准定成什么样、如何做能够满足适航标准同步发展和不断积累。这也就是人们常说的,解决了标准是什么(what)、如何做(how)和为什么(why)这样的问题。作为民用航空制造业的后来者,我们仍在不断摸索。作为适航审定当局的工作人员,我觉得应当将自己了解到的国际上对于飞机用复合材料的适航审定有什么标准、有什么验证方法的实践经验介绍出来,先解决是什么的问题;然后,在国内民用飞机研制和适航审定过程中,与民用航空工业部门共同探讨如何做和为什么要这样的问题。这正是编写本书的目的。

本书能够面世首先要感谢中国商飞公司适航管理部的赵越让部长,要不是他的引荐、鼓励和支持,我从没有想过能将自己的积攒的一点想法编写成书。本书还要感谢北京航空航天大学的诸位师长,是他们将我领进门,使我知道了"复合材料"这个词汇和背后的故事;感谢中国民航适航审定系统的诸位领导和同事,正是他们为我创造了众多的机会去学习、了解国际适航业界的信息,也正是在与他们共同工作的过程中帮助我逐步了解了适航的知识。

这还是一本"催"出来的书。感谢上海交通大学出版社的钱方针、刘怡锦两位老师,没有她们不厌其烦地催促,我几乎就要放弃;正是她们的"不放弃",让我发现自己这样一个严重的 Procrastination(拖延症)患者也还有治愈的希望。同时还要感谢她们在本书编写过程中在文字和成书的编写规范上给予我的大量指导。

同时,我还要感谢我的家人,特别是我的太太和女儿,感谢她们在我完不成任务时忍受我的坏脾气。这本书就要完稿了,我将会有更多的时间陪伴她们。

当然,受水平所限制,本书仍然存在诸多的错误和疏漏。就在本书完稿的一刻,我依然有所胆怯,就怕拿出的拙作贻笑大方。但是那个从小就学过的爱因斯坦的三个小板凳的故事给了我莫大的勇气。是的,即使想到亲爱的读者您面对本书的错误和疏漏会皱眉和摇头叹气,我依然会告诉自己,在我的计算机里还有更糟糕的"两个小板凳",它们见证了我努力的过程。听而易忘,见而易记,做而易懂。我想,能将自己在适航审定过程中所听到的、见到的、做过的关于复合材料适航审定的知识拿出来分享,对我们的民机研制和适航审定工作何尝不是一个小小的贡献呢?

路　遥

2013 年 12 月于北京

目　　录

1 民用飞机适航概论

本书站在适航审定当局工作人员的立场,讨论与民用飞机复合材料结构适航验证相关的基本概念、适航要求及其验证方法。本书的书名《民用飞机复合材料结构适航验证概论》包含如下几个关键词:

(1) 民用。

(2) 飞机。

(3) 复合材料结构。

(4) 适航验证。

关键词之一,民用。

"民用"是由英文"Civil"翻译而来。《国际民用航空公约》(Convention on Internation Civil Aviation)的第三条对民用航空器有如下规定:

第三条 民用航空器和国家航空器

一、本公约仅适用于民用航空器,不适用于国家航空器。

二、用于军事、海关和警察部门的航空器,应认为是国家航空器。

三、一缔约国的国家航空器,未经特别协定或其他方式的许可并遵照其中的规定,不得在另一缔约国领土上空飞行或在此领土上降落。

四、缔约各国承允在发布关于其国家航空器的规章时,对民用航空器的航行安全予以应有的注意。

《国际民用航空公约》于 1944 年 12 月 7 日在美国芝加哥签订,是国际民航组织(International Civil Aviation Organization,ICAO)的宪章性文件。由于《国际民用航空公约》在芝加哥签署,因此也被称为"芝加哥公约"。根据芝加哥公约的规定,民用航空器(civil aircraft)是相对国家航空器(state aircraft)而言的,根据其使用部门进行界定。芝加哥公约定义"用于军事、海关和警察部门的航空器"是"国家航空器"。因此,用于军事、海关和警察部门之外的航空器,即为"民用航空器"。

在日常生活中,航空公司运营的、用于公共运输的航空器,私人拥有的、用于人员交通或者运动娱乐的航空器,飞行驾校使用的、用于培训飞行员的航空器,都属于民用航空器的范畴。

中国作为国际民航组织的缔约国,自然也采纳芝加哥公约中关于"民用航空器"的定义。1995年10月30日公布的《中华人民共和国民用航空法》的第五条规定:

本法所称民用航空器,是指除用于执行军事、海关、警察飞行任务外的航空器。

因此,本书书名以"民用"开头,表明本书所讨论的知识专注于民用航空器的领域,而不涉及军用、警用等国家航空器的领域。

关键词之二,飞机。

"飞机"通常指固定翼飞机(fixed wing airplane),相对于旋翼航空器(rotocraft)而言。并且,本书中的飞机一般指飞机本身,而不包括飞机的动力装置,即发动机和螺旋桨。因此,本书主要讨论飞机本身的复合材料结构,例如,机翼、机身结构等。当然,复合材料已经广泛应用于飞机的螺旋桨和发动机上,即使是大推力的涡扇发动机也已经采用了复合材料的风扇叶片和风扇叶片机匣。例如,美国通用电气公司(GE)的GE90系列发动机(安装在波音B777飞机上)和GEnx系列发动机(安装在波音B787飞机上)就采用了全复合材料的风扇叶片。

关键词之三,复合材料结构。

"复合材料"是由英文"composites"翻译而来。"复合材料结构"到底是一种"材料",还是一种"结构"? 本书将在第2章"民用飞机复合材料结构概述"给出复合材料结构的一些基础知识,并试图从材料和结构的角度理解"复合材料结构"。因此,暂且先将这一问题放在一边,先来讨论关键词之四"适航验证"。

关键词之四,适航验证。

在讨论这个关键词之前,首先解释本书写作面向的预期读者。本书的预期读者大致可能包含三类人员:

一是从事民用飞机设计、研究和制造的工程技术人员。这类工程技术人员对于民用飞机和复合材料的基本知识、科学理论和工程实践已经有着很深刻的认识。但是,考虑到我国的民用飞机设计人员大多有着航空院校的教育经历和国防航空工业的从业背景,相较于复合材料的专业知识,他们对于"适航"的概念可能还是相对陌生。尽管近10年来随着国产民用飞机型号的陆续启动、民用飞机适航的理念已经被越来越多的民用飞机设计人员了解并付诸实践,但是完全从适航的角度来看待民用飞机某一专业的书籍还并不多见。因此,从适航的角度探讨民用飞机复合材料结构的一些看法,供民用飞机设计人员参考,是本书的主要写作目的。

二是从事适航审定工作的技术人员。本书的作者正是他们中的一员,本书尝试着对民用飞机复合材料结构适航验证相关的标准、程序和验证方法进行总结。因此,希望本书能成为一本适航审定方面的工具书,囊括复合材料结构适航验证方面尽可能完整的技术资料的索引。尽管受本书作者专业水平的限制,书中的一些观点可能不尽完善,但是将本书作为了解民用飞机复合材料结构适航验证的一个入口,去了解和掌握这方面众多的国际适航标准、技术指南和研究报告,也是本书的写作目的之一。

三是高等工科院校埋工科学生,特别是航空工程相关专业的高校学生。在 20 世纪,尽管在高校的研究项目和论文写作过程中有所涉及,但是适航并没有作为专门的课程或者单独的专业在航空工程相关的高等学校进行教学,以至于航空工程的高校毕业生进入民用飞机研发的工作岗位后并不具备系统而全面的、适航相关的基础知识。帮助高等工科院校学生从适航的角度了解民用飞机复合材料结构的相关知识,为他们打开适航领域的一扇窗口,同样也是本书的写作目的之一。

基于上述的理由,本书的读者可能对复合材料专业知识的了解远胜于对适航概念的了解,所以本书将"民用飞机适航概论"作为本书开篇的第 1 章,而将"民用飞机复合材料结构概述"作为本书的第 2 章,以期读者对本书所用的术语体系形成共识,并形成阅读本书的基础。

1.1 适航的基本概念

与军用飞机以达到优异的技术和战术指标作为成功标准不同,民用飞机项目要实现最终的商业成功,必须达到安全、经济、舒适这三项重要目标。飞机制造商能否通过销售飞机实现盈利、飞机用户能否以尽可能低的成本使用飞机(例如,飞机的燃油消耗少、维修成本低)是飞机经济性的重要指标,机组驾驶、乘客乘坐是否舒适则是飞机舒适度的重要指标。判断飞机的经济性和舒适度,有待于民用飞机投入市场后的检验。

然而,对飞机安全性的判断事关人民群众生命财产的安全,绝不能待飞机投入市场后由"实践"检验。因此,世界各国在面对这一问题时,都将判断飞机安全性的工作放在飞机投入市场之前,与飞机的研发生产同步进行。同时考虑到受专业知识和信息严重不对称的影响,公众自身来判断飞机的安全性完全不可行,所以判断飞机安全性的工作通常交由相关的政府部门组织专业人员进行——这也就是飞机"适航审定"工作的缘由与目的。我国也采用同样的管理理念。1987 年 6 月 1 日施行的《中华人民共和国民用航空器适航管理条例》第四条规定:

民用航空器的适航管理由中国民用航空局负责。

1.1.1 适航的定义

"适航"是由英文"airworthiness"翻译而来。"适航"从字面理解,就是飞机是否适合航行,对飞机是否适合航行的最基础的判据就是飞机的安全性。然而,在航空业界的规章、标准和技术指南中并没有对"适航"一词给出一个确切的书面定义。例如,在国际民用航空公约的附件 8《航空器的适航性》(Annex 8 to the Convention on International Civil Aviation, Airworthiness of Aircraft)中,尽管给出了包括诸如"飞机(Aeroplane)"、"航空器(Aircraft)"等词语在内的许多定义,唯独没有给出"适航(airworthiness)"的定义。在航空业界,一个广为接受的"适航"的定义是:

适航指飞机能在预期的运行条件下安全飞行(包括起飞和着陆)的固有品质,这种品质可以通过合适的维修而持续保持。

因此,有时也将"airworthiness"翻译为"适航性",即飞机能够和适合安全飞行的特性。被认定具备这种特性的飞机经常被称为"适航的(airworthy)",或者说"处于适航状态"。

在这个定义中,一个非常值得关注的词是"预期的运行条件(anticipated operating conditions)"。先来看看国际民用航空公约的附件8《航空器的适航性》中的定义:

预期的运行条件。这些条件在航空器的整个运行寿命期内通过经验可知或者可以合理想见,需要考虑航空器可以进行的运行、相关的大气气象条件、地形条件、航空器的功能、人员的效率以及影响飞行安全的所有因素。(*Anticipated operating conditions. Those conditions which are known from experience or which can be reasonably envisaged to occur during the operational life of the aircraft taking into account the operations for which the aircraft is made eligible, the conditions so considered being relative to the meteorological state of the atmosphere, to the configuration of terrain, to the functioning of the aircraft, to the efficiency of personnel and to all the factors affecting safety in flight.*)

法律文本总是显得如此严肃和拗口,在这里不妨用更通俗的语言解读一下。飞机复合材料结构会遇到什么样的"预期的运行条件"呢? 在这样的"预期的运行条件"下,飞机复合材料结构如何保证飞机安全飞行呢? 先来看看几个例子。

(1)飞机的飞行需要经历给定的机动动作,这些机动动作会给飞机复合材料结构施加相当的载荷,这些载荷就构成了一种"预期的运行条件"。复合材料结构能够承受这些载荷才能保证飞机安全飞行。

(2)飞机的飞行可能经历空气温湿度的变化,这些温湿度会影响飞机复合材料结构的力学性能,这些温湿度也构成了一种"预期的运行条件"。复合材料结构在经历这种温湿度的预期运行条件下依然能够保持一定的力学性能,才能够承受第(1)条中经历的飞行载荷,以保证飞机的安全飞行。

(3)飞机穿越云层或者在雷雨条件下飞行可能遭受闪电,闪电作用在飞机复合材料结构上会造成结构的损伤,这种闪电的外部环境就构成了一种"预期的运行条件"。要求复合材料结构在遭受闪电带来的损伤后依然保持一定的力学性能,能够承受第(1)条中经历的飞行载荷才能保证飞机安全飞行。

(4)飞机的飞行可能遭遇飞鸟的撞击(bird strike),鸟击会造成飞机复合材料结构的损伤,同样这种遭遇鸟击可能也构成了一种"预期的运行条件"。要求复合材料结构在遭受鸟击损伤后依然保持一定的力学性能,能够承受第(1)条中经历的飞行载荷才能保证飞机安全飞行。

从上面的例子可以看到,"预期的运行条件"不仅要考虑正常的飞机飞行的运行条件,例如飞行载荷、大气温湿度、风向风速、随高度变化的大气压力等,还要考虑一些非正常的运行条件,例如遭遇空中湍流(turbulance)、遭遇闪电、遭遇鸟击等。而且,随着航空活动的日益丰富、航空技术的不断进步和外部环境的不断变化,飞机安全飞行需要考虑的"预期的运行条件"也会不断发生变化。以下举例说明。

(1) 随着碳纤维增强复合材料结构的广泛应用(碳纤维具有低频绝缘、高频导电的独特电性能)和飞机更多采用高度集成、数字化航电系统,并且人类越来越多的电子应用(广播电视信号、无线通信网络、高强度电子射线望远镜、深空探测天线等),外界的高强辐射场(high intensity radiation field, HIRF)环境也构成了一种"预期的运行条件"。飞机的航电系统在这种辐射环境中需要能够执行正常的功能,才能保证飞机安全飞行。

(2) 美国遭遇"9·11"恐怖袭击后,旅客的非法干扰行为、甚至炸弹(bomb)也构成了一种"预期的运行条件"。适航标准要求飞机的驾驶舱门能够抵御一定的轻型武器的攻击并阻止非法侵入。国际民航组织要求飞机设计考虑"最小风险炸弹位置(least risk bomb location)",确保在飞机上发现炸弹后将炸弹存放在该位置,炸弹爆炸后飞机结构和系统受爆炸影响产生的风险降至最低,飞机仍然能够继续安全飞行和着陆。

由此可见,在如今的环境中,"预期的运行条件"不仅包括传统意义上影响安全(safety)的因素,还包括影响安保(security)的因素!

然而,什么不是"预期的运行条件"呢? 遭遇闪电(lightning strike)、遭遇鸟击(bird strike)、遭遇炸弹是"预期的运行条件",那有什么情况不是"预期的运行条件"呢?

还记得 2010 年的冰岛火山灰造成欧洲航空市场全面"停摆"吗? 在密布火山灰的大气环境中飞行是不是"预期的运行条件"呢? 答案是否定的。在目前"适航"所考虑的"预期的运行条件"中,或者说影响安全飞行的因素中,还不包括火山灰这一"条件"。正是由于火山灰不是"预期的运行条件",所以目前"适航的"飞机和航空发动机的设计并不足以保证它们在这种条件下安全飞行。但是,谁又能预测将来的变化呢?

再次回到"适航"的定义。适航指飞机能在预期的运行条件下安全飞行(包括起飞和着陆)的固有品质,这种品质可以通过合适的维修而持续保持。请仔细体会这个定义,并牢记它。记住,在本书后续章节中,讨论复合材料结构是否"适航"时,对"适航性"的影响因素始终要有"预期的运行条件"这个前提。

1.1.2　适航审定的含义

1.1.1 小节讨论了"适航"的定义。"适航"是一个外来词,由英文"airworthiness"翻译而来。本小节还将讨论一个词语的含义——适航审定。同样,它也来自于一个英文词组——airwothiness certification。在 certification 单独出现时,常常可以将其翻译为"合格审定"。理由很简单,通过"合格审定"后的表现形式是颁发合格证"certificate"。当然,从接受"合格审定"一方,即申请证件的一方的角度看,certification

还有一个更加通俗、准确的译法——取证,即"取得证件"。因此,在各种文章和技术文献中还常常能看到这样一个说法——适航取证。殊途同归,这同样是对airworthiness certification 的翻译。

适航,指飞机能在预期的运行条件下安全飞行(包括起飞和着陆)的固有品质。那么,"适航审定"工作的根本目的就是对飞机的适航性(安全性)进行评判和审查,其表现形式是颁发合格证。首先,看看法律是如何规定"适航审定"工作的。

1995 年 10 月 30 日公布的《中华人民共和国民用航空法》的第四章"民用航空器适航管理"有如下规定:

第三十四条　设计民用航空器及其发动机、螺旋桨和民用航空器上设备,应当向国务院民用航空主管部门申请领取型号合格证书。经审查合格的,发给<u>型号合格证书</u>。

第三十五条　生产、维修民用航空器及其发动机、螺旋桨和民用航空器上设备,应当向国务院民用航空主管部门申请领取<u>生产许可证书</u>、维修许可证书。经审查合格的,发给相应的证书。

第三十七条　具有中华人民共和国国籍的民用航空器,应当持有国务院民用航空主管部门颁发的<u>适航证书</u>,方可飞行。

第三十八条　民用航空器的所有人或者承租人应当按照适航证书规定的使用范围使用民用航空器,做好民用航空器的维修保养工作,保证民用航空器处于适航状态。

1987 年 6 月 1 日施行的《中华人民共和国民用航空器适航管理条例》也规定如下:

第四条　民用航空器的适航管理由中国民用航空局(以下简称民航局)负责。

第五条　民用航空器的适航管理,必须执行规定的适航标准和程序。

第六条　任何单位或者个人设计民用航空器,应当持航空工业部对该设计项目的审核批准文件,向民航局申请型号合格证。民航局接受型号合格证申请后,应当按照规定进行型号合格审定;审定合格的,颁发<u>型号合格证</u>。

第七条　任何单位或者个人生产民用航空器,应当具有必要的生产能力,并应当持本条例第六条规定的型号合格证,经航空工业部同意后,向民航局申请生产许可证。民航局接受生产许可证申请后,应当按照规定进行生产许可审定;审定合格的,颁发<u>生产许可证</u>,并按照规定颁发<u>适航证</u>。任何单位或者个人未按照前款规定取得生产许可证的,均不得生产民用航空器。

第九条　民用航空器必须具有民航局颁发的适航证,方可飞行。

根据上述的法律条文,一架飞机在进入市场前需要进行"适航审定"。通俗来讲,需要过"三关":即需要经历型号合格审定(type certification)、生产审定(production certification)和单机适航审定(individual aircraft airworthiness certification)的过程。这个工作的核心就是对飞机的"适航性"进行判定,其本质是对飞机的安全性以及环境保护水平进行判定。

"型号合格审定"就是对飞机的型号设计是否能满足最低的安全标准进行评判和审查。当然,随着对环境保护的日益重视,评判和审查飞机的型号设计是否能满足环境保护标准(噪声标准和发动机排放标准)也成为型号合格审定工作的另一重要组成部分。根据《民用航空产品和零部件合格审定规定》(民航总局令第183号,中国民用航空规章第21部)第31条的规定,型号设计包括设计图纸、技术规范以及确定飞机结构强度所需要的尺寸、材料和工艺资料等。完成了型号合格审定过程,中国民用航空局将为飞机型号的设计单位颁发型号合格证(type certificate),对该飞机型号能够满足最低的安全标准和环境保护标准予以批准和确认。

"生产审定"就是在飞机的型号设计得到批准(即颁发了型号合格证)之后,对飞机的生产线是否能按照经批准的型号设计持续稳定的生产出合格的飞机进行评判和审查。完成了生产审定过程,中国民用航空局将对飞机型号的生产单位颁发生产许可证(production certificate),对该飞机型号生产线能够按照经批准的型号设计持续稳定地生产出合格的飞机予以批准和确认。

"单机适航审定"就是在飞机型号设计得到批准(即颁发了型号合格证)和生产线得到批准(即颁发了生产许可证)之后,对即将交付运行的单架飞机是否"适航"进行评判和审查。完成了单机适航审定过程,中国民用航空总局将对该单架飞机颁发适航证(certificate of airworthiness),对该单架飞机的"适航性"予以批准和确认。值得注意的是,这里的"适航审定"是一种狭义上的解释,而本小节讨论的"适航审定"通常是一种广义的理解,包括"型号合格审定"、"生产审定"和"单机适航审定"这三个步骤。并且,由于"型号合格审定"是民用飞机接受"适航审定"的第一个步骤,因此往往在各种文章和技术文献中提及的"适航审定"通常是指"型号合格审定"这个过程。

民用飞机的研制周期与适航审定工作的对应关系如图1-1所示。

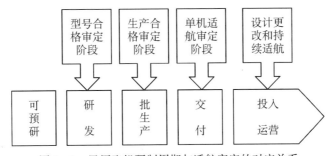

图1-1　民用飞机研制周期与适航审定的对应关系

1.1.3　适航审定的要素

根据1.1.2小节的讨论,适航审定工作的根本目的就是对飞机的适航性(安全

性)进行评判和审查,其表现形式是颁发合格证。这必然需要回答如下一组问题:

(1) 审查工作由谁参与?

(2) 包括哪些工作内容?

(3) 评判和审查的衡量标准是什么?

1) 适航审定的参与方

参与适航审定工作仅包含两方:

合格证的申请人或者持证人是一方。申请合格证、经历适航审定过程时是申请人(applicant),成功完成适航审定、获得合格证之后是持证人(certificate holder)。

合格证的颁发人是另一方。在世界范围内,这项工作通常是由一个国家的民用航空当局(Civil Aviation Authority,CAA)承担,适航审定部门往往是国家民航当局的一个部门,有时也将其称为适航当局(Airworthiness Authority,AA),或者简称为局方(Authority)。

这与很多"认证"工作的参与方是有明显区别的。由于适航审定工作的由来是局方代表公众判断飞机的安全性,所以适航审定的工作需要由局方来开展,直接针对作为"对方"的申请人。这不像许多质量认证的工作,在那些工作中通常会包括由政府主管部门授权的第三方商业机构或者个人的参与。然而,在适航审定工作当中,局方和申请人是仅有的两个参与方。

2) 适航审定的主要工作内容

既然适航审定就是申请人向局方申请获得合格证的工作过程,那么申请人需要开展什么样的工作才能获得合格证,而局方需要开展什么样的工作才能颁发相应的合格证呢? 概括地说,适航审定的主要工作就是:申请人依据规定的审定基础(certification basis),按照确定的符合性方法(Means/Method of Compliance,MOC)来遵循一定的管理程序开展适航验证工作(verification)向局方表明对审定基础的符合性(show compliance);局方通过审查工作(review)确认对审定基础的符合性(find compliance),并颁发合格证。

在上述的工作中,有3个要点:

(1) 审定基础,这是适航审定工作的判据。

(2) 按照符合性方法、遵循程序开展适航验证工作,这是适航审定主要工作内容。

(3) 申请人向局方表明符合性,局方确认符合性。

3) 适航审定的衡量标准

适航审定的衡量标准就是申请人和局方共同确定的审定基础。审定基础通常包括4个部分:

第1是适用的适航标准(applicable airworthiness standard)。通常,各国民航当局都以国家法规的形式发布适航标准。例如,中国民航局就以中国民用航空规章的形式颁布适航标准。以法规形式发布的适航标准具有法律的强制性,是审定基础的主要组成部门。

第 2 是等效安全(equivalent level of safety),即尽管飞机设计不能从字面上符合相应的适航标准的条款,但是达到的安全水平与该条款所要求的安全水平相同。

第 3 是专用条件(special conditions),即由于具有新颖或独特的设计特点,使得有关的适航标准没有包括适当的或足够的安全要求,需要制定额外的专用条件作为审定基础的一部分。

第 4 是豁免(exemption),即由于不切实际或者对安全没有实质贡献,型号合格证申请人可以因技术原因申请豁免适航标准的某些条款。

通常,等效安全、专用条件和豁免这 3 个部分都随具体航空产品型号设计的不同而加以调整,具有"个性"的特点;而适航标准则具有"共性"的特点,本书对复合材料结构适航验证的衡量标准的讨论主要集中在对适航标准的解读上。

1.1.4 小结

根据上面的讨论,适航审定工作的 3 个要素包括:负责适航审定工作的适航当局及其适航法规体系;民用飞机适航标准和审定程序;适航验证方法。接下来的 3 节将逐一讨论这 3 个要素。

1.2 适航当局及其适航法规体系

无可否认,当今世界民用航空研发和制造活动最为发达的国家和地区就是美国和欧洲。他们处于航空工业"方队"的第一梯队,在其后是以加拿大、巴西、澳大利亚等国为代表的第二梯队。因此,本节在介绍中国民航的适航当局和适航法规体系之前,先重点介绍美国和欧洲的适航当局和适航法规体系。

1.2.1 美国适航当局和适航法规体系

美国的适航当局是美国联邦航空局(Federal Aviation Administration,FAA)。当然,作为主管航空活动的政府部门,FAA 随着航空的发展有其自身的发展历史。

1903 年 12 月 17 日,美国人奥维尔·莱特(Orville Wright)驾驶他的兄弟维尔伯·莱特(Wilbur Wright)制造的航空器完成了完全受控的、附机载外部动力、机体比空气重、持续滞空不落地的飞行。因此,世人广为接受是莱特兄弟完成了人类历史上的首次动力飞行,并把这作为航空活动的开端。有趣的是,今天 FAA 在美国首都华盛顿特区的办公大楼正是以维尔伯·莱特的名字命名的。

人类首次动力飞行 20 多年后,美国于 1926 年在商务部(Department of Commerce)成立航空司(Aeronautic Branch),并颁发第 7 号航空通报(基本要求),对飞行员、航图、导航、适航标准进行管理。第一架飞机 Buhl Airstar 得到了型号合格审定,并颁发了飞机设计手册。1928 年颁发了第 14 号航空通报,该通报关注飞机结构、发动机和螺旋桨。从 1928 年到 1933 年相继颁发了第 7A,7G,7F 航空通报,分别对飞机结构、发动机和螺旋桨、飞机部件和附件提出了进一步要求。

1934 年,商务部将航空司更名为航空商务局(Bureau of Air Commerce),并开始制定民用航空规章(Civil Aviation Regulation,CAR)。从 1934 年到 1958 年相继制定颁发了 CAR04(飞机适航要求)、CAM04(要求和解释材料)、CAR03(小飞机)、CAR06(旋翼机)、CAR04a-1(TSO)、CAR7(运输类旋翼飞机)。

1958 年,美国政府决定成立独立的政府机构,以确保安全而高效地使用国家的空域,联邦航空署(Federal Aviation Agency,FAA)应运而生。根据法案,美国总统赋予联邦航空署制定联邦航空规章(Federal Aviation Regulation,FAR)和军民空管职责。同年,第一架喷气式飞机 B707 得到了 FAA 的审定,该飞机一直生产到 1991 年。从 1958 年开始,联邦航空署逐步制定 FAR。1965 年制定颁发了 FAR 21 部——适航审定管理程序,并把 CAR 相继转换成 FAR。

1966 年,美国约翰逊总统(President Johnson)决心成立一个部来制定和实施综合运输政策,包含各种运输形态。航空作为一种运输方式自然包含在内。同年,美国国会授权成立运输部(Department of Transportation,DOT),整合主要的联邦运输管理职能。1967 年,运输部正式开始运行,联邦航空署也更名为联邦航空局(Federal Aviation Administration),成为运输部的一个组成部分,成为美国航空管理当局直至今日。与此同时,事故调查的职责划归新成立的美国国家运输安全委员会(National Transportation Safety Board,NTSB),NTSB 直接向美国国会报告。

FAA 逐步完善了美国的航空规章,建立了以美国联邦航空规章为基础的适航标准体系,涵盖了运输类、正常类、实用类、特技类和通勤类飞机的适航标准,载人自由气球的适航标准,正常类、运输类旋翼航空器的适航标准,以及航空发动机和螺旋桨的适航标准等。美国联邦航空规章属于美国联邦规章的法律范畴,属于联邦规章汇编第 14 集(Title 14,Code of Federal Regulation)的组成部分,如表 1-1 所示。

表 1-1 美国联邦规章汇编第 14 集——航空航天

集	卷	章	部	管 理 当 局
第 14 集 航空航天类	1	I	1~59	交通运输部 联邦航空局
	2		60~139	
	3		140~199	
	4	II	200~399	交通运输部 部长办公室
		III	400~1199	交通运输部 联邦航空局 商业航天运输
	5	V	1200~1299	国家航空航天局
		VI	1300~1399	航空运输系统的稳定

在这个表中包含一些重要的术语：

1）集（title）

所有的美国联邦政府行政分支（Administration，也称为行政分支 Executive Branch，其首脑为总统。美国联邦政府还包括立法分支——国会和司法分支——最高法院）颁发的规章都在美国联邦规章汇编（Code of Federal Regulation）中能够找到。为了便于归档管理，将全部规章按照不同类别分为 50 大类，每一类称为一"集（Title）"。例如，第 14 集为航空航天类（Aeronautics and Space）的规章，而第 15 集为商务和外贸类（Commerce and Foreign Trade）的规章。

2）章（chapter）和子章（subchapter）

同一"集"中的规章又根据其管理当局的不同而分为若干"章（chapter）"。例如，如上表所示，第 14 集航空航天类的规章又被分为 5 章，第Ⅰ、Ⅱ、Ⅲ、Ⅴ和Ⅵ章。其中，第Ⅰ章为 FAA 主管的规章。

在同一"章"中，又分为若干"子章（subchapter）"。例如，聚集了 FAA 规章的第Ⅰ章又分为 14 个子章，包括：

（1）A 分章——定义（subchapter A—Definitions）。

（2）B 分章——程序性规则（subchapter B—Procedural Rules）。

（3）C 分章——航空器（subchapter C—Aircraft）。

（4）D 分章——航空人员（subchapter D—Airmen）。

（5）E 分章——空域（subchapter E—Airspace）。

（6）F 分章——空中交通和一般运行规则（subchapter F—Air Traffic And General Operating Rules）。

（7）G 分章——航空承运人和用于取酬或者出租的航空运营人的合格审定和运行（subchapter G—Air Carriers And Operators For Compensation Or Hire：Certification And Operations）。

（8）H 分章——学校和其他经合格审定的机构（subchapter H—Schools And Other Certificated Agencies）。

（9）I 分章——机场（subchapter I—Airports）。

（10）J 分章——导航设施（subchapter J—Navigational Facilities）。

（11）K 分章——行政类规章（subchapter K—Administrative Regulations）。

（12）~（13）L 和 M 分章——无内容，保留（subchapters L And M—［Reserved］）。

（14）N 分章——战争风险保险（subchapter N—War Risk Insurance）。

了解这一概念非常重要。在规章中经常会看到这样的表述"meets the requirements of this chapter"或者"meets the requirements of this subchapter"。这时应当知道，需要满足的要求不是这一部规章的某一个章节的要求，而是这一部规章所在的"章"或者"子章"中的多部规章的相关要求。如果混淆了"章"和"子章"所代表的多部规章与规章中某一章节的概念，将对理解规章中某个条款的要求的范围造成多大的分歧!

3) 部(part)

每一部美国联邦规章都有"部(part)"编号。例如,在适航领域常说的 25 部 (part 25)指的是"运输类飞机适航标准",而 33 部指的是"航空发动机适航标准"。在每一"集"中,每一规章的"部"编号对应唯一的一部规章。在 FAA 主管的联邦规章汇编第 14 集的第 I 章中,6 个分章对应的部号如下:

(1) A 分章——定义,包含第 1 部和第 3 部。

(2) B 分章——程序性规则,包含第 11 部到第 17 部。

(3) C 分章——航空器,包含第 21 部到第 49 部。

(4) D 分章——航空人员,包含第 60 部到第 67 部。

(5) E 分章——空域,包含第 71 部到第 77 部。

(6) F 分章——空中交通和一般运行规则,包含第 91 部到第 109 部。

(7) G 分章——航空承运人和用于取酬或者出租的航空运营人的合格审定和运行,包含第 110 部到第 139 部。

(8) H 分章——学校和其他经合格审定的机构,包含第 140 部到第 147 部。

(9) I 分章——机场,包含第 150 部到第 169 部。

(10) J 分章——导航设施,包含第 170 部和第 171 部。

(11) K 分章——行政类规章,包含第 183 部到第 193 部。

(12)~(13) L 和 M 分章——保留,无内容。

(14) N 分章——战争风险保险,包含第 198 部和第 199 部。

但是,在不同"集"中,存在相同"部"编号的规章,它们对应各自不同的规章。例如,在联邦规章汇编第 14 集中的第 25 部是"运输类飞机适航标准";但是在联邦航空规章第 15 集中的第 25 部则是另一部规章"计划欺诈民事赔偿"(15 CFR Part 25 "Program Fraud Civil Remedies")。

因此,在适航领域常说的某某部,更加规范的说法应当是联邦规章汇编第 14 集第某某部。例如,适航领域的"运输类飞机适航标准"应当是联邦规章汇编第 14 集第 25 部(14 CFR Part 25),由于历史原因有时候也被人习惯地称为联邦航空规章第 25 部(FAR 25),当然航空领域的专业人士在交流中简称的 25 部也通常被理解为是联邦规章汇编第 14 集第 25 部"运输类飞机适航标准"这部规章。但是,在适航当局的官方文件上,更多使用的是"联邦规章汇编第 14 集第 25 部(14 CFR Part 25)"这种更加规范的名称。

了解了这一点,即使是一个对美国的适航规章体系初步接触的人也能够知道,适航规章作为一种航空航天类的规章,应当在"联邦规章汇编第 14 集"中查找;作为 FAA 主管的规章,更可能集中在联邦规章汇编第 14 集的"第 I 章"中;并且,适航规章作为更多规定航空器品质的规章,通常出现在联邦规章汇编第 14 集第 I 章的"C 分章——航空器"中,一般部编号为第 21 部至第 49 部。

4）编号的规则和规章的获取

FAA 主管的联邦航空规章可以在 FAA 的官方网站查到（www. faa. gov），包括航空规章在内的全部联邦规章可以在美国政府出版物发布办公室的官方网站查到（www. ecfr. gov）。

如果访问上述的网站，细心的读者会发现，尽管美国联邦规章从第 1 集到第 50 集都是完整连续、依次排列的，但是无论是章、分章还是部的编号，却是不连续、有空缺的。例如，没有第Ⅲ章，第Ⅰ章中没有第 L 分章和第 M 分章，第 C 分章有 21 部、23 部、25 部，却没有 22 部、24 部。这个原因是，这种跳跃的编号规则保证了新增加的规章不会影响原有的编号。例如，联邦规章汇编第 14 集第 25 部是"运输类飞机适航标准"，而第 27 部、29 部则是旋翼航空器的适航标准。2007 年 11 月，FAA 新颁布一部涉及运输类飞机的规章——"运输类飞机的持续适航和安全改进"，就为其分配了第 26 部的编号（14 CFR Part 26）。

试想，如果之前采用了连续、依次排列的编号规则，旋翼航空器的适航标准紧接着 25 部就应当分别是 26 部和 27 部，FAA 面临怎样的编号选择？对于新增的运输类飞机的规章，要么为了保证其技术类别的连贯性，将其插入到涉及运输类飞机的 25 部和涉及旋翼航空器的 26 部之间，使用 26 部的编号，而将旋翼航空器的规章的编号顺延至 27 部和 28 部；要么为了保证原有规章编号的连贯性，将新的涉及运输类飞机的规章的编号在现有规章编号之后排列，例如第 28 部？前一种做法，使得规章编号随着时间的推移、规章的不断发布、取代、废止而变得毫无意义。今年的第 27 部和历史上的第 27 部或者未来的第 27 部不会是同一部规章。后一种做法，使得规章的排列不具有技术上的归类意义，同样是运输类飞机的适航标准，可以是第 25 部和第 28 部，这之间又插入了涉及旋翼航空器的第 26 部和第 27 部。如果采用了连续、依次排列的编号规则，同时保证规章编号的历史连贯性和规章编号的技术类别属性就变成了"鱼"与"熊掌"不可兼得的两难选择。

也正是美国政府采用这种规章编号不连续、空缺和跳跃的规则，使得规章的编号本身具有了某种意义。例如，在适航领域，所有人提及 25 部时，无论在哪个历史时刻，都是指"运输类飞机适航标准"。而这种编号的规则也影响了世界上几乎所有的适航当局，例如欧洲、中国、俄罗斯、巴西、加拿大、澳大利亚等等。尽管这些国家的规章并没有设定编号的习惯，但是其适航规章、甚至航空规章都被相应赋予了与美国联邦航空规章相同的编号。也就是说，在世界范围内，适航领域的技术人员在提及 25 部时，几乎无一例外都是指"运输类飞机适航标准"。美国人这种"跳跃"编号的习惯贯穿在美国的方方面面中。例如，美国的高速公路、街道门牌号的编号也采用这种留有空号、"跳跃"编号的方法。仔细体会，也不难发现这种方法的高明之处。

1.2.2　欧洲适航当局和适航法规体系

在欧洲，各国都建立了自己的民航当局履行航空产品适航管理的职责。例如，法国的民航当局是法国民航局（Direction générale de l'aviation civile, DGAC, 英语译法为 The Directorate General for Civil Aviation），英国的民航当局是英国民航局（UK Civil Aviation Authority，UK CAA），德国的民航当局是德国民航局（Luftfahrt-Bundesamt，LBA，英语译法为 Federal Aviation Office）。

随着空中客车公司（Airbus）不断整合全欧洲的资源以及欧洲一体化的进展，为了满足空中客车公司、欧盟与波音公司（Boeing）、美国在民用航空界的竞争需求，成就了欧洲联合航空当局（Joint Aviation Authority，JAA）的诞生。

1990 年，塞浦路斯协议的签订，标志着 JAA 的成立。JAA 是一个联合体，它是由欧洲一些国家的民用航空当局组成。到目前为止，JAA 已有 42 个成员国。1991 年，欧盟理事会（EU Council）颁发第 3922/91 号欧盟理事会规章——民用航空领域规章和管理程序的协调（Council Regulation（EEC）No 3922/91 of 16 December 1991 on the harmonization of technical requirements and administrative procedures in the field of civil aviation），规定 JAA 成员国应采纳联合航空规章（Joint Aviation Regulation，JAR）作为协调一致的民航规章。由此，大部分欧洲国家都采用 JAR 中的适航规章作为统一的适航标准。这大大降低了航空产品制造商为了满足不同适航标准所带来的成本。

然而，JAA 不是一个法律框架下的政府行政机构，而只是一个协会。每个欧洲的主权国家都有自己的适航当局，为民用航空产品颁发各自的适航证件。尽管在 JAA 的协调下，通常对欧洲的民用航空产品的适航审查通过 JAA 组织各国适航当局人员参与的联合审查组，使用统一的适航标准（JAR），审查结束后由审查组提交审查报告给欧洲各国适航当局，供其作出是否颁发适航证件的技术参考。但是，这种同一航空产品需要多国适航证件的做法仍然在欧洲内部造成了对航空产品制造商的成本浪费。

随着欧盟国家一体化步伐的迈进，以及欧洲民用航空竞争的需要，欧盟决定成立具有法律权限的欧洲航空安全局（European Aviation Safety Agency，EASA）。EASA 全面接替原 JAA 的职能，并在成员国内按欧盟法律具有强制性的政府行政权限。

2002 年，欧盟议会颁发第 1592/2002 号欧盟议会规章——民用航空领域的通用规则和建立欧洲航空安全局（REGULATION（EC）No 1592/2002 of the european parliament and of the council of 15 july 2002 on common rules in the field of civil aviation and establishing a European Aviation Safety Agency）。以此为标志，欧洲开始建立一个在欧洲范围内统一的民航当局——EASA，得到制定欧洲范围内统一的、具有法律地位的、强制性的民航规章的授权，并且行驶对民用航空管理的政府行政职能，例如颁发单一的欧洲范围内有效的适航证件。

2003 年，欧盟委员会（EU Commission）颁发第 1702/2003 号欧盟委员会规章——航空器及其产品、零部件和机载设备的适航和环境合格审定以及设计、生产机构合格审定的实施规则（Commission Regulation（EC）1702/2003 of 24

September 2003 laying down implementing rules for the airworthiness and environmental certification of aircraft and related products, parts and appliances, as well as for the certification of design and production organisations)。以此为标志,EASA 开始制定欧洲范围内统一的适航规章,如作为第 1702/2003 号欧盟委员会规章附录的 21 部、作为合格审定规范(Certification Specification, CS)的 CS - 23、CS - 25、CS - E 等适航规章。目前,EASA 已经制定了如下规章:

21 部——航空器及其产品、零部件和机载设备以及设计、生产机构的合格审定(certification of aircraft and related products, parts and appliances, and of design and production organisations);以及作为适航规章的合格审定规范(Certification Specification, CS),包括:

(1) CS - 22(滑翔机和动力滑翔机)。

(2) CS - 23(正常类、实用类、特技类和通勤类飞机)。

(3) CS - 25(大飞机)。

(4) CS - 27(小旋翼机)。

(5) CS - 29(大旋翼机)。

(6) CS - 31GB(气球)。

(7) CS - 31HB(热气球)。

(8) CS - 34(航空器发动机排放和燃油排气)。

(9) CS - 36(航空器噪声)。

(10) CS - APU(辅助动力装置)。

(11) CS - AWO(全天气运行)。

(12) CS - E(发动机)。

(13) CS - ETSO(欧洲技术标准规定)。

(14) CS - FSTD(A)(飞机飞行模拟机训练设备)。

(15) CS - FSTD(H)(直升机飞行模拟机训练设备)。

(16) CS - Definitions(定义和缩略语)。

(17) CS - LSA(轻型运动飞机)。

(18) CS - P(螺旋桨)。

(19) CS - VLA(甚轻型飞机)。

(20) CS - VLR(甚轻型旋翼机)。

(21) AMC - 20(产品、零部件和机载设备适航要求的通用的可接受的符合性方法)。

欧洲的适航规章可以在 EASA 的官方网站查到(www. easa. europa. eu)。

1.2.3 中国适航当局和适航法规体系

中国的适航当局是中国民用航空局(Civil Aviation Administration of China, CAAC)。20 世纪 70 年代末,中国民航局成立了工程司,开始着手适航审定管理。

从 1985 年开始到 1992 年,民航局参照美国联邦航空规章逐步制定中国民用航空规章(Chines Civil Aviation Regulation,CCAR)25 部、23 部、35 部、33 部、27 部、29 部、21 部等,基本建立了与美国联邦航空规章相当的适航审定规章体系。

1987 年国务院颁发了适航管理条例,民航局相应将工程司更名为适航司,逐步建立了中国民航的适航审定系统,行驶适航管理的政府行政职能,并且负责适航规章的制定和颁发。

以中国民用航空规章(CCAR)形式颁布的适航规章的性质、管理内容和标题如表 1-2 所示。

表 1-2   中国民航的适航规章

管理类规章:CCAR 21:民用航空产品和零部件合格审定规定	适航标准——飞机	CCAR 23:正常类、实用类、特技类和通勤类飞机适航标准
		CCAR 25:运输类飞机适航标准
		CCAR 26:运输类飞机的持续适航和安全改进
	适航标准——旋翼航空器	CCAR 27:正常类旋翼航空器适航规定
		CCAR 29:运输类旋翼航空器适航规定
	适航标准——气球	CCAR 31:载人自由气球适航标准
	适航标准——发动机	CCAR 33:航空发动机适航规定
	适航标准——螺旋桨	CCAR 35:螺旋桨适航标准
	适航标准——机载设备	CCAR 37:民用航空材料、零部件和机载设备技术标准规定
	适航标准——航化产品	CCAR 53:民用航空用化学产品适航管理规定
	适航标准——航空油料	CCAR 55:民用航空油料适航管理规定
	环境保护要求	CCAR 34:涡轮发动机飞机燃油排泄和排气排出物规定
		CCAR 36:航空器型号和适航合格审定噪声规定

管理类规章——CCAR 39:民用航空器适航指令规定

管理类规章——CCAR 45:民用航空器国籍登记规定

管理类规章——CCAR 183:民用航空器适航委任代表和委任单位代表的规定

中国民用航空规章(CCAR)可以在 CAAC 的官方网站查到(www.caac.gov.cn)。

1.3　民用飞机适航标准和审定程序

了解到上述的内容就能知道,本书在讨论民用飞机复合材料结构适航验证时主要是从适航当局颁布的适航标准的角度讨论。那么,这么多的适航当局颁发了各自的适航标准,本书要采用什么适航标准从哪些角度来讨论呢? 这就涉及本节的适航标准选取、标准体系、标准内容简介的相关知识了。

1.3.1　全球单一适航标准之路

目前,除了对于滑翔机、气球等较小的产品外,世界上的适航标准体系主要包括欧美两大体系,其他各国都以这两大体系之一为基础加上各国的附加国家要求建立自己的适航标准体系。

例如,俄罗斯的适航标准(IAC AR)就是以美国的适航标准为基础,同时附加了诸如西伯利亚高寒气候条件下的运行、粗糙跑道运行等特殊气候条件下的一些附加要求。加拿大、巴西则以直接采纳美国的适航标准的形式确定其适航标准体系。

近二十年,各国航空当局一直在寻求协调航空规章的途径。多年来,航空业界出示数据表明,由于附加的国家要求和各个国家不同的合格审定要求所产生的多重审定/重复审定尽管带来了高昂的成本,却并没有提供更多的安全价值。为此,航空业界在 2000 年 6 月美国芝加哥举行的第 17 界 FAA/JAA 国际年会上要求适航当局进一步实施国际合作,协调航空规章。

国际民航组织(ICAO)及其缔约国的支持确保了这种国际合作得到了全球范围的支持。因此,FAA、JAA、加拿大运输部民航局(Transport Canada Civil Aviation,TCCA)分别请求 ICAO 认同全球单一设计法规和审定程序的研究协调工作。FAA/JAA/TCCA 还请求 ICAO 鼓励其缔约国来参与这些活动。2001 年 9 月,ICAO 理事会通过了 A33-11 决议案"航空器全球设计法规"。作为决议案的一部分,理事会认可为建立全球协调的设计法规和研究协调的航空器审定程序的可行性而做的努力,鼓励所有设计国和其他缔约国参与由 FAA/JAA 发起的国际协调计划。

在 ICAO 的积极推动下,国际航空业界广泛参与全球单一适航标准的研究工作中。为此,ICAO 的全球单一适航标准工作小组提供了下述 15 种选择来建立单一适航标准,并对其可行性进行了详细的权重分析:

选择 1:在 FAA 制定的 FAR 法规的基础上,在自愿基础上由各国采纳的法规。

选择 2:在 FAA 制定的 FAR 法规基础上,由 ICAO 采纳的法规。

选择 3:在 FAA 制定的 FAR 的基础上,通过全球的协定采纳的法规。

选择 4:在 JAA 制定的 JAR 基础上,在自愿基础上由各国采纳的法规。

选择 5:在 JAA 制定的 JAR 的基础上,由 ICAO 采纳的法规。

选择 6:在 JAA 制定的 JAR 基础上,通过全球协定采纳的法规。

选择 7:在 FAA 和 JAA 制定的经协调的 FAR/JAR 的基础上,在自愿基础上由各国采纳的法规。

选择8：在FAA和JAA制定的经协调的FAR/JAR基础上，由ICAO采纳的法规。

选择9：在FAA/JAA制定的经协调的FAR/JAR基础上，通过全球协定给予采纳的法规。

选择10：通过合作协议制定的国际航空要求（IAR）并在自愿基础上由各国采纳。

选择11：通过合作协议制定的国际航空要求（IAR）并由ICAO采纳。

选择12：通过合作协议制定的国际航空要求（IAR）并通过全球协定给予采纳。

选择13：由代表相关利益各方的专家组制定工业法规。该法规在自愿基础上由各国采纳。

选择14：由代表相关利益各方的专家组制定工业法规。该法规由ICAO采纳。

选择15：由代表相关利益各方的专家组制定工业法规。该法规通过全球协定给予采纳。

在此基础上，工作小组推荐选择8："在FAA和JAA制定的FAR/JAR的协调基础上，由ICAO采纳的法规"作为15种选择的优化解决方案，并计划通过三个阶段来完成这一工作：

(1) 阶段Ⅰ：加快现行的FAR/JAR协调工作计划。

(2) 阶段Ⅱ：制定在ICAO框架下，认可经协调的FAR/JAR概念。

(3) 阶段Ⅲ：寻求ICAO的同意并实施。

时至今日，尽管全球单一适航标准并没有完全实现，但是美欧适航当局自1998年开始的协调各自航空标准的活动使得美欧的适航标准已经在很大程度上接近一致。考虑到美欧适航标准在世界范围内的接受和认可程度，以及中国民用航空规章形式的适航标准与美国适航标准的高度近似，本书讨论的适航标准在不特别声明的情况下选取中国适航标准的表述，但是在适航标准背后的支持、解释性材料的选取上更多使用美国的资料。这确保在从适航管理和航空工业技术的角度讨论民用飞机复合材料结构适航验证时，使用的技术观点是与美欧适航标准和航空工业技术的技术实质充分接轨的。

1.3.2　适航标准体系

在本书1.2节的介绍中可以看到，适航标准与通常的国家标准、行业标准不同的是，适航标准往往以国家法律法规的形式予以确认，具有法律性质。但是规章的法律属性使得其法律语言和航空工业技术还有着巨大的鸿沟，这就需要大量的支持和解释性材料的支撑，形成完整的适航标准体系，才足以规范航空产品的研制。

1) 美国的适航标准体系

在美国，适航标准是以联邦规章（Federal Regulation）的形式发布的。适航当局依据适航标准进行型号合格审定。完整的适航标准体系呈现典型的金字塔结构，塔尖是适航当局颁布的适航规章，中间层是适航当局颁发的支持和解释性材料、例如咨询通告(advisory circular)以及航空业界形成的各种行业技术规范,而基座是主机厂和众多材料、零部件、机载设备、组件和部件供应商的技术规范,其结构形式如图1-2所示。

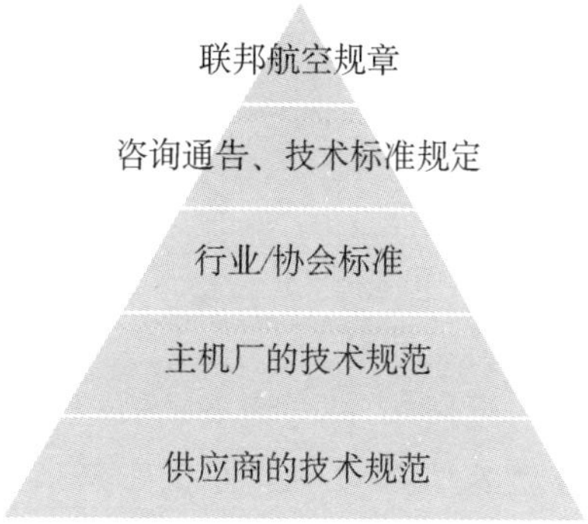

以美国的运输类飞机适航标准体系为例,其体系如下所述:

(1)适航标准体系的最顶层是以法律法规形式颁布的适航标准——联邦规章汇编第14集第25部"运输类飞机适航标准"(14 CFR Part 25)。

图1-2　适航技术规范体系

（联邦航空规章 / 咨询通告、技术标准规定 / 行业/协会标准 / 主机厂的技术规范 / 供应商的技术规范）

(2)适航标准体系的下一等级是对规章条款的符合性方法进行解释和介绍的咨询通告。尽管FAA一再申明,咨询通告中介绍的符合性方法并不是强制性的或者唯一的,但是型号合格证申请人通常都采用咨询通告中介绍的符合性方法来表明对适航标准的符合性。因为,采用其他的符合性方法往往意味着需要局方认可成本更高等问题。以运输类飞机为例,为了表明对运输类飞机适航标准的符合性,FAA制定了约90份咨询通告,涵盖了飞行性能、结构强度、动力装置、飞机系统和持续适航等各个专业。例如,咨询通告"运输类飞机合格审定试飞指南(Flight Test Guide for Certification for Transport Category Airplanes)"(AC 25-7C)规定了运输类飞机合格审定中使用的飞行试验的方法指南。

与咨询通告平行的一级适航标准还包括针对机载设备的技术标准规定(Technical Standard Order,TSO)。TSO规定了机载设备需要满足的最低性能标准(Minimum Performance Standard,MPS),TSO中规定的具体最低性能标准通常引用工业界标准。例如TSO-C119c"空中交通警告与防撞系统(TCAS)机载设备,带有可选的多种监视功能的 TCAS Ⅱ"(Traffic Alert and Collision Avoidance System (TCAS) Airborne Equipment,TCAS Ⅱ with Optional Hybrid Surveillance)规定了TCAS Ⅱ设备的RTCA/DO-185B标准"空中交通警告与防撞系统Ⅱ(TCAS Ⅱ)最低工作性能标准"(Minimum Operational Performance Standards for Traffic Alert and Collision Avoidance System Ⅱ (TCAS Ⅱ))。

可以认为,咨询通告和TSO作为衔接适航标准和工业界标准的法规性文件而存在。以复合材料专业为例,FAA使用咨询通告规定,申请人可以使用美军标——美国军用手册-17(Military Handbook-17)中规定的复合材料性能作为型号合格审定过程中的材料性能数据,并且可以使用美国材料试验协会(American Society for Testing and Materials,ASTM)的试验标准作为型号合格审定过程中获取材料性能数据的试验方法。

除了提供局方可接受的、对适航标准的符合性方法,FAA还使用咨询通告引用不在美国联邦航空规章体系内的航空器设计标准作为飞艇、滑翔机、甚轻型飞机

(very light aeroplane)等特殊类别航空器的适航标准。

综上所述,FAA 建立了美国联邦航空规章以及咨询通告/技术标准规定的二级适航标准体系。美国联邦航空规章作为国家层面的航空法规,赋予适航标准的法律地位,具有法律的强制性;咨询通告作为 FAA 的法律文件,是对规章的解释,并且引用 FAA 可接受的工业界的各种行业标准;TSO 作为 FAA 的法律文件,作为机载设备的适航标准。

近年来,针对诸如动力滑翔伞、轻型运动飞机等的各种小型航空器,FAA 采用直接采纳 ASTM 标准的形式来建立这类航空器的适航标准。这也构成美国适航标准的一部分。

(3) 再下一等级是行业和协会的标准,适航当局是否接受使用这些标准来表明对适航标准的符合性一般由适航标准、咨询通告或者技术标准规定加以明确。通常被接受的行业和协会标准包括国际标准化组织(International Organization for Standardization, ISO)标准、汽车工程师协会(Society of Automotive Engineers, SAE)标准、航空无线电技术委员会(Radio Technical Commission for Aeronautics, RTCA)标准、航空运输协会(Air Transport Association, ATA)标准、航空无线电股份有限公司(Aeronautical Radio Inc., ARINC)标准、试验和材料标准协会(Association of Standard of Test and Material, ASTM)等。例如,25 部的25.613条规定了运输类飞机材料设计许用值的选取要求,AC 25.613 对条款的要求进行了解释,并且明确指出金属材料设计许用值的选取和试验应当依据美国运输部颁布的"金属材料性能和研制标准"(Metal Material Performance and Development Standard, MMPDS)的相关要求,其性能试验应当依据试验和材料标准协会(ASTM)的标准进行。

(4) 最底层是航空产品制造商和供应商的企业技术规范。这些企业自己的技术规范通常都充分采纳了适航标准和行业标准的要求,结合自身的设计特点,成为其自身拥有知识产权的型号设计资料。

2) 欧洲的适航标准体系

与美国的适航标准体系不同,欧洲将类似咨询通告类型的法律文件作为规章的一部分列在规章中,称为可接受的符合性方法(Acceptable Means of Compliance, AMC)和指导材料(Guidance Material, GM)。欧洲的适航标准体系如图 1-3 所示。

在欧洲,根据欧盟政治框架的特点,其适航标准体系分为 3 个等级,如下所述:

(1) 适航标准体系的顶层法规目前是由欧洲议会(EU Parliament)通过并且被欧盟理事会(EU Council)采纳的基础规章——(EC) No 216/2008,即本书 1.2.2 节介绍的第 1592/2002 号欧盟议会规章的后续版本。这一规章确立了欧盟范围内民用航空领域的通用规则,并且授权建立欧洲航空安全局。这一等级的规章在欧盟范围内具有法律的强制地位。

(2) 适航标准体系的第 2 等级包括欧盟委员会(EU Commission)制定的规章,在适航领域包括本书 1.2.2 节介绍的第 1702/2003 号欧盟委员会规章(Regulation

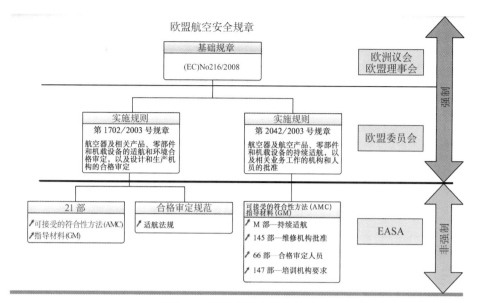

图 1-3　欧洲的适航标准体系

No 1702/2003)——航空器及其产品、零部件和机载设备的适航和环境合格审定以及设计、生产机构合格审定的实施规则。与基础规章一样,这一等级的规章条例在欧盟范围内同样具有法律的强制地位。

（3）适航标准体系的第 3 等级是欧洲航空安全局根据基础规章((EC) No 216/2008)和执行条例(Regulation No 1702/2003)的授权,制定的一系列非强制性的技术标准,包括:

a. 作为第 1702/2003 号欧盟理事会规章的附录的 21 部。

b. 作为合格审定规范(CS)的 CS-23、CS-25、CS-E 等适航标准等。

3）中国的适航标准体系

中国的适航标准体系如图 1-4 所示。

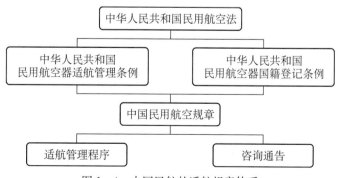

图 1-4　中国民航的适航规章体系

根据中国的法律法规体系,中国的适航标准体系分为四个等级,如下所述:

（1）1995 年由全国人民代表大会颁布、国家主席签署的《中华人民共和国民用航空法》是中国民用航空管理的基本法律依据。

（2）1987 年国务院颁发的《民用航空器适航管理条例》和《民用航空器国籍登记条例》是中国民航开展适航管理的条例依据。

（3）从 1985 年开始到 1992 年，中国民航局参照美国联邦航空规章逐步制定中国民用航空规章(CCAR)21 部、23 部、25 部、27 部、29 部、31 部、33 部、35 部、37 部等作为中国民航的适航标准。中国民航的适航标准是以中国民用航空局的规章——即中国民用航空规章的形式颁布，因此也被称为适航规章。

（4）与美国的适航标准体系类似，中国民用航空局颁发适航管理程序和咨询通告作为对适航规章中管理程序性要求的细化以及规章技术要求的符合性方法的建议性和解释性材料。

4）小结

了解到上述的适航标准体系的基础知识，在本书讨论民用飞机复合材料结构适航验证要求时，读者便容易理解与提及的技术内容相关的技术文件处于适航标准体系中的何种等级。

1.3.3　适航标准的内容

如上所述，本书在讨论民用飞机复合材料结构适航验证时，将更多从适航标准的角度阐述，通常涉及适航标准、咨询通告的相关内容。回到本书的书名——民用飞机复合材料结构适航验证概率，如本书开篇所述，本书主要讨论飞机本身的复合材料结构，例如，机翼、机身结构等，而对旋翼航空器、航空发动机和螺旋桨的相关内容仅仅略有提及。并且，考虑到运输类飞机复合材料结构的应用通常更加复杂，因此本书最多论述的适航标准是"运输类飞机适航标准"（25 部）。

1）适航标准的条款编号

在一部适航标准中，通常由若干分部(Subpart)组成，分部体现了航空技术和适航审定的各个专业。例如，"运输类飞机适航标准"就包括如下分部：

（1）A 分部总则。

（2）B 分部飞行。

（3）C 分部结构。

（4）D 分部设计与构造。

（5）E 分部动力装置。

（6）F 分部设备。

（7）G 分部使用限制和资料。

（8）H 分部电气线路互联系统(EWIS)。

与所有的法律文本一样，适航标准包含众多条款。与规章编号不连续、空缺和跳跃的编排规则一样，适航标准的条款也采用这种不连续、空缺和跳跃的编排规则。这种编排方式同样使得适航标准中的条款号本身也具有了某种意义。例如，23 部、

25 部、27 部、29 部的第 603 条都是"材料"的要求,第 605 条都是"制造方法"的要求,第 613 条都是"材料的强度性能和设计值"的要求,而第 571 条都是"结构的损伤容限和疲劳评定"的要求等。因此,这种编排条款号的方法使相关人员在适航领域讨论某个专业话题时有了使用条款号来指代的"行话"。例如,当提及"571 条"时,几乎等同于说讨论"结构损伤容限和疲劳评定"这个专业话题。

2) 适航标准的版本和修正案

随着航空技术的进步和航空实践经验教训的总结,适航标准被不断修订。以 FAA 的 25 部为例,自 1965 年"运输类飞机适航标准"从民用航空规章(Civil Aviation Regulation,CAR)转化为联邦规章汇编第 14 集第 25 部至今,25 部已经历经 136 次修订。由于适航标准是一种技术规范,其历史上的版本也依然是有用的信息。例如,人们经常需要了解某一型飞机在审定时满足的是哪一个版本的适航标准,这对于了解这型飞机的适航技术状态是非常有用的。因此,如何表述适航标准的版本信息是非常重要的。

中国和欧洲的适航标准按照各自的法律修订方法,都采用了修订版本的表述方法。即,适航标准每次修订后都完整的再次颁布出来,称为一次"修订版"。以中国民用航空规章第 25 部为例,自 1985 年 12 月首次颁布以来,已经历经 4 次修订,最新版本为 2011 年 11 月 7 日颁布的 25 部第四次修订版,经常也被简写为 CCAR‐25‐R4。

美国则采用完全不同的法律修订方法,即法律的修正案(Amendment)。美国的法律首次颁布为完整的一部法律,之后往往不再在修订后再完整颁布整部法律,而是用"修正案"的方法颁布每一次修订的一个或者数个条款。如此一来,美国一部法律的最新状态往往由最初发布的完整法律加上若干个修正案来体现。例如,美国的"运输类飞机适航标准"即由 1965 年首次颁布的 25 部(也被称为 Amendment 25‐0)加上 1 至 136 个修正案(被称为 Amendment 25‐1 至 25‐136)组成。

除了首次颁布的 25 部(Amendment 25‐0)完整的包含当时全部条款之外,其他的 136 个修正案每次均只涉及一个或者若干个 25 部的部分条款。因此,美国的适航标准的每一条款可能包含若干个修正案,而一个修正案也可能包含若干个条款。其关系可以从下面这个例子看出。

以第 25.571 条"结构损伤容限和疲劳评定"为例,该条款历经的修正案如表 1‐3 所示。

表 1‐3　第 25.571 条的修正案历史

修正案	25‐0	25‐10	25‐23	25‐45	25‐54
条款号	25.571/573	25.571	25.571	25.571	25.571
生效日期	1965.02.01	1966.10.10	1097.05.08	1978.12.01	1980.10.14
修正案	25‐72	25‐86	25‐96	25‐132	
条款号	25.571	25.571	25.571	25.571	
生效日期	1990.08.20	1996.03.11	1998.03.31	2011.01.14	

而单看一个修正案的时候,则该修正案不仅修订了第 25.571 条,还修订其他条款。例如,132 修正案(Amendment 25-132)修订了第 25.571 条和附录 H 的第 H25.4 条"适航限制部分"这两个条款。

3) 适航标准的文本解读方法

因为适航标准每一条款历史演进都是由于航空技术的进步和航空实践经验教训的总结,所以对适航标准立法历史的研究通常有助于理解适航标准文本背后的技术实质。

尽管对适航标准的研究通常应当结合其背后的工程技术内容和适航审定的实践来进行,但是对适航标准的文本研读和立法历史追踪也是理解适航标准的一个重要方面。研究适航标准的修订如何被提出、相关的各方(适航当局、航空业界、公众)对修订的提议讨论的过程也是理解适航标准的重要途径。在美国,适航标准的修订建议通常通过"立法提议通知(Notice of Proposal Rule Making,NPRM)"给出,而通过"最终法规(Final Rule)"的形式记录围绕修订建议的讨论过程和最终的适航标准条文状态。这些文件以"联邦注册报(Federal Register)"的形式发布,并且可以在FAA 的规章图书馆网站(rgl. faa. gov)查到。

在欧洲,适航标准的修订建议通常通过"修订提议通知(Notices of Proposed Amendment,NPA)"给出,而围绕修订建议的讨论过程则由"评论反馈文件(Comment Response Documents)"发布。上述的这些文件都可以从 EASA 官网查到。

以第 25.571 条"结构损伤容限和疲劳评定"为例,看看如何通过适航标准文本的修订历史来解读适航标准背后的技术变化。

首先,第 25.571 条的修正案历史及历次修订的要点如表 1-4 所示。

表 1-4 第 25.571 条的修正案历史

修正案	条款	修 订 要 点	生效日期
25-0	25.571/573	疲劳评定(破损—安全)	1965.02.01
25-10	25.571	声疲劳强度	1966.10.10
25-23	25.571	修改 25.571(e)"载荷因子"	1097.05.08
25-45	25.571	损伤容限、安全寿命、离散源	1978.12.01
25-54	25.571	检查和程序列入"适航限制章节"(25.1529)	1980.10.14
25-72	25.571	修改 25.571(b),加入"多点损伤"的要求	1990.08.20
25-86	25.571	修改 25.571(b)(2)/(3)"极限突风载荷"	1996.03.11
25-96	25.571	提出"广布疲劳损伤"和"全尺寸疲劳试验"的要求	1998.03.31
25-132	25.571	提出"维修大纲有效性限制"的要求	2011.01.14

通过对历次修订的联邦注册报的研究,可以看到适航标准条款修订背后的重大技术变化:

(1) 1978 年 10 月 5 日颁布的 25-45 修正案,删除第 25.573 条,相关内容并入第 25.571 条,要求对运输类飞机新型号合格证(Type Certificate,TC)申请人建立基于损伤容限机理的、用于检测疲劳裂纹的检查大纲,使疲劳裂纹扩展到灾难性破坏之前被检出。这些检查应当在适航限制章节(Airworthiness Limitation Section,ALS)中以文件的形式给出。

(2) 1988 年美国阿罗哈(ALOHA)航空公司事故①之后,FAA 和航空器制造商、营运人针对当时的 13 个老龄飞机机型,在美国首都华盛顿召开第一次老龄飞机维护会议,成立了适航保证工作组(Airworthiness Assurance Working Group,AAWG)。在 AAWG 之下,成立各机型的子工作组,工作组由航空器制造商、美国的航空营运人和其他国家的航空当局组成,在老龄的结构维修改进方面做了很重要的工作。

阿罗哈事故发生不久,美国众议院在 1988 年通过了飞行安全研究法案(ASRA)以避免此类事件重演。这部法案提供了更严谨的研究,以此来断定将来空难的可能原因。1991 年美国国会颁布老龄飞机安全法案(AASA),要求 FAA 发布规章来预防疲劳裂纹引起的灾难性破坏,保证飞机的持续适航。基于此要求,FAA于 2005 年颁布了老龄飞机安全规章(AASR),AASR 提出了如下两方面的要求。

a. 飞机检查和维修记录评估;

b. 基于损伤容限的检查。

其具体的基本要求包括:

a. 2010 年 12 月 20 日以后,不能满足相关损伤容限和疲劳要求的飞机不能再运营;

b. 运营人的维修大纲应包含局方批准的基于损伤容限评估的疲劳关键结构的检查和程序,以避免由于疲劳裂纹而导致的灾难性破坏;

c. 飞机维修大纲中应包含处理因疲劳关键结构的修理和改装而产生的不利影响的方法和要求的检查,处理方法必须经适航当局的批准。这些法案最终促使FAA 于 2007 年 12 月 12 日颁布了关于维修和改装的损伤容限要求,即 26 部"运输类飞机的持续适航和安全改进",从 2008 年 1 月 11 日起生效。

对于运营中的飞机,广布疲劳损伤(wide fatigue damage,WFD)的相关要求通过 26 部加入。

(3) 25 - 96 修正案之前,规章不强制要求进行全尺寸符合验证疲劳试验,认为仅通过检查就可控制疲劳,且检查要求是基于试件和部件级试验支持的分析来确定。

在 1998 年 3 月 31 日颁布的 25 - 96 修正案中,FAA 在规章中正式提出广布疲劳损伤定义,作为审定程序的一部分,第 25.571 条要求进行全尺寸疲劳试验,以表明在飞机达到其设计服役目标(DSG)之前不会发生广布疲劳损伤。

---

① 1988 年,美国阿罗哈(ALOHA)航空公司的一架波音 B737 - 200 型客机在夏威夷机场起飞后不久,其前部机身一整段长度约 18 ft 的蒙皮突然撕裂并脱落,造成了一次严重的飞行事故,在随后的美国国家安全运输委员会和联邦适航局的事故调查中发现,撕裂的机身蒙皮在其搭接处的多个铆钉部位同时存在细小裂纹,其尺寸及密度的大小在机身增压和外界气动力的作用下,足以使机身蒙皮撕裂并脱落,最终导致了此次严重飞行事故,这种飞机结构损伤被最后定义为广布疲劳损伤,该架飞机是于 1969 年投入运行,飞行总使用时间为:35 493 小时/89 090 循环。

（4）FAA 委托航空立法咨询委员会（Aviation Rulemaking Advisory Committee, ARAC）开展了关于广布疲劳损伤的研究课题。2001 年，ARAC 建议对大型运输类飞机维修大纲的有效性强加一个限制，要求评定飞机的修理、更换和更改并提供延伸维修大纲有效性限制的方法。2003 年，ARAC 建议对所有新审定的运输类飞机维修大纲的有效性强加一个限制。ARAC 认为对飞机结构疲劳特征的认知程度受限于所做的分析和所完成的试验量，且与结构疲劳相关的维修大纲检查是在这些分析和试验的基础上建立的。因此，如果这些检查在超过某一时刻后还计划使用，就需要补充更多的修理、更换和更改。因此 ARAC 建议应当建立一个"维修大纲有效性限制（limit of validity, LOV）"来限制飞机的使用。一旦飞机达到这一限制，运营人不得再使用飞机，除非运营人在其维护大纲中编入一个时间延长的有效性限制和任何必要的维修活动的使用信息。

2011 年 1 月，FAA 颁布 25 - 132 修正案以修订第 25.571 条，要求将"设计服役目标"改为"有效性限制"，并且要求"有效性限制"必须纳入持续适航文件（Instruction for Continued Airworthiness, ICA）的 ALS 中。这意味着超过有效性限制的飞机将受到使用的限制。

其次，还可以进一步总结处伴随着第 25.571 条的修订，其相关的解释性材料——咨询通告"损伤容限和疲劳评定"（AC 25.571）的修订历史，如表 1 - 5 所示。

表 1 - 5 AC 25.571（损伤容限和疲劳评定）的修订历史

咨询通告版本	对应适航标准条款的修正案水平	颁布日期
AC 25.571 - 1	25 - 45	1979
AC 25.571 - 1A	25 - 72	1991
AC 25.571 - 1B	25 - 86	1997
AC 25.571 - 1C	25 - 96	1998
AC 25.571 - 1D	25 - 132	2011

1.3.4 适航审定程序

如上所述，"适航"这种航空器适合安全飞行的固有品质可以通过适航审查予以确认。这种适航审查的过程需要依据严格的程序进行。

经过不断的发展，目前的适航审定程序体现两个最重要的特点：一是重视过程，适航审定贯穿从航空器概念设计、联合定义、细节设计、制造、试飞到售后支持的全过程；二是重视计划，以合格审定计划为核心开展适航审定，前期主要是通过制定合格审定计划来定义规章要求和规划如何满足规章要求，后期主要是通过执行合格审定计划来表明如何满足全部的规章要求。

当前的适航审定程序如图 1 - 5 所示。

从图 1 - 5 可以看出，伴随着航空研制活动，适航验证总是按照"设定适航标准的要求—明确符合性方法—制订计划—实施分析、计算、试验的验证活动"的过程开

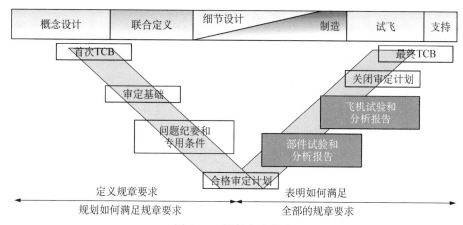

图 1-5 适航审定程序

展。因此,本书对复合材料结构适航验证的讨论也总是从适航标准的要求切入,以对验证活动要点的介绍作为结束。

1.4 本章小结

本章从"适航"的基础概念入手,介绍了适航审定的含义、要素、适航当局和适航标准的基础知识。除了在 1.3.3 节以第 25.571 条"损伤容限和疲劳评定"的修订历史为例分析适航标准条款背后的技术实质变化时涉及了较多的技术内容之外,本章并没有过多的涉及技术内容。

希望通过对适航基础知识的介绍,能够厘清下述的这些要点,这将贯穿本书的技术讨论过程:

(1)适航指飞机能在预期的运行条件下安全飞行(包括起飞和着陆)的固有品质,这种品质可以通过合适的维修而持续保持。在讨论"适航"的过程中始终要牢记"预期的运行条件"这个重要前提。

(2)适航标准是适航审定的重要衡量标准。讨论适航标准,需要理解适航标准体系的概念——即以法律法规形式颁布的适航标准,以及适航标准下面作为解释和介绍的众多技术文件,包括咨询通告、航空行业和协会标准、航空产品制造商和供应商的企业技术规范等。

(3)从条款、修正案的角度解读适航标准是理解适航标准的重要途径,也是本书讨论复合材料结构适航验证的切入点。从本章的论述,读者应当能够了解什么是适航标准、从哪里能找到适航标准,能够理解在阅读适航标准时遇到的部号、分部号、条款号、修正案号的含义,并且能够试着从适航标准历史演变、不断修订的角度理解适航标准变化背后的技术演进。

2 民用飞机复合材料概述

在第 1 章讨论"适航"的基础概念的基础上,本章给出复合材料结构的基础知识。正如第 1 章中所讨论的本书写作目的,本书的主旨是从适航的角度来讨论民用飞机复合材料结构适航验证的技术问题。因此,本章并不准备很深入地介绍复合材料的科学理论和工程实践,对复合材料基础知识的介绍更多还是希望能够从复合材料自身的特点引出在适航验证方面通常需要依据的适航标准和验证方法。

2.1 复合材料的概述

复合材料是由两种或两种以上具有独立物理相的材料,通过复合工艺组合构成的新型材料。其中,连续相为基体、分散相为增强体,两相彼此之间没有明显的界面。它既保留原组分材料的主要特点,并通过复合效应获得原组分材料所不具备的性能。通过材料设计可以使各组分材料的性能互相补充、彼此联系,从而获得优越性能。

2.1.1 复合材料的构成

作为两种或者两种以上材料"复合"而成的材料,复合材料的构成中一个很重要的概念就是"基体"和"增强体"。通常,构成复合材料的两种材料是性能截然不同的两种材料,一种通常在复合材料中含量高、力学性能相对较弱、起到"捏合"整个复合材料体系、决定复合材料理化性能的作用,称之为"基体"材料;另一种在复合材料中含量低、力学性能相对较高、起到"提升"整个复合材料力学性能的作用,称之为"增强材料"。

用于航空器的复合材料,其基体类型通常包括热固性树脂、热塑性树脂、陶瓷、金属等。通常,整体表现出来的复合材料的理化特性更接近于基体材料的理化特性。例如,树脂基复合材料在理化特性上具有非金属材料的特点,其表现形式之一是树脂基复合材料容易受环境中的湿度和热量的影响,特别是容易受二者综合作用的影响,以下简称湿热影响。

增强体类型通常包括增强体的类型有颗粒、长纤维(任意方向或者定向)、短纤维等。在复合材料应用于航空器结构的情况中,更多的增强体形式是长纤维。民用飞机复合材料结构上常用的纤维增强体形式如图 2-1 所示,包括单向纤维束、单向纤维带、纤维毡、纤维织物等。

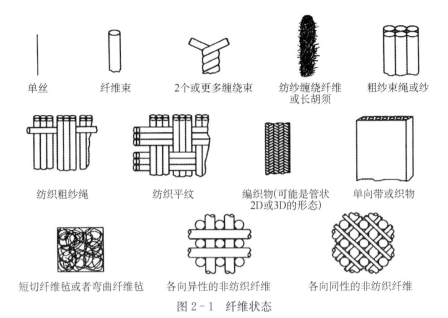

图 2 - 1 纤维状态

民用飞机复合材料结构上常用的纤维增强体类型通常是碳纤维(carbon fiber)、芳纶纤维(aramid fiber)或者玻璃纤维(fiberglass)三种。其中,由于碳纤维优异的力学性能、适中的价格成本成为航空器承力结构(例如,机身梁、框,机翼翼盒、梁、翼肋,方向舵、升降舵、扰流板等各种操纵面)上最为常用的复合材料增强体;玻璃纤维由于其比强度高、良好的电性能、价格低廉成为航空器非承力结构(例如,雷达罩、各种整流罩)上常用的复合材料增强体;而芳纶纤维相较于碳纤维具有更高的力学性能,但是相对稍差的疲劳特性和较高的价格成本,使其更广泛应用在军用航空器的承力结构上。

2.1.2 复合材料的命名和分类

复合材料可根据增强材料与基体材料的名称来命名。将增强材料的名称放在前面,基体材料的名称放在后面,再加上"复合材料"。例如,玻璃纤维和环氧树脂构成的复合材料称为"玻璃纤维环氧树脂复合材料"。为书写简便,也可仅写增强材料和基体材料的缩写名称,中间加一斜线隔开,后面再加"复合材料",如表 2 - 1 所示。

表 2 - 1 复合材料编码体系(中间加斜杠来命名)

纤维体系编码		基体材料编码	
AIO	氧化铝	BMI	双马来酰亚胺
Ar	芳纶	CE	氰酸脂
B	硼	EP	环氧树脂
C	碳	FC	碳氟化合物

（续表）

纤维体系编码		基体材料编码	
DGl	D-玻璃	P	酚的
EGl	E-玻璃	PAI	聚酰胺酰亚胺
Gl	玻璃	PBI	聚苯并咪唑
Gr	石墨	PEEK	聚醚醚酮
Li	锂	PEI	聚醚酰亚胺
PAN	聚丙烯腈	PES	聚醚砜
PBT	聚苯丙噻唑	PI	聚酰亚胺
Q	石英	PPS	聚亚苯基硫化物
Si	硅	PSU	聚砜
SiC	碳化硅	SI	硅树脂
SGl	S-玻璃	TPES	热塑性聚酯
Ti	钛		
W	钨		

如上所述，玻璃纤维和环氧树脂构成的复合材料也可称为"玻璃/环氧复合材料"。有时为突出增强材料和基体材料，视强调的组分不同，也可简称为"玻璃纤维复合材料"或"环氧树脂复合材料"。碳纤维和金属基体构成的复合材料叫"金属基复合材料"，也可写为"碳/金属复合材料"。碳纤维和碳构成的复合材料叫"碳/碳复合材料"。

随着材料品种不断增加，为了更好地使用材料，需要对材料进行分类。复合材料的分类方法很多，常见的分类方法有以下几种。

1）按增强材料形态分类

（1）连续纤维复合材料：作为分散相的纤维，每根纤维的两个端点都位于复合材料的边界处。

（2）短纤维复合材料：短纤维无规则地分散在基体材料中制成的复合材料。

（3）粒状填料复合材料：微小颗粒状增强材料分散在集体中制成的复合材料。

（4）编织复合材料：以平面二维或立体三维纤维编织物为增强材料与基体复合而成的复合材料。

2）按增强纤维种类分类

（1）玻璃纤维复合材料。

（2）碳纤维复合材料。

（3）有机纤维（芳香族聚酰胺纤维、芳香族聚酯纤维、高强度聚烯烃纤维等）复合材料。

（4）金属纤维（如钨丝、不锈钢等）复合材料。

此外，如果用两种或两种以上纤维增强同一基体制成的复合材料成为混杂复合材料。混杂复合材料可以看成是两种或多种单一纤维复合材料的相互复合组成的

"复合材料"。

3）按基体材料分类

（1）聚合物复合材料：以有机聚合物（主要为热固性树脂、热塑性树脂及橡胶）为基体制成的复合材料。

（2）金属基复合材料：以金属为基体制成的复合材料，如铝基复合材料、钛基复合材料等。

（3）无机非金属基复合材料：以陶瓷材料（也包括玻璃和水泥）为基体制成的复合材料。

常用于民用飞机结构的复合材料的增强材料和基体材料如图2－2所示，通常是碳纤维（carbon fiber）、芳纶纤维（aramid fiber）或者玻璃纤维（fiberglass）增强环氧树脂（epoxy resin）基复合材料。

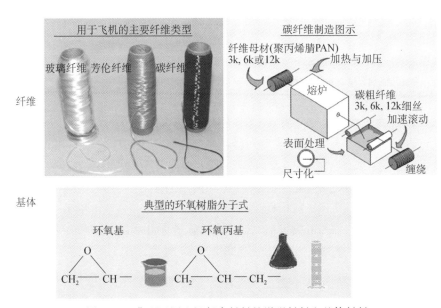

图2-2 典型民用飞机复合材料的增强材料和基体材料

4）按材料作用分类

（1）结构复合材料：用于制造受力构件的复合材料。

（2）功能复合材料：具有各种特殊性能（如阻尼、导电、导磁、换能、摩擦、屏蔽等）的复合材料。

此外还有同质复合材料和异质复合材料。增强材料和基体材料属于同种物质的复合材料为同质复合材料，如广泛应用于航空刹车上的碳/碳复合材料。异质复合材料如前面提及的复合材料多属此类。

民用飞机复合材料结构最通常的应用形式为纤维增强树脂基复合材料，特别是碳纤维增强树脂基复合材料或者玻璃纤维增强树脂基复合材料。由于习惯上经常不区分树脂、塑料（plastic）、聚合物（polymer），因此在各种文献中经常会看到CFRP (carbon fiber reinforced plastic/polymer，碳纤维增强塑料/聚合物）或者 GFRP (glass fiber reinforced plastic/polymer，玻璃纤维增强塑料/聚合物）的写法，其含义实质就是碳纤维增强树脂基复合材料或者玻璃纤维增强树脂基复合材料。

2.2　复合材料的制造工艺

典型的复合材料结构是由浸润在环氧树脂中的各种方向的纤维或织物构成。飞机制造商可以购买干预浸料作为复合材料结构制造工艺的一部分，也可以购买未浸润树脂的纤维，此时可以在复合材料结构件制造过程中灵活地采用各种固化工艺固化成可应用的产品。

复合材料结构制造工艺技术要保证能精确控制实现结构设计所确定的纤维方向，并且切断纤维的机械加工应尽量减少。热固性树脂基体，进热压工艺，在模具内进行固化反应，在结构（件）成型的同时形成材料。因此，要有完善的质量保证体系来保证成品率。共固化、二次胶结等工艺技术和正在采用的预成型件/RTM（或RFI）树脂转移成型工艺技术，可实现复合材料大型构件整体成型，即可大量减少机械加工和装配工作量，大幅度降低装备费用，还可改善结构使用性能。

树脂基复合材料成型工艺技术有如下显著特点：

（1）应确保实现结构设计所确定的纤维铺设。

（2）热压工艺成型、结构件成型和材料成型同时完成。

（3）可实现大型构件整体成型，显著减少机械加工和装配工作。

（4）需要完善的工艺质量控制体系，保证高成品率。

以上特点决定了复合材料结构设计与复合材料制造技术密切合作，共同商议综合协调所设计结构的工艺可行性（可操作性）、质量保证和降低成本等诸方面要求。树脂基复合材料结构成型工艺方法分类如图 2－3 所示。

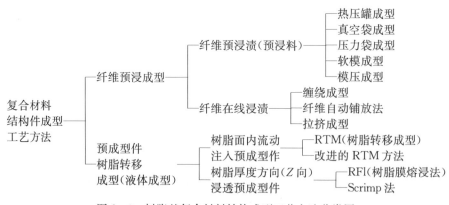

图 2－3　树脂基复合材料结构成型工艺方法分类图

复合材料结构件成型工艺方法多种多样，各有所长，方法特点与使用范围如表 2－2 所示。

表 2-2　复合材料构件成型工艺方法特点与适用范围

方法名称	特　点	适用范围
热压罐成型	热压罐提供均匀的高温度、高压力场；制件质量高；但设备昂贵、耗能大	大尺寸复杂型面蒙皮壁板高性能构件
真空袋成型	真空压力(<0.1 MPa)均匀温度场、设备简单、投资少、易操作	1.5 mm 以下板件和蜂窝件
压力袋成型	同真空袋成型，压力袋压力 0.2~0.3 MPa	低压成型板、蜂窝件
软模成型	借助橡胶膨胀或橡胶袋充气加压，要求模具刚度足够大，并能加热	共固化整体成型件
模压成型	压机加压、模具加热；尺寸有限、模具设计难、制件强度高、尺寸精确	叶片等小板壳件
缠绕成型	纤维在线浸渍并连续缠绕在模具上，再经固化成型	筒壳、板材
自动铺带法	纤维带(75~300 mm 宽)在线浸渍后自动铺在模具上，并切断、压实，再经固化成型	凸模型面零件批量生产
纤维自动铺放法	多轴丝束或窄带(3 mm 宽)在线浸渍后自动铺在模具上，并切断、压实，再经固化成型	凹凸模型面零件批量生产
拉挤成型	纤维在线浸渍后直接通过模具快速固化成型；连续、快速、高效生产	型材、规则板条
预成型件/树脂转移成型(RTM方法)	树脂在面内压力下注射到预成型件内后再固化成型。要求模具强度、刚度足够，并合理安排树脂流向和注射入口与冒口；制件重复性好、尺寸精度高、Z 向性能高	复杂高性能构件
预成型件/树脂膜熔浸法(RFI方法)	树脂膜熔化后沿厚度方向浸透预成型件，再固化成型。可采用单面模具；制件 Z 向性能高、重复性好、尺寸精度高	复杂高性能构件
低温固化成型	低温(80℃以下)、低压(真空压力)固化树脂体系复合材料的成型工艺。目前构件性能与普通环氧树脂构件相当	小批量生产的构件
电子束固化成型	利用电子加速器产生的高能电子束引发树脂固化；空隙率低(<1%)，力学性能高、固化时间短、热应力小，减少环境污染，需专用树脂	正在走向实用化

同时补充以下几点：

（1）预浸料热压罐或软膜、压力袋等成型工艺方法可获得高纤维体积含量（60%）、力学性能优良、尺寸精确、重复性好的高质量领构件。共固化整体成型技术可制备大型整体飞机结构件，大大减少装配、连接工作量、提高结构效率。目前复合材料飞机结构件主要采用这类成型工艺。这类方法预浸料制备与储存投资和热压设备投资均较大，而且能耗高，再加之目前仍然以手工铺层为主，制造成本高。

（2）液体复合材料成型（liquid composite molding，LCM），没有预浸料制备过程，生产效率高。自动铺带法和纤维自动铺放法是在纤维缠绕法基础上发展起来的高度自动化、机械化的铺层方法。其关键技术是研制高度自动化的多轴纤维自动铺放机。

（3）预成型件/树脂转移形成工艺方法目前正在积极开发推广应用。将纤维通过编制或织物缝合等技术手段制成所需构件形状的三维增强材料预成型件,已解决（层合结构难以解决）层间强度差问题。树脂浸渍预成型件的方式大致可分为两类：以树脂面内压力注入预成型件的树脂转移成型（Resin Transfer Molding，RTM）为代表的一类和以树脂膜溶化后 Z 向（厚度方向）浸渍预成型件的树脂膜熔浸成型（Resin Film Infusion，RFI）为代表的另一类。预成型件制备设备投资很大,成型工艺需要用 RTM、RFI 专用树脂,适合批量生产采用。

下面介绍几种有代表性的成型工艺过程：

（1）热压罐法:热压罐法是真空袋-热压罐法简称,是飞机结构高质量复合材料构件的主要成型方法。基本工艺过程是将预浸料（浸有树脂胶液的单层纤维或织物）按设计要求铺覆在其模具上并与其他工艺辅助材料一起构成一个真空袋组合系统［见图 2-4(a)］,热压罐内在一定压力（包括真空袋内的真空负压和袋外正压）和温度下固化［见图 2-4(b)］为各种形状的结构。热压罐设备图如图 2-4(c)所示。

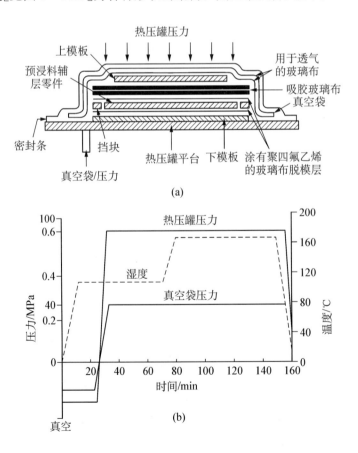

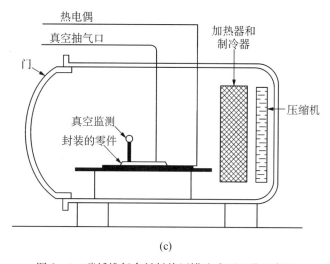

(c)

图 2-4　碳纤维复合材料热压罐法成型工艺示意图

(a) 真空袋组合系统　(b) 双压/双真空固化周期示例
(c) 热压罐和零件布置图

（2）预成型件/树脂转移成型法：树脂转移成型法是预成型件/树脂转移成型法的简称，又称树脂传递模塑法或 RTM 技术。首先用缝纫、编织或胶黏等方法将增强纤维或织物制成所需构件形状（预成型件）；成型时将预成型件放入模具中，采用压力注射树脂的方法〔见图 2-5(a)〕或将树脂膜融化后，在自上而下压力作用下流经整个预成型件厚度〔见图 2-5(b)〕等方法完成树脂浸渍，并固化成型，得到构件。

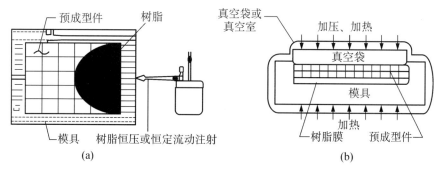

(a)　　　　　　　　　　　　　　　　(b)

图 2-5　预成型件/树脂转移成型法

(a) RTM　(b) RFI

RTM 或 RFI 工艺方法的优点有：

a. 适用于各种铺放形式与毛坯构形的复杂构件；

b. 整体性好，减少机械连接，近无余量加工；

c. 与手工铺叠相比，工时消耗降低 2/3；

　　d. 可采用低成本的纤维/树脂体系(仅在受拉面加少量中模量纤维);

　　e. 有效地改善了劳动强度与环境条件;

　　f. 无需昂贵的预浸料;

　　g. 可提高复合材料的设计许用应变。

　　(3) 纤维自动铺放法:在缠绕与自动铺带技术的基础上开发的先进铺层技术,又称自动丝束铺层(Automated tow placement,ATP)技术或纤维铺放(Fiber placement,FP)。

　　复合材料构件制造工时中,手工铺层所需工时约占共工时的 60% 或更高,而且质量不稳定(一般铺层取向有 2°的偏差,铺层间隙不均匀)。纤维缠绕法铺层自动化、效率高,多用于形状规则的筒形、板形构件,如图 2-6 所示。

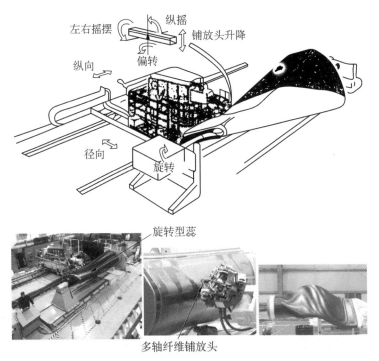

图 2-6　纤维自动铺放机工作原理示意图

2.3　复合材料力学基础

　　在纤维增强树脂基复合材料中,高模量、高强度的增强纤维是承载主体,决定沿纤维方向的强度和模量;树脂基体提供对纤维的支持和保护,同时决定横向(垂直纤维方向)的强度和模量,层合结构的层间性能也主要由基体性能确定;界面将纤维和基体黏结在一起,并实现纤维与基体间的载荷传递,从而构成了沿纤维方向具有高强度、高模量的新型材料。

对于民用飞机的主承力结构,最常用纤维是碳纤维,其主要的特点包括:

(1) 比重小($1.7\sim2.1\,\mathrm{g/cm^3}$),重量轻;模量高($200\sim700\,\mathrm{GPa}$),比模量大;强度高($3\sim7\,\mathrm{GPa}$),比强度大;疲劳强度高,耐疲劳,使用寿命长;自润滑,耐磨损;振动衰减性能优异,吸能减振;热膨胀系数小($-1.1\times10^{-6}\sim0\,\mathrm{K^{-1}}$),尺寸稳定性好;热导率高($10\sim160\,\mathrm{W(m\cdot K)^{-1}}$);在惰性气氛中耐热性出类拔萃;耐腐蚀;不锈蚀;与生物的相亲性好;具有电磁屏蔽功能;X 射线透过性好;各向异性材料,设计自由度大;非磁性,可制作非磁性导线;柔软,后加工及复合性好。

(2) 刚度特性:正轴单层刚度,有四个正交异性常数:纵向刚度 E_x、横向刚度 E_y、主泊松比 ν_x、剪切刚度 E_s。而各向同性材料只有两个常数,即:

E_x $E_x = E_y = E$ 弹性模量

ν_x $\nu_x = \nu_y = \nu$ 泊松比

E_s $E_s = E/2(1+\nu) = G$ 剪切模量

表 2 - 3   几种常用材料的正轴单层刚度比

刚度特性	CFRP T300 碳纤维	GFRP 玻璃纤维	KFRP 芳纶纤维	CCRP 织物	Al 铝合金
E_x	181.0	38.6	76.0	74.0	69.0
E_y	10.3	8.3	5.5	74.0	69.0
ν_x	0.28	0.26	0.34	0.05	0.30
E_s	7.2	4.1	2.8	4.6	26.5

2.4 复合材料结构设计

复合材料结构设计主要有共固化、二次固化、二次胶结以及预成型件/RTM 或 RFI 成型,也包括缠绕成型工艺。图 2-7 给出了多次固化成型与共同化成型比较。

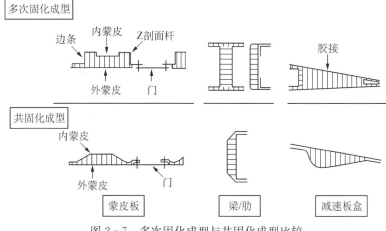

图 2-7   多次固化成型与共固化成型比较

共固化结构的组合零件在未固化时应是可分离的,以便于在生产过程中对各个零件的毛坯进行铺贴和预处理,如图 2-8 所示。需采用芯模成型的共固化结构在设计时应留有足够大的开口,以保证固化后芯模能够从构件中取出,如图 2-9 所示。

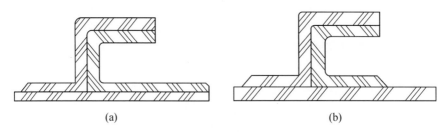

(a) (b)

图 2-8　共固化成型结构的零件组成

(a) 部分加强筋与蒙皮成一体,无法分别铺贴及预处理,不能共固化

(b) 加强筋和蒙皮可分,利用铺贴及预处理,可共固化

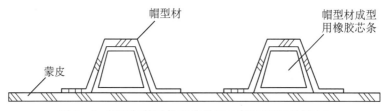

图 2-9　帽型加筋零件芯模开口示意图(开口足够大)

在飞机上采用的复合材料共固化结构主要有:共固化加筋结构、共固化盒装结构、共固化夹层结构。三类结构形式如图 2-10 所示,三类主要机构的适用范围见表 2-4,翼盒共固化原理图如图 2-11 所示。

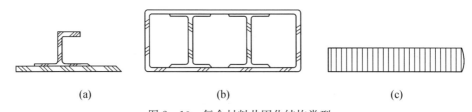

(a) (b) (c)

图 2-10　复合材料共固化结构类型

(a) 加筋板结构　(b) 盒装结构　(c) 夹层结构

表 2-4　主要共固化结构的使用范围

结构类型	使用部位	共固化工艺
共固化加筋结构	翼面壁板、机身壁板、舱门	整体共固化
共固化盒状结构	多墙结构垂尾、机身上、下壁	整体共固化或胶接共固化
共固化夹层结构	机身壁板、操纵舵面、各类口盖	胶接共固化或整体共固化

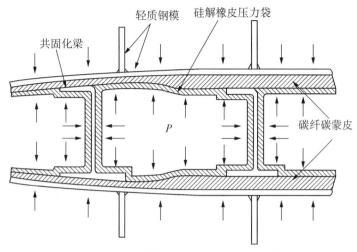

图 2-11　机翼翼盒的共固化成型示意图

2.5　复合材料结构的损伤检查和修理

复合材料结构的维护和修理必须符合设计与制造要求,满足静强度、疲劳/损伤容限、颤振要求以及 AC 中阐述的对于特殊结构与应用的各种因素考虑。

需要从以下几个方面去考虑和研究:维修性设计、维修实践、修理的验证、损伤检测、检查和修理能力。

1) 维修性设计

复合材料结构必须设计成在修理环境下的可检和可修理。用于结构细节的检查和修理方法必须规定于特殊文件中,而且对于临界损伤类型需要培训。这些临界损伤类型是难于检测的、定性的和修理的。对于任何可能预测要修理的结构细节及损伤水平,其检查间隔和寿命限制必须清楚地写在持续适航文件中。

2) 损伤检测

用于损伤检测的程序必须证明是可靠的和可行的,必须能检测出在低于极限载荷能力下降低结构完整性的损伤,这些程序必须在持续适航文件恰当的章节中写明。检测程序的验证要包括所有类型的损伤,如外来的冲击损伤、制造缺陷、受热引起的退化。提供结构保护的表面层退化(如漆、涂层)需要检测。影响结构完整性、燃油箱安全、电气系统的闪电防护系统的退化必须检测。

目视检查是主要的损伤检测方法,并在规定的光线下实施操作。目视检查程序要考虑通路、冲击损伤后的凹坑释放、颜色、磨光、表面的清洁。

3) 损伤检查

经常用于复合材料结构损伤检测的目视检查,如果结构零件损伤位于隐藏的细节需要进一步研究。作为结果,用于完整复合材料结构损伤特征的附加检查程序将不同于初始的损伤检测,需要很好的操作。修理前的无损检测和修理中破坏过程的无损检测执行需要确定损伤的范围。修理质量的过程控制和修理后的检查方法必须表明是可靠的和有能力为工程人员提供数据,并用于确定结构完整性的退化,而这是由于工艺本身导致的极限载荷能力的下降。在完成修理后,特定的工艺缺陷(如弱胶)不能可靠地检测出来。这种情况下,损伤的威胁、修理设计和限制都要保证具有足够的损伤容限。

4) 修理

飞机运营商需要具备经济修理损伤飞机的能力;当运营商将要修理飞机时,在缺少制造商提供的修理指南情况下,他们会研究自己的修理方案;飞机制造商需要考虑飞机的运营环境。

2.6 复合材料在航空领域的应用

复合材料以其独特的性能在航空航天结构中获得越来越广泛的应用,今天这种发展趋势更是有增无减,其巨大的结构减重潜力,较高的比强度、比刚度特征以及广泛的材料可设计性都是其他材料不可比拟的。先进复合材料结构占飞机结构总量的比例,在某种程度上成为评价该飞机性能的重要技术指标,也标志着该飞机设计制造厂家(国家)的工业技术的先进程度和实力。轻质结构技术涉及飞机的经济性与安全性,它的主要发展方向在于先进材料的应用,包括复合材料、金属和纤维复合材料-金属层合板。

先进复合材料(包括纤维复合材料-金属层合板)因其比强度和比刚度高、耐腐蚀、抗疲劳,在其制造工艺不断改进、结构制造成本不断下降的基础上,已经成为低成本/轻重量结构设计的关键技术途径。复合材料在民用飞机应用初期,其典型的应用部位如图 2-12 所示。

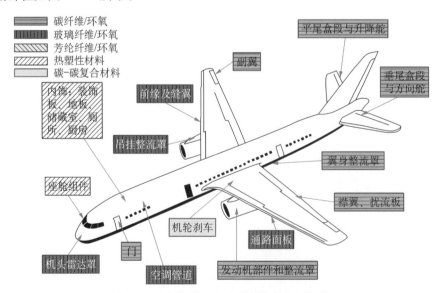

图 2-12　初期典型复合材料构件应用部位

直到 20 世纪末期,已投入运行的民用运输机(主要由美国和欧洲制造)复合材料结构占机体结构总重量最多只有 15% 左右,如图 2 - 13 所示。在当时技术条件下,考虑成本因素,20% 认为是个极限。

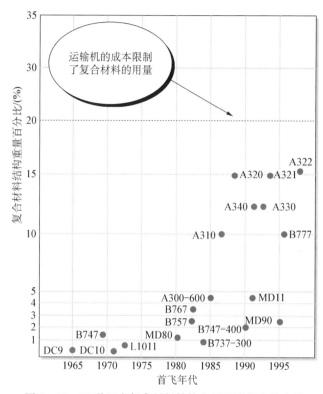

图 2 - 13　20 世纪末复合材料结构在民用飞机上的应用

民机应用复合材料结构的典型部位如图 2 - 14,图 2 - 15 所示,主要集中在尾部。这些复合材料结构大多由传统工艺制造,以层压结构以及蜂窝夹心结构为主。增强材料以碳纤维为主,为了降低成本,还采用了部分玻璃纤维以及混杂纤维。

为了扩大复合材料的应用,世界航空先进研究机构组织了各种重大项目的预先研究实施计划,重点突破复合材料应用的关键技术。重大研究计划包括:

1) 欧盟的 TANGO 计划

该计划的主要技术途径是通过采用新的材料、设计方法和制造工艺,降低飞机的成本;减轻机体结构重量,降低燃油消耗,减少对环境的影响;从而使结构效率得以提高。总体技术指标为:采用复合材料结构后,与现有结构相比减重 20%;与现有制造工艺和设计水平相比成本降低 20%,如图 2 - 16 所示的验证平台。

TANGO 计划研究与验证的材料工艺、设计/分析技术和制造技术的成果很快被应用于空客公司的 A380 - 800 宽体客机。

2) 欧盟的 ALCAS 计划

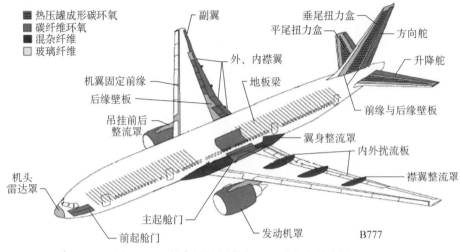

图 2-14　复合材料在波音 B777 飞机上的应用

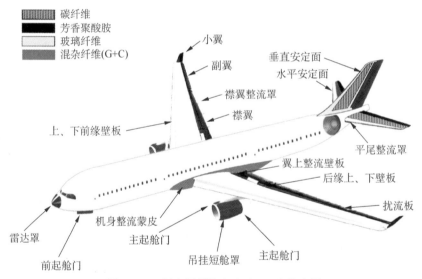

图 2-15　复合材料在空客 A330 上的应用

这个计划的主要目的是,针对如何使不同的结构材料和设计方法与飞机系统最佳结合,使得能够低成本地制造出轻重量的飞机结构这个问题,提供相应的数据和经验。这个计划预期的成果之一是为下一代全新的飞机选用复合材料机翼提供验证过的设计和分析技术。

3) NASA 的 ACT 计划

目标是建立完整的"买得起"的(Affordable)复合材料技术的数据库,以促进这类技术迅速、及时地应用到飞机制造工业。

4) NASA 的 AST 计划(ACT 计划的后续计划)

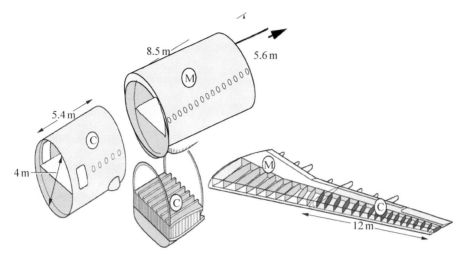

图 2 - 16　TANGO 计划的验证平台

　　以 AST 计划的缝合复合材料机翼为例,该机翼的基准平台是 220 座级的 MD90 - 40X 飞机机翼,按照"积木"式的试验验证方法,从试件、元件、结构细节件、构件/子结构,一直到全尺寸结构对机翼进行了严格的考核。如图 2 - 17 所示的"积木式"验证平台。

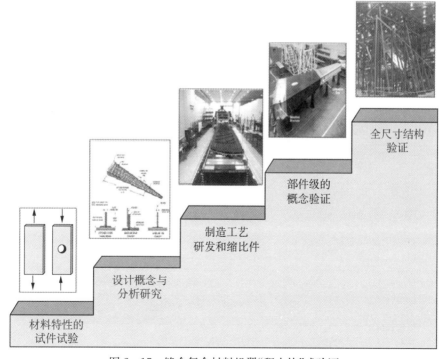

图 2 - 17　缝合复合材料机翼"积木块"式验证

　　经过这一过程,不仅建立了材料的基本性能数据库和结构设计许用值,而且结构设计思想得到了评估,结构制造技术得到了考核,最终还充分分析了结构性能与成本的综合效能。这样大大加快了新材料、新的结构设计和制造技术应用于实际工程。

　　图 2-18 为波音公司的先进战术运输机 ATT,其主承力翼盒将采用缝合复合材料加筋蒙皮壁板,机身拟采用缝合泡沫芯复合材料面板夹层结构。

□ 缝合的复合材料蒙皮/长桁
■ 缝合的泡沫夹层复合材料
■ 传统的夹层复合材料
■ 传统的复合材料蒙皮/长桁
■ 金属/复合材料混杂的螺旋桨
□ 先进的铝合金

图 2-18　复合材料的先进战术运输机

　　轻重量结构技术是 B787 飞机采用的核心技术之一。根据他们已拥有的技术水平,B787 飞机结构的复合材料用量可以达到 50% 以上,如图 2-19 所示。

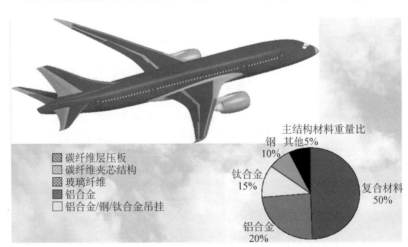

碳纤维层压板
碳纤维夹芯结构
玻璃纤维
铝合金
铝合金/钢/钛合金吊挂

主结构材料重量比
钢 其他5%
10%
钛合金
15%
复合材料
50%
铝合金
20%

图 2-19　B787 复合材料用量

注:碳纤维层压板:机身、机翼、垂直安定面、水平安定面
　　碳纤维夹芯结构:翼尖小翼、发动机短舱、方向舵、升降舵
　　玻璃纤维:机身整流包皮
　　铝合金:机翼、垂尾和平尾的固定前缘
　　铝合金/钢/钛合金吊挂:发动机吊挂

同样,空客公司的空中巨无霸 A380 飞机也实现了复合材料结构形式及应用上的突破,如图 2-20 所示。

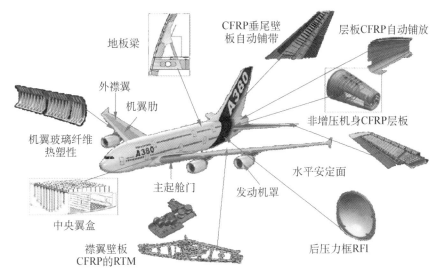

图 2-20 A380 复合材料应用部件

以波音公司的 B787 飞机和空客公司的 A380 飞机为代表,世界民机在 21 世纪初实现了复合材料结构应用上划时代的突飞猛进,如图 2-21 所示。

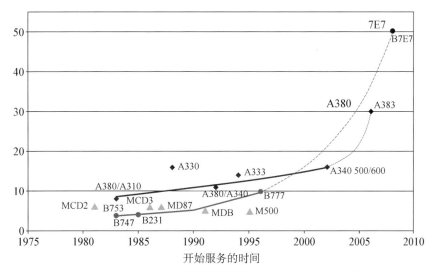

图 2-21 21 世纪初复合材料结构在民用飞机上的应用

国外复合材料结构技术的特点是以民机的市场竞争为原动力,大力发展低成本复合材料结构技术,追求包括结构性能、重量和全寿命成本等因素的综合效能的提高,制造技术/工艺的改进以实现复合材料结构的低成本化。

随着复合材料制造技术的不断改进,结构设计理念已悄悄地发生了革命性的转变。设计为制造、设计为装配,即设计—制造—装配一体化的概念已经建立,并在工程研制中得到实践。因为复合材料结构设计与验证是一个实践性很强的过程,只有走过一个完整的所谓"积木式"结构设计分析和验证试验的过程之后,才能取得第一手经验和教训,形成了一系列的设计手册与规范。在总结了经验和吸取了教训之后才能提升结构设计水平。

2.7 复合材料结构的相关适航要求

从结构强度专业的角度来看,无论是适航审定中负责航空产品研制的申请人一方、还是适航审定中负责审查航空产品是否符合适航标准的适航当局一方,关心的问题主要包括以下一些内容:

(1) 结构使用的材料的性能和许用值。

(2) 形成结构所采用的制造工艺。

(3) 风洞试验。

(4) 结构承受的载荷。

(5) 用于计算结构内部载荷和应力应变的有限元模型。

(6) 结构的工作环境。

(7) 安全系数和载荷系数。

(8) 结构在限制载荷和极限载荷下的静强度。

(9) 结构的刚度、振动和颤振。

(10) 结构的腐蚀防护。

(11) 失效安全的设计。

(12) 疲劳和损伤容限。

(13) 有效的结构维修大纲。

尽管复合材料结构相较于传统的金属结构具有一些独特之处,但是遵循适航验证"设定适航标准的要求—明确符合性方法—制订计划—实施分析、计算、试验的验证活动"的审定程序,依然可以从传统的材料、工艺、结构静强度、损伤容限和疲劳评定这些方面来讨论复合材料结构的适航标准及其符合性方法,如下表 2-5 所示。

表 2-5 复合材料结构的适航标准及其指导材料

	材 料	工 艺	结构静强度	损伤容限和疲劳评定
适航标准 条款	§ 25.603 § 25.613	§ 25.605	§ 25.305 § 25.307	§ 25.571
咨询通告	AC 23-20 AC 25.613-1	AC 21-26 AC 21-31	AC 20-107B	AC 25.571-1D AC 120-104 AC 120-93 AC 120-73

（续表）

	材 料	工 艺	结构静强度	损伤容限和疲劳评定
工业界规范	MIL - HDBK - 17	MIL - HDBK - 17	MIL - HDBK - 17	MIL - HDBK - 17
技术报告	DOT/FAA/AR - 02/109 DOT/FAA/AR - 06/10 DOT/FAA/AR - 00/47 DOT/FAA/AR - 03/19	DOT/FAA/AR - 02/110 DOT/FAA/AR - 06/25		DOT/FAA/AR - 01/55 DOT/FAA/AR - 99/91 DOT/FAA/AR - 03/74

表 2 - 5 中提及的适航规章的条款、咨询通告、工业界规范和技术报告对应的名称如下：

1）适航标准条款

（1）25.603 材料。

（2）25.613 材料的强度性能和设计值。

（3）25.605 制造方法。

（4）25.305 强度和变形。

（5）25.307 结构符合性的证明。

（6）25.571 结构的损伤容限和疲劳评定。

2）咨询通告

（1）AC 23 - 20 关于聚合物基复合材料体系的材料采购和工艺规范的验收指南（Acceptance Guidance on Material Procurement and Process Specifications for Polymer Matrix Composite Systems）。

（2）AC 25.613 - 1 材料强度性能和材料的设计许用值（Material Strength Properties and Material Design Values）。

（3）AC 21 - 26 复合材料结构制造的质量控制（Quality Control for the Manufacture of Composite Structures）。

（4）AC 21 - 31 非金属材料舱内组件制造的质量控制（Quality Control for the Manufacture of Non-metallic Compartment Interior Components）。

（5）AC 20 - 107B 复合材料航空器结构（Composite Aircraft Structure）。

（6）AC 25.571 - 1D 结构的损伤容限和疲劳评定（Damage Tolerance and Fatigue Evaluation of Structure）。

（7）AC 120 - 104 建立和贯彻有效性限制（Establishing and Implementing Limit of Validity to Prevent Widespread Fatigue Damage）。

（8）AC 120 - 93 修理和改装的损伤容限检查（Damage Tolerance Inspections

for Repairs and Alterations)。

(9) AC 120 - 73 增压机身修理的损伤容限评估(Damage Tolerance Assessment of Repairs to Pressurized Fuselages)。

3) 工业界规范和技术报告

(1) MIL - HDBK - 17 复合材料手册(Compoiste Materials Handbook)。

(2) DOT/FAA/AR - 02/109 碳纤维/环氧单向预浸料的材料规范编制的推荐准则和指南(Guidelines and Recommended Criteria for the Development of a Material Specification for Carbon Fiber/Epoxy Unidirectional Prepregs)。

(3) DOT/FAA/AR - 02/110 制备纤维增强聚合物基复合材料的工艺规范、指令和控制文件的编制指南(Guidelines for the Development of Process Specifications, Instructions，and Controls for the Fabrication of Fiber-Reinforced Polymer Composites)。

(4) DOT/FAA/AR - 06/10 碳纤维/环氧织物预浸料的材料规范编制的推荐准则和指南(Guidelines and Recommended Criteria for the Development of a Material Specification for Carbon Fiber/Epoxy Fabric Prepregs)。

(5) DOT/FAA/AR - 06/25 碳纤维增强液体树脂模塑材料的材料规范和工艺规范编制的初级指南和建议方法(Preliminary Guidelines and Recommendations for the Development of Material and Process Specifications for Carbon Fiber-Reinforced Liquid Resin Molded Materials)。

(6) DOT/FAA/AR - 00/47 用于聚合物基复合材料体系的材料鉴定和等效鉴定(Material Qualification and Equivalency for Polymer MatrixComposite Material Systems)。

(7) DOT/FAA/AR - 03/19 用于聚合物基复合材料体系的材料鉴定和等效鉴定：更新程序(Material Qualification and Equivalency for Polymer Matrix Composite Material Systems：Updated Procedure)。

(8) DOT/FAA/AR - 01/55 复合材料航空器结构损伤容限的概率设计(Probabilistic Design of Damage Tolerant Composite Aircraft Structures)。

(9) DOT/FAA/AR - 99/91 复合材料夹芯板结构的损伤容限(Damage Tolerance of Composite Sandwich Structures)。

(10) DOT/FAA/AR - 03/74 航空器复合材料夹芯板结构的胶接修理(Bonded Repair of Aircraft Composite Sandwich Structures)。

除上述的关于结构方面的适航要求之外，以下的一些领域和相关的适航标准条款也是需要得到验证的，如表 2 - 6 所示。

表 2 - 6 复合材料结构验证的其他考虑

领 域	适航标准条款
颤振	§ 25.629 气弹稳定性要求
座舱内部设施	§ 25.853 座舱内部设施

（续表）

领　域	适航标准条款
货舱和行李舱	§25.855 货舱和行李舱
闪电防护	§25.581 闪电防护

此外，通过本章对复合材料的材料构成、制造工艺和结构设计的介绍，复合材料具有如下一些特点使得其对适航要求的验证又不能仅仅按照传统的材料、工艺、结构静强度、损伤容限和疲劳评定的顺序来考虑：

（1）复合材料由两种或两种以上材料构成。这使得将复合材料作为一种"材料"谈论其适航验证时，既需要讨论复合材料本身作为"材料"的适航验证，也不能忘记构成复合材料的各种组分材料的适航验证。例如，对作为基体材料的树脂聚合物，或者作为增强材料的碳纤维的适航验证。

（2）复合材料通过复合工艺组合构成。复合材料这种"材料"的形成与成型工艺密切相关。换句话说，复合材料的"材料"和"工艺"经常密不可分。复合材料的工艺往往是复合材料这种"材料"形成的"工艺"。因此，复合材料作为"材料"的适航验证是在某种"工艺"下的材料的适航验证。

（3）复合材料结构设计方法主要包括共固化、二次固化、二次胶结以及预成型件/RTM 或 RFI 成型、缠绕成型等成型工艺方法。也就是说，复合材料的材料和结构经常是在某种工艺下同时形成！在这种情况下，复合材料的工艺又往往是复合材料这种"结构"形成的"工艺"。因此，复合材料作为"结构"的适航验证也是在某种"工艺"下的结构的适航验证。

了解到这些特点，也就能理解，本节的表中按照材料、工艺、结构静强度以及损伤容限和疲劳评定的栏目分类适航标准的条款、咨询通告和技术报告仅仅是为了归类叙述的目的。在实际应用过程中，这些内容通常是高度综合、彼此关联的。

2.8　本章小结

本章对民用飞机复合材料的基础知识进行了概要的介绍。尽管通过本章的介绍，可以建立起通常认为的复合材料用于航空器结构的优势所在，例如可设计好、比强度/比模量高、化学性质稳定、耐腐蚀、疲劳性能好；但是，复合材料也存在材料形成和结构成型工艺高度融合、多向异性和非线性的力学性能、材料分散性大、工艺参数对材料性能影响大、构造细节对结构强度影响大的特点。

站在适航审定工作的角度看，这些特点要求复合材料结构的适航验证需要额外考虑更多的内容，更加充分的试验实证和技术细节的把握，这也使得相较于传统的金属结构、复合材料结构的适航验证难度更大。复合材料的特点与适航验证时需要考虑的内容如下表 2 - 7 所示。

表 2 - 7　复合材料的特点与适航验证时需要考虑的内容

特　点	适航验证的考虑
材料性能的分散性	基于统计方法的材料许用值试验
材料性能受工艺参数影响大	严格的工艺规范控制
复合材料体系的标准化程度低	复合材料体系的合格鉴定和等效鉴定
各向异性和非线性的力学性能	从试片级到全尺寸结构的、大量不同层级的力学性能试验和强度试验
有别于传统机械连接的构造形式	胶接等结构细节的验证
迥异于金属的缺陷表现形式和损伤对结构性能的影响	独特的损伤容限和疲劳评定方法
非金属材料的特点	考虑湿热的影响、考虑闪电的影响

　　正如同本章 2.6 节所介绍的,航空发达国家在将复合材料实际应用于航空器结构,无不开展了大量的预研工作和项目,对复合材料结构设计和适航验证的关键技术进行了充分的准备。

　　本章 2.7 节给出了复合材料结构相关的适航要求涉及的适航标准的条款、咨询通告、工业界规范和技术报告的清单。这些内容都是大量适航审定工作实践经验的总结,构成了本书后续章节具体适航验证技术细节讨论的基础。

3 复合材料的材料性能及验证

在前两章中,介绍了有关"适航"和"复合材料"的基础概念。在接下来的章节中,将逐一讨论民用飞机复合材料结构适航验证的技术问题。正如 2.7 节所述,复合材料结构适航验证仍然可以按照材料、工艺、结构静强度、损伤容限和疲劳评定的顺序进行讨论。主要的讨论内容包括 3 个方面:

(1) 适航标准的要求是什么?

(2) 如何在设计中考虑或者实现适航标准的要求?

(3) 如何通过符合性验证工作表明设计符合适航标准的要求?

本章将介绍复合材料作为一种"材料",适航标准对材料性能的要求及其符合性验证方法。

3.1 材料的适航标准

适航当局不会对材料单独进行"适航审定"或者颁发适航批准。对于航空器来说,材料作为构成航空器的基础,其标准体现在相应的适航标准中。例如,对于运输类飞机来说,材料的适航标准体现在中国民用航空规章第 25 部(CCAR 25)或者美国联邦规章汇编第 14 集第 25 部(14 CFR Part 25)"运输类飞机适航标准"的几个条款中。并且,在一系列的咨询通告、工业界规范和研究报告中可以找到对这些条款的含义和实质要求的具体解释,以及在设计中实现这些要求和验证符合这些要求的技术指导。具体可以参见 2.7 节中的表格。

3.1.1 材料相关的适航条款及符合性方法

对于航空器,材料的相关适航要求主要体现在其相应适航标准的第 603 条和第 613 条中。例如,对于运输类飞机,材料的相关适航要求为 25 部"运输类飞机适航标准"的第 25.603 条和第 25.613 条。在正常类、实用类、特技类和通勤类飞机所应符合的 23 部、旋翼航空器所应符合的 27 部或者 29 部中,材料的相关适航要求也是第 603 条和第 613 条,要求本身的文字也与第 25.603 条和第 25.613 条类似。因此,本章以第 25.603 条和第 25.613 条为代表,介绍材料的适航要求。

AC 25.613 - 1"材料强度性能和材料的设计许用值"给出了对第 25.613 条的具

体解释,其适用于包括金属材料、非金属材料在内的所有材料。复合材料的材料强度性能和材料的设计许用值自然也应遵循这份咨询通告的要求。

AC 23‐20"关于聚合物基复合材料体系的材料采购和工艺规范的验收指南"给出了针对聚合物基复合材料的适航标准要求的具体解释。

当然,在其他一些咨询通告中,例如 AC 20‐107B"复合材料航空器结构"也包含对材料的适航要求的解释内容。虽然在 2.7 节中的表格中 AC 20‐107B"复合材料航空器结构"被放在了"结构静强度"的栏目中,但这仅仅是出于归类叙述的目的。实际在 AC 20‐107B"复合材料航空器结构"中也提及了对复合材料的材料强度性能以及设计许用值的适航要求的解释。

美国的军用手册 MIL‐HDBK‐17"复合材料手册"给出了更加具体的复合材料的适航验证方法。在 FAA 颁布的一些技术报告中,更加进一步给出了相关指导,主要包括:

(1) DOT/FAA/AR‐02/109　碳纤维/环氧单向预浸料的材料规范编制的推荐准则和指南(Guidelines and Recommended Criteria for the Development of a Material Specification for Carbon Fiber/Epoxy Unidirectional Prepregs)。

(2) DOT/FAA/AR‐06/10　碳纤维/环氧织物预浸料的材料规范编制的推荐准则和指南(Guidelines and Recommended Criteria for the Development of a Material Specification for Carbon Fiber/Epoxy Fabric Prepregs)。

(3) DOT/FAA/AR‐00/47　用于聚合物基复合材料体系的材料鉴定和等效鉴定(Material Qualification and Equivalency for Polymer MatrixComposite Material Systems)。

(4) DOT/FAA/AR‐03/19　用于聚合物基复合材料体系的材料鉴定和等效鉴定:更新程序(Material Qualification and Equivalency for Polymer Matrix Composite Material Systems:Updated Procedure)。

1) 第 25.603 条的解读

(1) 理解:

本条款是对飞机结构材料适用性与耐久性的一般要求。而这种适用性与耐久性可通过以下方式得以证明:足够的试验;航线飞机长期考验被证明是好的、成熟的材料;材料已上升为标准,纳入材料标准手册中,并经过适航批准。

(2) 验证技术途径分析:

首先材料供应商所提供的材料应经过本行业的鉴定,然后提供足够多(便于竞争)的材料性能及相关的材料信息供设计选用,当设计综合所有因素权衡后(性能、工艺性、稳定性、可靠性、结构可设计性、结构适应性、成本、货源等)选择某个或多个材料供应商,之后在型号合格审定过程中进行符合 25.603 条款的适航验证工作。设计在材料选用时,要编制材料选用原则,它是设计准则的组成部分;编制材料选用范围目录,材料标准手册,全机材料选用总结;编制材料规范,验证材料的适用性、鉴定材料是否合格、提供材料基本性能;当零件所用材料需要特殊制造和工艺控制才能保证设计要求时,必须进行元件机械性能和物理性能的试验验证,以便选定材料和控制工艺参数,如锻件、铸件和复合材料制件等。

（3）符合性方法：

MC1 设计说明,MC2 分析和计算,MC4 试验室试验

2）第 25.613 条的解读

（1）理解：

本条款对材料强度性能和设计值,以及结构设计中选择材料的原则进行了规定,结构设计要按 25.603 条款选择材料（符合经批准的标准）；材料供应商要按 25.603 条款进行研究和试验,提供材料的强度性能和设计值,报适航当局批准并编入材料标准手册；飞机制造商在确定具体结构部位的材料设计值时按此条款规定。

强度所用的设计许用值需要通过试验获得,其材料的强度性能需要按照批准的材料标准进行试验,并获得足够的试验数据。材料的性能数据的得出应当建立在可靠的统计方法基础上,性能数据的统计处理采用（MIL - HDBK - 17 复合材料）所述的统计方法,并给出 A、B 基准的设计值。确定设计许用值时还要考虑湿热环境、疲劳损伤等。

（2）验证技术途径分析：

对各部位复合材料结构选取其典型层板的铺层设计进行设计许用值的试验以获得该部位结构的设计许用值,用于结构设计与强度分析。按照 ASTM 标准设计典型试验件并进行试验,试验内容主要包括:开孔拉伸、开孔压缩、冲击后压缩、面内剪切等在常温、湿热环境下的试验。按照 MIL - HDBK - 17 的方法对试验数据进行处理和分析,给出符合条款要求可靠度与置信度的设计许用值,包括拉伸许用值、压缩许用值、剪切许用值,以及环境影响因子。

对于开孔拉伸和开孔压缩,用直径为 6.35 mm 的孔来覆盖所有的影响。对于损伤,采用低能冲击来模拟,然后进行冲击后压缩试验,此处的损伤包括制造缺陷和工具掉落等,以 BVID 作为评判的标准,根据试验确定压缩许用值。

针对修正案,仔细分析修正案的核心内容,主要是两点:一是增加了湿度,二是要求:在飞机运行包线内受环境影响显著的、至关重要的部件或构件,必须考虑环境条件,如温度和湿度对所用材料设计值的影响。修正前的要求为:重要的部件或构件在正常运行条件下受热影响显著的部位,必须考虑温度对设计许用应力的影响。

（3）符合性方法：

MC1 设计说明,MC2 分析和计算,MC4 试验室试验。

3.1.2　材料相关的适航条款的设计实现

在实际操作层面,TC 申请人首先要按适航要求选用已有的型号材料规范或起草新的材料规范（该规范常被称为用户材料规范）,在对供应商材料进行筛选的基础上,按 25.603 和 25.613、AC 20 - 107B 和 AC 21 - 26 的要求编制对供应商材料进

行"合格鉴定（Qualification）"的计划，是 TC 申请人为满足适航审查需要所制定和实施的对材料全面性能进行多批次取样试验和验证的活动，其目的是确定材料性能的变异性（或稳定性）、获得具有一定置信度和破坏概率的材料许用值和设计值以及材料性能可接受的极限值。"Qualification"为"合格性鉴定"（简称为"鉴定"）。鉴定计划应报适航当局相关机构审批，并在适航当局相关机构见证下由 TC 申请人负责执行，计划执行结束后，TC 申请人负责冻结最终的材料规范状态和相应的复合材料及结构制造工艺规范，并将所有文件和数据整理报适航当局有关机构进行适航符合性审查。审查通过后，TC 申请人会将该供应商列入其合格供应商目录或向供应商颁发合格供应商证书或产品鉴定合格证书。所谓的"材料取证"实际上是由 TC 申请人组织的"材料鉴定"，材料供应商手中的"证书"实际上是由 TC 申请人颁发的合格供应商证书或产品鉴定合格证书。由于材料鉴定由 TC 申请人负责进行，因此实施过程形成的数据库、材料规范和工艺规范等知识产权一般归 TC 申请人所有。

3.2　材料性能的表征

3.2.1　材料性能表征概述

本章叙述了用作表征应用于有机基复合材料增强纤维的化学、物理和力学性能的一般技术和试验方法，包括以单向的纱、纱束或纤维束和双向织物形式的增强材料。纤维表征一般需要先进试验技术，并且试验室必须具有测定纤维性能的良好装备与经验。一般也公认，很多情况下，增强复合材料中显现的纤维性能的测定，最好用复合材料完成。本章介绍了评定碳纤维、玻璃纤维、有机（聚合物）纤维及其他特殊增强纤维的一般技术和试验方法。大多数增强纤维经表面处理或具有在纤维生产过程中涂敷的表面处理剂（例如浸润剂），以改善操作性能和/或促进纤维-树脂粘合。表面处理影响浸渍过程中纤维的润湿性，以及使用时纤维-基体粘合的干态强度和水解稳定性。由于直接关系复合材料性能，任何改进表面化学的处理效果一般通过复合材料本身的力学试验来度量。在纤维质量控制中浸润剂的数量和其组分的一致性是重要的，并且测量这些参数是纤维评定的一部分。

复合材料中基体的功能是使纤维保持在要求的位置，并提供将外部载荷导入纤维的路径。因为基体材料强度通常比纤维强度低一个数量级或更多，复合材料结构内部纤维的定向要使纤维承受主要的外部载荷。虽然这种能力使复合材料大获成功，但也不能忽视基体材料的强度及其他性能。基体材料性能对复合材料将如何工作会有比较大的影响，特别对于面内压缩、面内剪切、对冲击损伤的阻抗和其他层间特性，特别是暴露于潮湿和高温条件时。各类的聚合物树脂体系用作纤维增强复合材料的基体部分。这些体系通常分成两大类：热塑性材料和热固性材料。热塑性材料是非反应性的固体，在适当的加工温度和压力条件下，能软化、熔融和直接浸润增强纤维束，并且在冷却时硬化成所要求的形状。热固性材料是反应性的材料，由有机树脂及化学"固化"所需要的其他成分组成。在与增强纤维结合之前，热固性材料可以处于不同的形式(液体、固体、薄膜、粉末、粒料等),以未固化状态,并且可以是部分反应的。在复合材料加工期间,热固性材料不可逆地反应形成固体。除有机组分之外,热固性体系也可能含添加剂,如催化剂、填料和工艺助剂,这些可能是无机的或含金属的物质,还可能包括热塑性或弹性体的填料。尽管一些多成分的体系设计成刚好在使用之前成分混合,可能不需要冷冻贮存,但由于它们的反应特性,大多数未固化的热固性材料必须在冷冻条件下贮存。热塑性塑料和热固性材料均可用于预浸渍增强纤维以生产预浸料,而像 RTM 工艺(树脂传递模塑)通常更适合于热固性材料。本章重点是试验和表征基体材料及其组分的方法,考虑化学、物理、热和力学性能,以及试验试件制备和试验试件的环境浸润,并阐明热固性(不但是固化的而且是未固化的状态)和热塑性材料的试验。

高性能复合材料的可加工性和性能,取决于制造复合材料的纤维/预浸渍材料(预浸料)树脂的化学组成。一般而言,预浸料是由用 28～60 质量分数的反应性和化学上复杂的热固性树脂配方或热塑性树脂浸渍的"改性"或表面处理的玻璃、石墨或芳纶纤维组成。例如,典型热固性树脂配方可以包含若干不同类型的环氧树脂、固化剂、稀释剂、橡胶改性物、热塑性塑料添加剂、促进剂或催化剂、残余溶剂和无机材料,以及各种各样的杂质和合成副产物。此外,这样的树脂在预浸料加工期间经常是"分阶段"或部分地反应,并在运输、处理和贮存期间可以经历组分的变化。虽然热塑性塑料可能较少经历组分的变化,但聚合物的相对分子质量(molecular weight,MW)、相对分子质量分布(molecular weight distribution,MWD)和结晶形态具有对其预浸料和复合材料的可加工性和性能有较重要的影响。在树脂化学组成中偶然的或微小变化可以引起加工中的问题,并对复合材料的性能与长期性能具有有害影响。需要现代的分析技术和关于纤维、纤维表面处理以及树脂类型和配方的详尽知识来表征预浸料和复合材料。表征涉及纤维、纤维表面和主要的树脂成分的识别与定量以及应该包括有关杂质或污染物存在的信息。对于热固性树脂和复合材料,表征应该包括预浸料树脂反应和热/流变性以及热/力学行为的性质及范围的说明。在热塑性塑料的情况下,也应分析研究聚合物相对分子质量分布、结晶度和时间/温度黏度曲线。但是,只有很少数试验室配备或具有有知识的技术人员来充分表征预浸料和复合材料,并且在发表的研究报告中很少有叙述纤维类型和树脂化学/形态中的变化如何影响复合材料的物理性能和长期性能。此外,直到最近,还认为预浸料化学组成是专利,仅推荐工艺条件,并且验收主要基于所制造试件的力学试验。本章旨在提供表征技术概述,更准确地说,对用于高性能有机基复合材料制造的树脂和预浸料材料的化学和物理表征,阐明现代化技术的应用。

随着新的性能、可靠性和耐久性需求的提高导致硬件设计向着结构效率的高水平方向发展,复合材料的应用不断地增加。此外,官方的要求变得更为严格以确保结构的完整性被保持在适当的水平。其中,一些设计的创导者在不断增强的认识中得到结论:航空结构的认证或取证要求分析、测试和相关文件的广泛综合。更进一步,由于复合材料所固有的大量的设计变量,为保证硬件合格性及鉴定过程的完善性,分析建模甚至比金属结构变得更为必要。在所有结构分析模型中所固有的特性是材料的物理和力学性能的表征数据。理想情况下,这些分析模型将允许分析人员直接根据一般(单层)材料数据库来预测全尺寸结构响应(如稳定性、变形、强度、寿命)。事实上,在设计开发(元件、组合件、部件)和全尺寸结构试验阶段以及在一般(试样)层次上的评估中均要求建立试验数据。层压板是一种由一种材料或多种材料的两层或多层结合在一起而制成的产品,同时一个单层是指层压板中的一个单独的铺层或一个层片。构成每层的材料一般是由在热塑性或热固性树脂基体中嵌入碳、玻璃或有机(聚合物)纤维增强材料所组成的。虽然在复合材料中仍保持它们的原有特性,但各组分的联合提供了特定的特性和性能。很多技术被用来表征复合材料的化学、物理和力学性能。

3.2.2　纤维材料的表征

1) 表征的基本内容

表征应用于有机基复合材料增强纤维的化学、物理和力学性能的一般技术和试验方法,包括以单向的纱、纱束或纤维束,和双向织物形式的增强材料。

2) 化学表征(表征增强纤维的化学结构和化学组分)

(1) 元素分析(碳、氢、氮、硅、钠、铝、钙、镁及其他元素)。

各种定量的湿式重量分析和光谱化学分析技术可以应用于分析研究纤维的组成和微量元素。可以用 ASTM 试验方法 C 169 来确定硼硅酸盐玻璃纤维的化学组分。

ASTM D 3178 提供了一种适用于碳和氢分析的标准化方法,经改进以处理碳和聚合物纤维。ASTM D 3174 描述了可通过灰分剩余物分析测定金属杂质的有关试验。

分析手段有:X-射线荧光、原子吸收(AA)、火焰发射和感应耦合等离子体发射(ICAP)光谱技术。

(2) 滴定。

用滴定技术来测定纤维表面上基团的潜在化学活性,滴定技术一般不用于工业碳纤维,由于低水平的表面官能度。

(3) 纤维结构(X-射线衍射光谱法用于表征结晶或半结晶纤维的整体结构)。

利用工业电源供应和衍射仪装置的 X-射线粉末衍射法来表征碳纤维的结构,用衍射图像表征以下参数:

　　a. 平均石墨层间距:由 002 峰位。

　　b. 平均晶体大小 L_c:由 002 峰宽。

　　c. 平均晶体大小 L_a:由 100 峰宽。

　　d. 平均晶格尺寸,a-轴:由 100 峰位。

　　e. 峰面积与漫射面积之比。

　　f. 002 峰面积比总衍射面积。

　　g. 100 峰面积与总衍射面积。

　　h. 100 峰面积与 002 峰面积之比。

i. 结晶度指数:由已知晶化的与无定形碳的 X-射线衍射比较。

(4) 纤维表面化学(纤维进行表面处理以改善纤维和树脂基体材料之间的黏合性)表征手段:

a. X-射线衍射——晶粒尺寸和取向、石墨化程度和微孔特征方面的信息。

b. 电子衍射——微晶取向、三维有序和石墨化程度。

c. 透射电子显微镜术——表面精细结构和显示原纤和针状微孔。

d. 扫描电子显微镜术——给出结构和表面形态。

e. 电子自旋共振光谱——给出微晶取向。

f. X-射线光电子能谱或化学分析电子能谱法——测量原子中由低能 X-射线激发的核心电子结合能。

g. 俄歇电子能谱——从分析数据获得分子的信息。

h. 离子散射能谱——仅能得到原子信息。

i. 二次离子质谱(secondary ion mass spectroscopy,SIMS)——可用于识别表面分子和测定其浓度。

j. 红外光谱或傅立叶转换红外光谱——用于获得有关表面化学组分的分子信息。

k. 激光拉曼光谱。

l. 接触角和润湿测量法——可通过直接测量确定接触角。

m. 物理吸附和化学吸附测量法——测量纤维表面积。

n. 热解吸附测量法——TGA,GC,MS,IRS 或组合来识别由纤维表面解吸附的成分。

o. 通过滴定、库仑(电量)和射线照相技术进行官能团的化学鉴别。

(5) 浸润剂含量和化学组分(ASTM 试验方法 C 613)(光谱和色谱分析)。

纤维上所含浸润剂的数值用含浸润剂纤维干重量的百分数表示,一般通过加热溶剂萃取纤维来测定;然后洗涤洁化过的纤维、干燥并称重。

(6) 吸湿量(吸湿量可以用水分质量百分数来表示)——ASTM D 123。

(7) 热稳定性和抗氧化能力——热重分析法(TGA)。

ASTM D 4102 中给出测定碳纤维失重的标准方法。

(8) 耐化学性——耐酸,耐碱等。

分析手段:热分析,光谱分析(ASTM E-70"用玻璃电极测定水溶液 pH 值的方法")。

3) 物理表征(固有的)

应用于聚合物基复合材料中重要纤维的物理性能分成两个类别:为长丝本身所固有的(内在的),和源于长丝成为纱、纤维束或织物的结构(非本征的)而导出的。前者包括密度、直径和电阻率;后者包括支(码)数、横截面面积、捻度、织物结构和面积重量。

密度和导出性能用于和复合材料产品结构和分析所需的计算。密度和支数是质量保证的有用度量。对于航天和飞机的非结构应用方面,长丝直径和电阻率是重要的。

（1）长丝直径（光学显微技术，如扫描，透射等）。

（2）纤维密度（ASTM D 3800，高模量纤维密度的标准试验方法）。

测量纤维代表性样品的体积和称重来测定密度，然后综合这些值间接地完成密度计算（见表 3-1）。

表 3-1　用于提交 MIL-HDBK-17 数据用的纤维密度试验方法

性能	符号	正式批准、临时和筛选用数据	仅供筛选用数据
密度	ρ	D 3800A，D 3800C，D 1505，3.3.2.3①②	D 3800B③

注①：当用此方法产生用于随后确定复合材料空隙体积的数据时，试验样品必须占据试样池容积的 30%。
注②：3.3.2.3 为 MIL-HDRK-17 中的第 3.3.2.3 节。
注③：由于精度限制，不推荐来自此方法的数据用于确定复合材料空隙体积。

测量手段：氦比重瓶法，更适用于纤维体积/密度的测量。

（3）电阻率（将电阻率的测定作为核对工艺温度和用以确定符合特定电阻规范的控制措施）。

电阻率是一个受碳纤维结构各向异性影响显著的性能，可对单根长丝或纱进行测量。

（4）热膨胀系数（coefficient of thermal expansion, CTE）。

CTE 是与方向相关的，受纤维各向异性的强烈影响测量手段，目前没有测量 CTE 的标准方法。激光干涉测量法和膨胀测量法，或能够直接或改进后使用商用仪器（如 DuPont 943 型热机械分析仪或等效设备）来测量轴向的 CTE。

（5）导热性。

纤维的导热性一般由单向增强复合材料轴向导热性的测量值分析确定，测量手段：可用脉冲激光技术测量热扩散率来确定薄复合材料的横向导热性。如果已知纤维的比热容，则能计算导热率。

（6）比热容。

用 ASTM D 2766 方法。

（7）热转变温度（ASTM 标准 D 3417 和 D 3418）。

可用差示扫描量热法（Differential Scanning Calorimetry, DSC）、差示热分析（Differential Thermal Analyzer, DTA）或热机械分析（Thermo-mechanical Analysis, TMA）测试设备测量玻璃化转变温度 T_g，如果纤维是半晶体的，还可应用于测量晶体熔化温度 T_m。

4）物理表征（非固有的）

（1）纱、纤维束或无捻粗纱的支数。

支数一般表示为单位重量的长度如每磅的码数，或其倒数线密度表示为单位长度的重量。

（2）纱或纤维束的横截面积。

通过线密度（单位长度重量）除以体积密度（单位体积重量）来得到，使用统一的单位。

（3）纱的捻度。

纱或其他纺织纱束中单位长度绕轴捻回的圈数（ASTM D 1423）。

（4）织物结构。

按照使用的纤维（按类型和长丝支数）、织物类型如"平纹"或"缎纹"、和按经纱或纬纱方向织物每英寸的纱数来定义织物结构。

结构测量的主要标准是测定棉纱支数（ASTM D3775）、长度（ASTM D 3773）、宽度（ASTM D 3774）和重量（ASTM D 3776）。

（5）织物面密度——ASTM D 3776。

织物面密度表示为单位面积织物的重量。

5）力学表征

（1）拉伸性能（对于碳纤维，推荐做浸渍纤维束试验；对于硼纤维，推荐做单丝试验）。

a. 长丝拉伸——ASTM D 3379"高模量单丝材料的拉伸强度和杨氏模量"。

b. 纤维束拉伸——ASTM D 4018"碳和石墨纱、纱束、无捻粗纱和纤维束的连续长丝拉伸性能"。

c. 用单向层压板试验测定的纤维性能——ASTM D 3039。

（2）长丝压缩性能（动态回弹试验）。

3.2.3 基体材料的表征

复合材料基体的功能是使纤维保持在要求的位置，并提供将外部载荷导入纤维的路径。因为基体材料强度通常比纤维强度低一个数量级或更多，复合材料结构内部纤维的定向要使纤维承受主要的外部载荷。

1）化学表征

化学表征的技术如表 3-2 所示。元素分析和官能团分析提供关于化学成分的基本和定量信息。光谱分析提供关于分子结构、构造、形态和聚合物的物理化学特性方面的详细信息。色谱技术将样本成分相互分离，因此简化组成的表征以及可能进行更准确的分析。采用光谱技术来监控通过气相或液相色谱分离的成分，能大大提高表征法，甚至能对多数微量组分提供鉴别和定量地分析研究的手段。

表 3-2　化学表征的技术

化学表征	表　征　技　术
元素分析	常规分析技术 X-射线荧光法 原子吸收法（AA） ICAP EDAX 中子活化分析
官能团分析	常规湿法化学技术 电位滴定法 库仑滴定法 射线照相法

（续表）

化学表征	表 征 技 术
光谱分析	红外（片、薄膜、色散、反射）、傅立叶变换 IR（FTIR）、光声 FTIR、内反射 IR、IR 显微镜、分色性 激光拉曼 核磁共振（NMR）13C，1H，15N；常规（可溶样品）、固体状态（机加工或模压样品） 荧光、化学发光、磷光 紫外-可见光（UV－VIS） 质谱分析（MS）、选择冲击 MS、场解吸 MS、激光解吸 MS、次级离子质谱分析（SIMS）、 化学电离 MS 电子自旋共振（ESR） ESCA（化学分析用电子能谱） X－射线光电子 X－射线发射 X－射线散射（小角－X－射线散射） 小角中子散射（SANS） 动态光散射
色谱分析	气相色谱（GC）或 GC/MS（低相对分子质量化合物） 热解－GC 和 GC/MS（热解产品） 液面上 GC/MS（挥发分） 反向 GC（热力学交互作用参数） 尺寸排除色谱（SEC）、SEC－IR 液相色谱（LC 或 HPLC）、HPLC－MS、多维/正交 LC、微孔 LC 超临界流体色谱（SFC） 薄层色谱（TLC）、2－DTLC

相对分子质量和相对分子质量分布分析如表 3－3 所示。

表 3－3 聚合物相对分子质量与相对分子质量分布和链结构

标准技术	测量的参数	原 理
尺寸排除色谱法	平均相对分子质量和 MWD，也提供有关聚合物链支化、共聚物化学组成和聚合物形状方面的（SEC）信息	液相色谱法技术。按照溶液中分子大小分离分子，并采用各种检测器监测浓度和鉴别样品组分。要求用标准聚合物标定
光散射法（Rayleigh 散射）	重均相对分子质量 M_W（g/mol）、Virial 系数 A_2（mol-cc/g^2）。转动半径$<R_g>$ z(A)、聚合物结构、各向异性、多分散性	由稀释溶液测定散射光强度，取决于溶液浓度和散射角度。要求溶解度、离析，并在有些情况下要求聚合物分子分级分离
膜渗透压测定法	数均相对分子质量 M_n（g/mol）、Virial 系数 A_2（mol-cc/g^2）。对相对分子质量在 $5\,000<M_W<10^6$ 范围的聚合物结果良好，必须除去较低 M_W 的物质	测定在聚合物溶液与通过半透膜分离的溶剂之间压力差。基于聚合物混合的热力化学势的依数性方法

（续表）

标准技术	测量的参数	原　理
汽相渗透压测定法	除是最适合 $M_w < 20\,000\,\text{g/mol}$ 的聚合物的技术外，其他与膜渗透压测定法相同	涉及溶剂从饱和蒸气相等温转化为聚合物溶液，并测维持热平衡需要的能量。依数性
黏度测定法（稀释溶液）	黏均相对分子质量 M_n（g/mol），通过特性黏度 $[\eta]$（ml/g）关系式 $[\eta] = KM_v$ 测定，式中 K 和 a 是常数	采用毛细管或转动黏度计来测量由于存在聚合物分子引起溶剂黏度的增加。无确定的方法。需要标准
超离心法或沉降法	用关系式 $M_w = S_w/D_w$ 定义沉降-扩散平均相对分子质量 Msd。数均和 Z 均相对分子质量 M_n 和 M_z。用关系式 $S = kM^a$ 测定 MWD，式中 k 和 a 是常数。也提供有关聚合物分子大小和形状的信息	用带光学检测的强离心力场以测量沉降速度与扩散平衡系数 S_w 和 D_w。测量经压力与扩散校正的聚合物稀溶液沉降迁移提供沉降系数 S。容许分析含溶液凝胶
沸点升高测定法	用于 $M_n < 20\,000\,\text{g/mol}$ 时的数均相对分子质量 M_n（g/mol）	通过稀溶液中的聚合物，测量沸点的升高。依数性
冰点降低测定法	用于 $M_n < 20\,000\,\text{g/mol}$ 时的数均相对分子质量 M_n（g/mol）	通过稀溶液中的聚合物，测量冰点的降低。依数性
端基分析	通常用于 $M_n < 10\,000\,\text{g/mol}$ 时的数均相对分子质量 M_n（g/mol）。上限取决于所用分析方法的灵敏度	通过专门化学或仪器技术测定聚合物单位重量或浓度的聚合物链端基数或浓度
比浊法	重均相对分子质量 M_n（g/mol）和 MWD，基于溶解度考虑和非常稀的溶液中聚合物的分段沉淀	在等温或用不良溶剂配制的溶液缓慢冷却的条件下，用光学技术测量用非溶剂滴定时聚合物溶液的沉淀程度
色谱馏分	相对分子质量分布。需要绝对 M_n 技术来分析馏分	将聚合物涂在二氧化硅颗粒上装进恒温柱中，并依照用溶剂梯度洗脱分离。随相对分子质量增大聚合物溶解度减少
熔融流变测定法	重均相对分子质量 M_w（g/mol）和重量分数差示相对分子质量分布半经验方法	涉及振荡形变过程中聚合物的扩散松弛时间谱测量的动态熔融流变方法
交联聚合物凝胶溶液分析	凝胶部分，交联密度	采用萃取、过滤和离心法将可溶性聚合物与可溶性聚合物的凝胶分离，并分别测定 M_w
溶胀平衡	网络结构，交联密度，在交联 M_c 之间链的数均相对分子质量	测定浸入溶胀液体中交联聚合物的摩尔体积与溶胀聚合物的密度。应用混合的部分摩尔自由能理论
激光散射（准弹性、线加宽或动态）法	与瑞利光散射加迁移扩散系数相同，相对分子质量分布和有关凝胶结构信息	同上所述，但也涉及散射光的中心瑞利线的低频线加宽测定。稀溶液中和浓溶液中的聚合物均可以分析
场流动分数法（FFF）	平均相对分子质量和 MWD。要求标定	依照聚合物在溶液中的大小与形状将其分离。应用除场/梯度（热、重力、流动、电等）以外类似色谱法的洗脱技术，垂直于流过毛细管或带形通道溶液的轴向，并采用单相

（续表）

标准技术	测量的参数	原　　理
非水反向高性能液相色谱 HPLC 与薄层色谱 TCL 法	平均相对分子质量和 MWD。要求标定	液相色谱技术，基于在非水二元溶剂流动相与非极性固定（装填的）相之间聚合物分子平衡分布
超临界流体色谱法（SFC）	平均相对分子质量和 MWD。要求标定	在超临界（100 bar，250℃）条件下，涉及使用流动相的液相色谱技术
小角度中子散射（SANS）	重均相对分子质量 M_W（g/mol）、Virial 系数 A_2（mol-cc/g²）。转动半径 $<R_g>z(A)$	测量稀溶液中或与另一种聚合物掺合的聚合物中子散射动量矢量。散射角与聚合物浓度是变化的。使用氘化的溶剂。已研究稀固体溶液和聚合物掺合物

2）树脂材料表征的程序

聚合物/预聚物表征程序图如图 3-1 所示。聚合物分析的一般程序如图 3-2 所示。

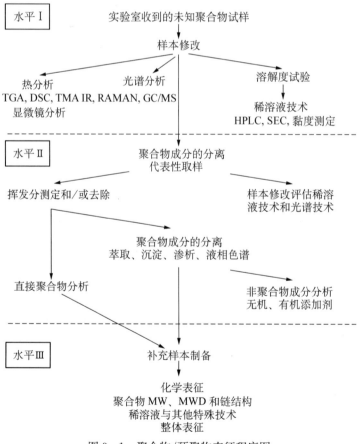

图 3-1　聚合物/预聚物表征程序图

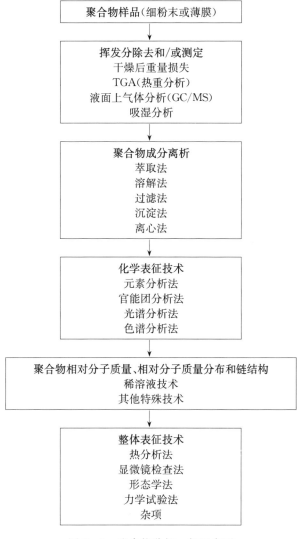

图 3-2　聚合物分析一般程序图

3）热/物理表征

热分析方法用于确定玻璃化转变和晶体熔融温度、热膨胀、热分解、反应热及其他在基体材料中的热事件。流变学方法提供有关与温度有关的流动行为的信息。此外,也能评估热固性树脂的与固化相关的特性。可以采用其他方法来确定基体材料的形态和密度。

（1）热分析。

热重分析法（TGA）：监测与温度有关的样品重量变化。

差示热分析法（DTA）,差示扫描量热计法（DSC）：监测材料中与温度有关的焓变化（DSC 是直接的方法,而 DTA 是间接的方法）,并同时提供可用于预浸料材料质量保证的类似资料。

热机械分析法(TMA)用于连接 DTA 和 DSC 以研究预浸料树脂和固化层压板的热转变特性(例如 T_g)。

动态力学分析法(dynamic mechanical analysis，DMA)。

扭辫分析(torsional braid analysis，TBA)。

ASTM 标准 D 3417 和 D 3418 中给出了建议的测量 T_g 和 T_m 方法。

(2) 流变分析。

热塑性或热固性树脂的加工性能取决于流动特性，流动特性通过流变分析来表征。

适用于流变分析的 ASTM 试验方法包括：

a. ASTM D 2393"环氧树脂的黏度和有关成分"。测定环氧树脂体系和/或混合配方液体组分黏度的方法。

b. ASTM D 3835"用毛细管流变仪测定热塑性塑料的流变性能的方法"。描述了在与工艺设备相同的温度和剪切条件下热塑性塑料流变特性的测量方法。

c. ASTM D 4065"测定和报告塑料的动态力学性能。"通过自由振动和谐振或非谐振强迫振动技术获得流变性信息的实际操作方法。

d. ASTM D 4440"用动态力学方法对聚合物熔体的流变性测量方法"。在一定温度范围内通过非谐振强迫振动技术测定热塑性塑料流变性能的实际操作方法。

e. ASTM D 4473"使用动态力学的方法对热固性树脂固化行为的测量方法"。在一定温度范围内，通过自由振动和谐振以及非谐振强迫振动技术，用以提供测量测定有载体的与无载体的热固性树脂固化特性方法的实际操作。

在 ASTM D 4092 中提供与动态力学分析相关术语的定义。

(3) 形态分析。

基体材料的形态将取决于聚合物的类型。通过固化时涉及的成分转化率以及官能度，控制热固性材料中高度交联网络的形成。依据固化度说明它们的交联程度，固化度能够通过热分析以及光谱方法确定(熔化热能够用 ASTM D 3417 测定)。

(4) 密度/比重。

目前有两个专门用于获得固化基体树脂密度的 ASTM 标准：ASTM D 792"液体置换法的试验"，ASTM D 1505"涉及密度梯度法"。

表 3-4　提交 MIL-HDBK-17 数据用的树脂密度试验方法

性能	符号	正式批准、临时和筛选数据	仅筛选数据
密度	ρ	D792、D1505、4.5.5.2[①②]	D 2743C

注①：当该方法用于产生复合材料空隙体积的相继测定时，试验样品必须至少占据 30% 的试验池体积。

注②：4.5.5.2 为 MIL-HDBK-17 的第 4.5.5.2 节。

（5）挥发分含量。

挥发分含量的试验一般作为质量控制检验进行。

ASTM D 3530 适于测定"碳纤维预浸料的挥发分含量"。

ASTM E 1131 是"用热解重量分析法进行组分分析"。

（6）吸湿量

一般采用基于费歇尔滴定法的自动湿度计来测定多数树脂种类的吸湿量。

ASTM D 4672"聚氨基甲酸乙酯原材料：多元醇中含水量的测定"。

ASTM D 4019"用五氧化二磷的电量再生测定塑料中水分的方法"。

4）静态力学性能表征

（1）拉伸：F_m^{tu}，F_m^{ty}，E_m^t，V_m^t，ε_m^{tu}。

纯（未增强的）基体拉伸试验一般按 ASTM D 638 进行（见表 3 - 5）。

ASTM D 882 是为薄塑料片材设计的试验方法，一般不用于纯基体试验。

表 3 - 5　提交 MIL - HDBK - 17 数据用的树脂拉伸试验方法

拉伸性能	符号	正式批准、临时和筛选数据	仅筛选数据
极限强度	F_m^{tu}	ASTM D 638	
屈服强度	F_m^{ty}	ASTM D 638	
模量	E_m^t	ASTM D 638	
泊松比	V_m^t	ASTM D 638	
破坏应变	ε_m^{tu}	ASTM D 638	

（2）压缩：F_m^{tu}，F_m^{ty}，E_m^t，V_m^t，E_m^{tu}。

ASTM D 695 指导硬质塑料的压缩试验，如表 3 - 6 所示。

表 3 - 6　提交 MIL - HDBK - 17 数据用的树脂压缩试验方法

压缩性能	符号	正式批准、临时和筛选数据	仅筛选数据
极限强度	F_m^{cu}	ASTM D 695[①]	
屈服强度	F_m^{cy}	ASTM D 695[①]	
模量	E_m^c	ASTM D 695[①]	
泊松比	V_m^c	ASTM D 695[①]	
破坏应变	ε_m^{cu}	ASTM D 695[①]	

注①：SACMA SRM 1 试验夹具也是可接受的支持夹具。

（3）剪切：F^{su}，F^{sy}，G^m。

ASTM E 143 是适用于实心圆棒的扭转试验。

ASTM D 5379 适用于标准试验夹具中的标准 Iosipescu 试件（V -形缺口梁）测定。

表 3 - 7　提交 MIL - HDBK - 17 数据用的剪切试验方法

剪切性能	符号	正式批准,临时和筛选数据	仅筛选数据
极限强度	F^{su}	ASTM E 143 和 D 5379	
屈服强度	F^{sy}		
模量	G^{m}		

(4) 弯曲:F_m^{fu}, F_m^{fy}, E_m^{f}。

纯聚合物的弯曲试验,ASTM 标准 D 790。

表 3 - 8　提交 MIL - HDBK - 17 数据用的树脂弯曲试验方法

弯曲性能	符号	正式批准,临时和筛选数据	仅筛选数据
极限强度	F_m^{fu}	ASTM D 790	
屈服强度	F_m^{fy}	ASTM D 790	
模量	E_m^{f}	ASTM D 790	

(5) 冲击和硬度。

3.2.4　预浸料材料的表征

高性能复合材料的可加工性和性能,取决于制造复合材料的纤维/预浸渍材料(预浸料)树脂的化学组成。一般而言,预浸料是由用 28～60 质量分数的反应性和化学上复杂的热固性树脂配方或热塑性树脂浸渍的"改性"或表面处理的玻璃、石墨或芳纶纤维组成。例如,典型热固性树脂配方可以包含若干不同类型的环氧树脂、固化剂、稀释剂、橡胶改性物、热塑性塑料添加剂、促进剂或催化剂、残余溶剂和无机材料,以及各种各样的杂质和合成副产物。

对于热固性树脂和复合材料,表征应该包括预浸料树脂反应和热/流变性以及热/力学行为的性质及范围的说明。在热塑性塑料的情况下,也应分析研究聚合物相对分子质量分布、结晶度和时间/温度黏度曲线。

1) 常用表征手段

(1) 高性能液相色谱法(HPLC),红外线(IR)光谱法。

提供单一树脂成分以及预浸料树脂的快速筛选和质量控制指纹的能力。

(2) 热分析法。

热重分析法(TGA)、差示热分析法(DTA)、差示扫描量热法(DSC)、热机械分析法(TMA)、动态力学分析法(DMA)和扭辫分析法(TBA)严格地讲不是化学分析技术;但是,它们提供关于树脂的化学组成和可加工性的有用信息。

(3) 流变分析法

评估固化期间热固性树脂的化学黏性性能,并且对于热固性的和热塑性树脂的工艺过程监控和工艺过程控制。

2）物理性能表征

（1）增强材料的物理描述（ASTM D 3878 标准定义）。

a. 直线定位：单向预浸料，长丝束必须平行于预浸料的纵向，角度应在 0.5°之内。

b. 间隙：单向预浸料中，在长丝束之内或在长丝束之间任何间隙一般应遵守规范要求。

c. 宽度：单向预浸料带的宽度容限应该按照规定，一般为 ±0.76mm。

d. 长度：应提供每卷预浸料的长度。

e. 边缘：应该规定可接受的边缘波纹度。

f. 拼接：拼接应适当地标记为一个非一致性的区域。

（2）树脂含量。

预浸料的树脂含量可以通过由预浸料纤维萃取的树脂测定，萃取时使用一种可完全溶解树脂材料而不溶解纤维的溶剂。

ASTM C 613"Soxhlet 萃取法"

ASTM D 3529"测定碳纤维-环氧树脂预浸料树脂含量"

（3）纤维含量。

用于测定树脂含量的方法经常提供预浸料中的纤维含量的信息。

ASTM D 3171"酸降解法"：只要纤维不降解。

（4）挥发物含量。

ASTM D 3530，也可用热重分析（TGA）估计预浸料中挥发物的质量分数。

（5）吸湿量。

ASTM D 4019"库仑分析法"，或基于 Karl Fischer 微量水分滴定法的自动湿度计测定预浸料的吸湿量。

（6）无机填料和添加剂含量（离心＋萃取）。

（7）面积重量（预浸料材料面积重量（单位面积的质量））。

ASTM D 3776

（8）黏性和铺覆性。

黏性指预浸料粘附于其自身或其他的材料表面的能力。没有测量黏性的定量方法。经常用主观的术语如高、中和低来描述黏性。虽然没有普遍接受的测定黏性的方法，但是一些复合材料制造者使用 Monsanto 黏性测试仪来获得预浸料黏性的相对指标。铺覆性也是主观的术语，铺覆性与预浸料对于复杂表面容易操作与顺从情况有关。

（9）树脂流动度（ASTM D 3531）。

在加工层压板时，预浸料可加工性和树脂含量受树脂流动度的影响。

（10）胶凝时间（ASTM D 3532）。

预浸料可加工性受树脂凝胶时间的影响，试验温度取决于树脂类型。

3.2.5　单层、层压板的表征

层压板是一种由一种材料或多种材料的两层或多层结合在一起而制成的产品，

同时一个单层是指层压板中的一个单独的铺层或一个层片。构成每层的材料一般是由在热塑性或热固性树脂基体中嵌入碳、玻璃或有机(聚合物)纤维增强材料所组成的。虽然在复合材料中仍保持它们的原有特性,但各组分的联合提供了特定的特性和性能。

由于复合材料所固有的大量的设计变量,为保证硬件合格性及鉴定过程的完善性,分析建模甚至比金属结构变得更为必要。在所有结构分析模型中所固有的特性是材料的物理和力学性能的表征数据。理想情况下,这些分析模型将允许分析人员直接根据一般(单层)材料数据库来预测全尺寸结构响应(如稳定性、变形、强度、寿命)。事实上,在设计开发(元件、组合件、部件)和全尺寸结构试验阶段以及在一般(试样)层次上的评估中均要求建立试验数据。

1) 浸润处理和环境暴露

浸润处理是在后继试验之前材料暴露于一个潜在的改变性能的环境中的过程,一个不完全的清单包括:次大气环境(中等的低温)、低温(很低的温度)、高温(干态)、氧化、低地球轨道模拟(包括暴露于单原子氧)以及暴露于各种类型辐射之中。

2) 处理方法:加速浸润处理

两种主要的材料浸润处理是:固定时间浸润处理,即将材料试件暴露于吸湿环境一个规定的时间周期;平衡浸润处理,即直至材料与处理环境达到平衡状态时试件才停止暴露。在筛选材料时,虽然固定时间浸润处理仍然是普通使用的,但这样通常导致材料吸湿状态沿厚度方向在实质上是非均匀,因此,随后的试验可被更多地认为是定性的评估,而不是定量的结果。

ASTM D 5229/D 5229M"浸润处理的参数和方法"。

ASTM D5229/D 5229M"如何确定吸湿性能"。

(1) 固定时间浸润处理。

固定时间浸润处理只有有限应用,通常它不可能提供所期望的沿材料厚度方向均匀的浸润处理。不应把基于固定时间浸润处理的试验结果用作设计值,甚至一般不应用作两个不同材料的定性比较。

(2) 平衡浸润处理(ASTM D 5229/D 5229M)。

是一个重量分析试验方法,该方法是将试件暴露于潮湿环境中并绘出水分质量增量与经历时间平方根间的关系曲线。试验方法包含浸润处理程序以及确定两个Fick吸湿材料性能:湿扩散系数和平衡吸湿量(水分重量百分比)。

SACMA RM 11R - 94,与ASTM D 5229/D 5229M方法处理的结果相比较,在测试试件中得到的吸湿量要低一些。使用相对湿度的合理上限值是85%。

(3) 测试表征仪器及标定(ASTM E 83 类型 B-2):

a. 包括测试用试件尺寸测量,在高等级的美国标准(ASTM, ANSI 等)中还没有详细的标定方法可用。一般采用计量块来标定这些仪器,可参考 ISO 10012-1。

b. 也包括载荷测量仪器,标准有下面的例子。

ASTM E 617"标定的配重"。

ASTM E 4"试验机的力确认的标准操作"。

ASTM E 74"用于检验试验机力指示的测力仪器标定的标准操作"。

ASTM E 467"在轴向加载疲劳试验系统中检验有关位移的常幅动态载荷的标准操作"。

ISO 5893 的"橡皮和塑料试验设备—拉伸、弯曲和压缩类型(常值速率往返移动)—说明"。

c. 还包括应变/位移测量设备。

ASTM E 83"引伸计的分类和鉴别"

d. 温度测量设备。

ASTM E 220"用对比技术的热电偶标定";

ASTM E 77‐92"温度计检验和认定的标准试验方法";

ASTM E 1502"有关基准温度的冰点元件的使用"。

e. 数据采集系统。

3) 试验表征环境

(1) 试验室大气试验环境。

(2) 非大气环境的试验环境。

复合材料会受到非试验室大气环境暴露的影响,因此必须对其进行试验以确定这些影响,在试验方案中必须包含试验室低温环境条件以及试验室高温环境条件以确定各自的影响。标准取自 SACMA SRM 11R‐94"复合材料层压板环境调节的推荐方法"。

4) 热/物理性能表征试验

单层和层压板的物理分析方法提供有关制作的复合材料完整性方面的信息。采用热分析方法来确定玻璃化转变和晶体熔融温度、热膨胀系数和反应的残余热。

(1) 固化度。

几种不同的热分析技术通常用于在纤维增强有机基复合材料的固化度测量。它们包括测量残余固化放热程度曲线的差示扫描量热法(DSC)或动态热分析(DTA)和测量玻璃化转变温度的动态热力学分析(DMA)或热力学分析(TMA)。

(2) 玻璃化转变温度(T_g)。

聚合物基复合材料的玻璃化转变是指基体材料在加热期间由玻璃态至橡胶态或在冷却期间从橡胶态至玻璃态的一种由温度所导致的变化。玻璃化转变经常地是用玻璃化转变温度(T_g)来表征,但由于这种转变常常出现在很宽的温度范围内,采用单一温度来对它进行表征可能引起一些混淆。必须详细说明用以获得 T_g 的试验技术,尤其是所用的温度扫描速率和频率。也必须清楚地阐明依据数据来计算。

T_g 值的方法。报告的 T_g 值可以是反映玻璃化转变开始或中点温度,这取决于数值处理的方法。

T_g 测量手段：

差示扫描量热法(DSC)，

热力学分析(TMA)，

动态力学分析(DMA)：ASTM D 4065，SACMA SRM 18R‐94。

手册数据提交的试验方法：DMA，此外，除用于测量的专用设备之外，还必须包括加热速率和频率以及必须规定根据数据计算 T_g 所用的方法。如果采用诸如扭转摆捶的共振方法，在玻璃化区域的频率还应与数据一道被包含。

（3）晶体熔融温度。

半晶质的热塑性复合材料的晶体熔融温度(T_m)可由 DSC 或 DTA 试验获得。此外，可以进行结晶度的估算。由于半晶质热塑性复合材料的性能可能取决于基体树脂的结晶度，结晶度就成为重要的参数。预浸料加工成复合材料所需的加热可能对结晶度以及晶体结构产生影响。

（4）密度。

复合材料的密度对评估体积重量或进行热与动力学分析是直接有用的，并对基于其他测量的各量，如热传导性(利用比热和扩散系数)和空隙体积(利用纤维和树脂密度)的推算也间接有用。这些应用将决定最佳的试验方法，而每个方法都有不同的精度和偏差，使用难易程度也不同。上面最后提到的应用，确定复合材料空隙体积，可能对确定密度的要求更迫切。为了确定空隙体积精度在 0.5% 以内或更高，必须知道复合材料和组分的密度精度大约在 $0.005\,g/cm^3$($1.8 \times 10^{-4}\,lb/in^3$)以内或更高。

测试标准如下：

ASTM D 792"由排液量法测量塑料密度和比重(比密度)的标准试验方法"。

ASTM D 1505"利用密度‐梯度法测量塑料密度的标准试验方法"。

ASTM D 4892"氦测比重法"——适用于非复合材料。

ASTM D 2734"氦测比重法"——指南。

表 3‐9 提交 MIL‐HDBK‐17 数据适用的密度试验方法

性能	符号	正式批准、临时和筛选数据	仅为筛选数据
密度	ρ	D 792, D 1505, 6.4.4.4.1[①②]	D 2734C

注①：当该方法用于生成随后要确定复合材料空隙体积的数据时，测试试件必须至少占有试验容器体积的30%。

注②：6.4.4.4.1 为 MIL‐HDBK‐17 中的第 6.4.4.4.1 节。

（5）固化后单层厚度。

"固化后"指的是充分加工后的状态。对热固性材料，它表示化学固化的意思。对热塑性材料，它表示充分压固后的状态。

在硬件使用中，从重量和尺寸符合性(相适应)观点，复合材料零件的厚度是一个重要的性能。零件的厚度由铺层的层数、现存的基体树脂数量(树脂含量)、增强纤维的数量(纤维体积)和孔洞的数量(空隙体积)所控制的。在树脂转移模塑

(RTM)情况,模具的尺寸规定了厚度(通过控制树脂含量)。

直接法测量厚度。

深测爪千分尺一般用于测量层压板表面不同部位的厚度。

间接法测量厚度。

脉冲反射式超声设备可用于测量层压板的厚度(ASTM E 797 - 90)。

SACMA SRM 10R - 94"对铺层层压板的纤维体积、树脂体积百分比和计算的平均固化后单层厚度的推荐方法"。

(6) 纤维体积(V_f)含量。

固化聚合物基复合材料纤维体积(用分数或百分数表示)通常由基体溶解、烧蚀、面积重量和图像分析方法获得。通常这些方法用于由多数材料形式和工艺所制造的层压板,但对于长丝缠绕材料或其他不能构成离散层形式的材料不能使用面积重量方法。每个方法有各自的长处和缺点。

ASTM D 3171"由基体溶解获得树脂基复合材料的纤维含量"。

ASTM D 2584"固化增强树脂的烧蚀"。

SACMA SRM 10R - 94"确定纤维面积重量和纤维密度的方法"。

用图像分析法确定纤维体积,对于这种评估还没有工业界的标准试验方法,手册中给出了指南,给出了设备要求,试件制备的要求,图像分析的一般程序,单画面分析的典型步骤,误差分析等。

(7) 空隙体积(V_v)含量。

增加复合材料的空隙体积(以分数或百分数来表示)可能对其力学性能起着负面的作用。固化聚合物基复合材料的空隙体积可以通过溶解和图像分析评定来获得。溶解评估法是采用组分含量和密度数据来计算体积空隙含量。图像分析估算是由显微图的方法而获得。

ASTM D 2734 是"用于增强塑料空隙含量的试验方法"。

(8) 湿扩散系数。

如表 3 - 10 所示,沿厚度方向的水分/液体扩散系数为 D_3 或 D_z;水分/液体平衡含量为 M_m;面内水分/液体扩散系数为 D_1,D_2 或 D_x,D_y。

表 3 - 10　提供 MIL - HDBK - 17 数据适用的湿扩散系数试验方法

性　能	符　号	正式批准、临时和筛选数据	仅为筛选的数据
面内湿扩散系数	D_1,D_2(单层) D_x,D_y(层压板)	—	—
厚度方向湿扩散系数	D_3(单层) D_2(层压板)	D 5229	—
平衡吸湿量	M_m	D 5229 SRM 11R(仅为 85% 潮湿空气)	—

　　聚合物复合材料的两个与水分相关的主要特性是沿厚度方向湿扩散系数常数 D_3 或 D_z,(湿扩散速度)和平衡吸湿量 M_m。M_m 是平衡时确定的总吸收水分,表示为全部材料重量的百分数。对于给定材料,湿扩散系数实际上仅对给定环境和扩散方向是一个常数,这是因为它通常随温度而发生剧烈改变。在另一方面,平衡吸湿量并不明显地随温度变化,但在潮湿空气情况下确实随相对湿度水平而改变。

　　测试标准如下:

ASTM D 5229/D 5229M;

SACMA RM 11R。

　　(9) 尺寸稳定性(热和吸湿)。

　　在复合材料中尺寸的变化一般是温度和/或吸湿量的函数。利用机械、光或电的传感器可以检测试样在长度或体积上的变化,并将其作为温度或时间的函数而记录下来。业已使用了测量线膨胀的几种技术,例如刻度盘量规、千分尺、望远镜、直线位移差动变压器式传感器(linear variable differential transformer,LVDT)、干涉仪和 X-射线衍射图。

　　a. 尺寸稳定性(热)(热膨胀系数(coeffieient thermal expansion,CTE))。

　　如表 3-11 所示,α 表示热膨胀系数,α_{11} 表示沿纤维向的热膨胀系数,α_{22} 表示沿垂直纤维向的热膨胀系数。

表 3-11　提供 MIL-HDBK-17 数据适用的热膨胀系数试验方法

材料类型	性能(符号)	正式批准、临时和筛选数据	仅为筛选的数据
聚合物基体 (未增强的)	α_m	ASTM E 228 ASTM E 831 ASTM E 289[①]	ASTM D 696
纤维轴向膨胀高的复合材料	α_{11},α_{22}	ASTM E 228 ASTM E 831 ASTM E 289[②]	ASTM D 696 (仅 α_{22})
纤维轴向膨胀低的复合材料	α_{11} α_{22}	ASTM E 289 ASTM E 228 ASTM E 831 ASTM E 289[①]	ASTM D 696 ASTM D 696

注①:不要求分辨率水平。
注②:对 α_{22} 不要求分辨率水平。

　　表中有 4 个 ASTM 标准,它们控制了非增强(纯的)聚合物及其复合材料的热膨胀的试验测定。

　　ASTM D 696 仅适用于 $-30\sim30℃$($-20\sim90℉$)比较窄的温度范围。

　　ASTM E 228 规定了 $-180\sim900℃$($-290\sim1650℉$)的使用温度范围。

　　ASTM E 831 适用于温度范围为 $-120\sim600℃$($-180\sim1100℉$)。

　　ASTM E 289 适用于温度范围为 $-150\sim700℃$($-240\sim1300℉$)。

　　b. 尺寸稳定性(吸湿)(湿膨胀系数(coefficient of moisture expansion,CME))。

β 表示湿膨胀系数，β_{11} 表示沿纤维向的湿膨胀系数，β_{22} 表示沿垂直纤维向的湿膨胀系数。

目前还没有关于吸湿尺寸稳定性试验的 ASTM 或其他标准。B-17 手册中给出了指南。

(10) 热传导性。

聚合物基复合材料的热传导性适用于所有热流情况所需的热响应性能。对于稳态热传输特性，有几种 ASTM 试验方法，可将它们分为两种类型之一：作为无条件(或主要的)测量法(C 177)，除非为了确认精度或建立对认可标准的跟踪能力，该方法不需要热流基准标准；或作为比较(或二次的)法(E 1225,C 518)，在该方法中其结果直接取决于热流基准标准(见表 3-12)。

ASTM C 177-97 是"防护热板法"。

ASTM E 1225-99 是"防护纵向热流技术"。

ASTM C 518-98 是"热流计测量通过平板试件的稳态热传递"。

表 3-12　提交 MIL-HDBK-17 数据适用的热传导率试验方法

性质	符号	正式批准、临时和筛选数据
热传导率	λ	C 177 E 1225 C 518 傅立叶试验方法(Fourier Test Method)

(11) 比热。

比热的定义为单位质量材料在单位温度变化时材料内能的改变量。实际上，在常压或常熔下的比热，C_p，是被测定的量(见表 3-13)。

ASTM E 1269-95"基于差动扫描热量计(DSC)"。

表 3-13　提交 MIL-HDBK-17 数据适用的比热值试验方法

性质	符号	正式批准、临时和筛选数据
比热	C_p	E 1269

(12) 热扩散(导热系数 λ)。

热扩散是由瞬态热流状态导出的材料热响应性能。

如表 3-14 所示，测试标准如下：

ASTM E 1461-92 是"闪光法"。

ASTM C 714-85 是"碳和石墨热扩散系数的测定"。

表 3-14　提交 MIL-HDBK-17 数据适用的热扩散系数试验方法

性质	符号	正式批准、临时和筛选数据
热扩散	a	E 1461

（13）出气。

当选择或规定材料时，必须分析材料出气引起的分子污染。

ASTM E 595(1999)是"在真空环境中出气引起的总体质量损耗和聚集的挥发性凝聚材料的标准试验方法"。

ASTM E 1559 - 93 是"航天材料污染出气特性的标准试验方法"。

（14）吸收率和发射率。

（15）热循环。

（16）微裂纹。

有制造工艺引起的微裂纹、热循环所引起的微裂纹、机械加载/循环所引起的微裂纹。

（17）热氧化稳定性。

（18）阻燃性和烟雾生成。

对于有机基复合材料在被占据的空间中的应用，特别关注的一个问题是偶然的（或有意的）失火可能导致结构损坏的可能性。这里潜在的问题出自于两方面的原因。首先，热导致聚合物黏接剂被削弱。热塑性黏接剂开始蠕变，当产生的火焰使其局部温度升高超过玻璃化温度时将出现流动；而热固性黏接剂降解为炭或气化（或两者）。于是，黏接剂的作用降低，复合材料失去强度。如果在结构中复合材料仅仅起到次要的或修补的作用，局部的、热导致的复合材料破坏或许是不严重的，还有时间来修复损伤的材料。然而，如果受影响的复合材料部件为像飞机机翼那样主要的关键结构的一部分，结构可能破坏。

a. 火焰蔓延试验方法。

DOT/FAA/AR - 00/12 是"航空材料火灾试验手册"。

ASTM E 84 适用于测试"建筑材料表面燃烧特性"。

ASTM E 162 适用于测试"采用辐射热能源的材料表面燃烧特性"。

ISO 9705 适用于火灾"关于表面产物的全尺寸房间试验"。

ASTM E 1321 适用于"确定材料起燃及火焰蔓延性能"。

b. 烟雾和毒性试验方法。

ASTM E 662 适用于测试"固体材料生成烟雾的光密度率"。

NFPA 269 适用于测试"开发用于火灾灾害建模的毒效数据"。

c. 热释放试验方法。

ASTM E - 1354 适用于测试"利用氧消耗热量计所得的材料和产品的热和可见烟雾释放率"。

ASTM E 906 适用于测试"材料和产品的热和可见烟雾释放率"。

d. 抗火灾试验方法。

ASTM E - 119 适用于"建筑结构和材料的火灾试验"。

ASTM E - 1529 适用于"确定大的油气田火灾对结构元件和组件影响以及 UL

709 结构钢防护材料的快速起火试验"。

5）电性能表征。

性能包括电介质常数、电介质强度、体积电阻系数、表面电阻系数以及电阻、散逸和耗损因子。这些值可能受到温度和环境的影响，也可能受到固化剂类型、填料和在复合材料中采用的纤维的影响。

ASTM 试验方法可以用来确定聚合物基复合材料单层和层压板的电性能。

（1）ASTM D 149"工业用动力电频率下固体电绝缘材料的电介质击穿电压和电介质强度的标准试验方法"。确定固体绝缘材料电介质强度的方法。

（2）ASTM D 150"固体电绝缘材料 A - C 损耗特性和电容率（介电常数）的标准试验方法"。当标准是集总阻抗时，用于确定固体绝缘材料的相对介电常数、逸散因子、损耗指数、功率因子、相位角和耗损角的方法。

（3）ASTM D 495 是"固体电绝缘体高电压、低电流、干弧阻的标准试验方法"。此试验方法用于材料的初步甄别，而不应在材料规范中采用。

（4）ASTM D 2303 是"绝缘材料的液态污染、斜面跟迹和腐蚀的标准试验方法"。是用于定量评估绝缘材料经受表面放电作用相对能力的试验方法，这种放电作用类似于在污垢和大气凝结而成的水汽影响下测试使用中可能出现的现象。

需要表征的参数有：电介电常数、电介质强度、磁介电常数、电磁干扰静电放电。

6）单轴静态力学性能表征试验

（1）拉伸性能。

面内拉伸性能参数。

单向板：E_1^t，F_1^{tu}，ε_1^{tu}，ν_{12}^{tu}；E_2^t，F_2^{tu}，ε_2^{tu}，ν_{21}^{tu}。

层压板：E_x^t，F_x^{tu}，ε_x^{tu}，ν_{xy}^{tu}；E_y^t，F_y^{tu}，ε_y^{tu}，ν_{yx}^{tu}。

面外拉伸性能参数。

单向板：E_3^t，F_3^{tu}，ε_3^{tu}，ν_{31}^{tu}，ν_{32}^{tu}。

层压板：E_z^t，F_z^{tu}，ε_z^{tu}，ν_{zx}^{tu}，ν_{zy}^{tu}。

对于层压板材料的面内拉伸性能有若干现存的和正在编制的标准，而对于面外性能却并非如此。对于层压板厚度方向的拉伸性能，只是最近才开始受到关注并有可能成为适用于标准的试验方法，因此相对来说是不成熟的。

a. 面内拉伸试验方法。

直边试件拉伸试验有：

（a）ASTM D 3039/ D 3039M 是聚合物基复合材料拉伸性能的标准试验方法。

（b）ISO527 适用于塑料拉伸性能的确定。

（c）SACMA RM 4 适用于测试定向纤维-树脂复合材料的拉伸性能。

（d）SACMA RM 9 适用于测试定向正交铺层纤维-树脂复合材料的拉伸性能。

（e）ASTM D 5083 是采用直边试件的增强热固性塑料拉伸性能的标准试验方法。

长丝缠绕管试验有：

ASTM D 5450/ D 5450M,环向缠绕聚合物基复合材料圆筒的横向拉伸性能。

宽向斜削试件试验有:

(a) ASTM 标准试验方法 D 638,塑料拉伸性能。

(b) SAE AMS"蝴蝶领结(Bowtie)"拉伸试件。

开口—圆盘环向拉伸试验有:

ASTM D2290,利用开口圆盘法测定环或管状塑料及增强塑料的表观拉伸强度

夹层梁试验有:

ASTM C 393,平直夹层结构的弯曲性能

b. 面外拉伸试验方法(见表 3‑15)。

表 3‑15　提交 MIL‑HDBK‑17 数据适用的拉伸试验方法

性 能	符 号	正式批准、临时和筛选数据	仅筛选数据
单层性能			
0°面内强度	F_1^{tu}, ε_1^{tu}	D 3039, SRM 4, SRM 9(仅正交铺层)	—
0°面内模量、泊松比	E_1^t, ν_1^t	D 3039, SRM 4,	—
90°面内强度	F_2^{tu}, ε_2^{tu}	D 3039, SRM 4, D 5450	—
90°面内模量	E_2^t	D 3039, SRM 4, D 5450	—
面外强度	F_3^{tu}, ε_3^{tu}	(不推荐)	—
面外模量、泊松比	E_3^t, ν_{31}^t, ν_{32}^t	(不推荐)	—
层压板性能			
x 面内强度	F_x^{tu}, ε_x^{tu}	D 3039	—
x 面内模量、泊松比	E_x^t, ν_{xy}^t	D 3039	—
y 面内强度	F_y^{tu}, ε_y^{tu}	D 3039	—
y 面内模量	E_y^t	D 3039	—
面外强度	F_z^{tu}, ε_z^{tu}	(不推荐)	—
面外模量、泊松比	E_z^t, ν_{zx}^t, ν_{zy}^t	(不推荐)	—

专门适用于复合材料的面外拉伸的试验方法目前还没有发布的标准。现在被航宇工业采用或正在进行研究的两个基本方法包括:胶接在两个夹持块之间层压试件的直接面外加载(基于对类似的非复合材料试验方法的修正)和曲梁的间接面外加载。两个理念正在被 ASTM 考虑作为复合材料应用中可能的标准。

(a) ASTM C 297/C 633/D 2095 是直接面外加载的修正版。

(b) 采用正方柱形加载块。

(c) 采用圆柱形加载块。

面外拉伸强度的曲梁方法:

ASTM D‑30 正在进行评估,但目前尚无标准。

(2) 压缩性能。

面内压缩性能参数。

单向板：E_1^c，ν_{12}，F_1^{cu}，ε_1^{cu}；E_2^c，ν_{21}，F_2^{cu}，ε_2^{cu}；E_3^c，ν_{31}，F_3^{cu}，ε_{32}^{cu}，ν_{32}^c。

层压板：E_x^c，ν_{xy}，F_x^{cu}，ε_x^{cu}；E_y^c，ν_{yx}，F_y^{cu}，ε_y^{cu}；E_z^c，ν_{zr}^c，F_z^{cu}，ε_z^{cu}，ν_{zy}^c。

复合材料的压缩响应一直是致力研究的项目和试验课题。研究至今，现已存在许多测试受压复合材料的方法，但还没有意见一致的值得推荐采用的方法。

ASTM D 3410 - 95

ASTM D 5467 - 97（夹层梁方法）适用于测试"采用夹层梁的单向聚合物基复合材料的压缩性能"。

ASTM D 695 适用于测试"刚性塑料的压缩性能"。

SACMA SRM - 1R 适用于测试"定向纤维-树脂复合材料压缩性能"。

SACMA SRM - 6 适用于测试"定向正交铺层纤维-树脂复合材料的压缩性能"。

ASTM D 6484 适用于测试"利用联合加载压缩（CLC）试验夹具聚合物基复合材料层压板的压缩性能"。

ASTM D 3410/ D 3410M 适用于测试"利用剪切加载具有无支持测量段的聚合物基复合材料压缩性能"。

ASTM C 393 适用于测试"平直夹层结构的弯曲性能"。

表 3 - 16　提交 MIL - HDBK - 17 数据适用的压缩试验方法

性　能	符　号	正式批准、临时和筛选数据	仅筛选数据
		单层性能	
0°面内强度	F_1^{cu}，ε_1^{cu}	D 3410，D 6484，D 5467 SRM 1R[①②]，SRM 6[②]	—
0°面内模量、泊松比	E_1^c，ν_{12}	D 3410，D 5467[③]，SRM 1R[②]	—
90°面内强度	F_2^{cu}，ε_2^{cu}	D 3410，D 6484，SRM 1R[①②④]	—
90°面内模量、泊松比	E_2^c，ν_{21}^c	D 3410，D 6484，D 5467[③]，SRM 1R[②④]	—
面外强度	F_3^{cu}，ε_3^{cu}	不推荐	—
面外模量、泊松比	E_3^c，ν_{31}^c，ν_{32}^c	不推荐	—
		层压板性能	
x 面内强度	F_x^{cu}，ε_x^{cu}	D 3410，D6484	—
y 面内强度	F_y^{cu}，ε_y^{cu}	D 3410，D6484	—
x 面内模量、泊松比	E_x^c，ν_{xy}^c	D 3410，D6484	—
y 面内模量、泊松比	E_y^c，ν_{yx}^c	D 3410，D6484	—
面外强度	F_z^{cu}，ε_z^{cu}	不推荐	—
面外模量、泊松比	E_z^c，ν_{zr}^c，ν_{zy}^c	不推荐	—

注①：对于 ε_1^{cu} 和 ε_2^{cu}，还未经批准。

注②：当试件机织/编织的单胞尺寸大于 4.8mm(0.188in) 的工作段时，对于基于织物的材料，还未经批准。

注③：对于 ν_{12}^c 和 ν_{21}^c，还未经批准。

注④：仅批准适用于正交铺层基于织物试件的纬向性能。

（3）剪切性能。

a. 面内剪切试验。

（a）±45°拉伸剪切试验

ASTM D 3518/D 3518M－94 是利用±45°层压板拉伸试验得到聚合物基复合材料面内剪切响应的试验方法。

SACMA SRM 7－88 适于测试定向纤维-树脂复合材料的面内剪应力-应变性能。

（b）Iosipescu 剪切试验

ASTM D 5379/D 5379－93 是利用 V－形缺口梁法测定复合材料剪切性能的试验方法。

（c）轨道剪切试验

ASTM D 4255－83 是复合材料层压板面内剪切性能的测试指南。

（d）10°偏轴剪切试验（Chamis 和 Sinclair 报道过）。

（e）管扭转试验：

ASTM E 143－87 是室温下的剪切模量试验方法。

MIL－STD－375 是环向缠绕聚合物基复合材料圆筒面内剪切性能的试验方法。

ASTM D 5448/D 5448M－93 是环向缠绕聚合物基复合材料圆筒面内剪切性能的试验方法。

b. 面外剪切试验（ASTM D 3846－79——增强塑料面内剪切强度的试验方法）。

（a）短梁强度试验

ASTM D 2344－84,采用短梁法测定平行纤维复合材料表观层间强度的试验方法。

SACMA SRM 8－88,采用短梁法测定定向纤维-树脂复合材料的表观层间剪切强度。

（b）Iosipescu 剪切试验

表 3－17　提交 MIL－HDBK－17 数据适用的剪切试验方法

性　能	符号	正式批准、临时和筛选数据	仅筛选数据
面内剪切强度 （单层）	F_{12}^{so}, F_{12}^{su}	D 3518 SRM 7 D 5379 D 5448	—
面内剪切强度 （层压板）	F_{xy}^{so}, F_{xy}^{su}	—	—

（续表）

性　能	符号	正式批准、临时和筛选数据	仅筛选数据
面内剪切模量 （单层）	G_{12}	D 3518 SRM 7 D 5379 D 4255 D 5448	—
面内剪切模量 （层压板）	G_{xy}	D 5379 D 4255	—
面外剪切强度	F_{23}^{so}，F_{23}^{su} F_{31}^{so}，F_{31}^{su}	D 5379	—
面外剪切模量	G_{13}，G_{23} G_{xz}，G_{yz}	D 5379	—
短梁强度	F_{31}^{SBS} F_{zr}^{SBS}	—	D 2344 SRM 8

（4）弯曲性能。

弯曲试验主要是用于质量控制。

ASTM D 790"未增强和增强塑料及电绝缘材料的弯曲性能"。

ASTM C 393"平直夹层结构的弯曲试验"已被修订用于复合材料层压板。

（5）断裂韧性性能（评价裂纹扩展）。

分层（在层压板层间的富树脂区）可能存在制造状态缺陷或由于下列各种原因产生，其中包括：①在界面处小空隙的聚集，②外来物冲击以及③接近诸如自由边界、孔、丢层、横向铺层裂纹或胶接连接等不连续处的特殊应力场。

a. Ⅰ型试验方法。

双悬臂梁（double cantilever beam，DCB）试验，ASTM D 5528

其他Ⅰ型试验：双悬臂梁试验是测定Ⅰ型断裂韧性使用最为广泛的方法。在连接加载装置存在问题的情况下，建议在两个梁间采取楔形嵌入物。已经采用的另一个方法是在粘接到基底的薄膜之间的圆形分层进行液压加载，该方法对于某些特殊的应用情况可能是有用的。

b. Ⅱ型试验方法。

端部缺口弯曲（end notched flexure，ENF）试验

其他Ⅱ型试验：在 ENF 试验中使用同样形式的厚层压梁弯曲加载，但在支持和中央载荷间具有嵌入的分层，但对该试件很难进行柔度测量和预制裂纹。然而，已经发现，含圆形和椭圆形嵌入分层的较宽的板型试件，对于表征这种分层在混合型下的扩展，及沿分层边界变化的每种模式的贡献是有帮助的。

c. Ⅲ型试验方法。

目前尚还不存在公认可接受的测量Ⅲ型韧性的方法。在复合材料工业中，通常

的做法是采用Ⅱ型值来估计Ⅲ型断裂的临界值。

　　d. 混合型试验方法。

　　混合型试件或裂纹搭接剪切(crack lap shear，CLS)：CLS试件模仿用于胶接连接的类似试件。此试件为拉伸试样，在该试件的中部某些层被终断。

　　混合型弯曲(mixed-mode bending，MMB)试验

　　边缘分层试验：这个试验的试件采用[±θ2/902]S拉伸试件，这里，自由边的影响引起了从边界的分层扩展。

表 3‐18　提交 MIL‐HDBK‐17 数据适用的断裂韧性试验方法

性　　能	符　　号	正式批准、临时和筛选数据	仅筛选数据
Ⅰ型韧性	$G_{\mathrm{I} C}$	ASTM D 5528	—
Ⅱ型韧性	$G_{\mathrm{II} C}$	ENF	—
Ⅲ型韧性	$G_{\mathrm{III} C}$	—	—
混合型Ⅰ，Ⅱ断裂	$f_C(G_{\mathrm{I}}，G_{\mathrm{II}})$	—	MMB

　　(6) 单轴疲劳试验(ASTM D 3479，"定向纤维、树脂基复合材料拉—拉疲劳")。

　　对于材料表征、材料的对比以及通过采用层压板理论预估实用层压板性能，单向复合材料试件的静力试验是有用的。然而，在疲劳领域，还没有找到通用的方法由单向试件数据来预估层压板特性。因此，对于每一种应用铺贴情况，建立疲劳设计值变为一个独特的问题。业已进行了很多研究工作，有关在循环载荷谱下特定层压板的寿命预估已有许多记载。

　　复合材料疲劳与应用情况是如此密切相关，重要的是，层压板应代表其应用，而且层压板试验要计及使用载荷谱和环境条件。目前在复合材料硬件大纲中，这是通过包括试样、元件和部件试件、代表所有全尺寸结构细节典型结构的"积木式"试验方法来实现的。

　　(7) 多轴力学性能试验(无标准，手册有指南)。

　　可以进行包括双轴和三轴加载的多轴试验，以便使试验方法来评估复合应力状态对复合材料响应的影响。

　　(8) 黏弹性性能试验(蠕变和应力松弛)。

　　蠕变是在常应力作用下材料所呈现的随时间而变的应变。通过由时间相依应变除以常应力水平所确定的蠕变柔度的测量，将蠕变表征为时间的函数。类似地，应力松弛是在常应变作用下材料所呈现的随时间而变的应力。松弛模量是由时间相依应力除以作用的常应变而确定。蠕变和应力松弛是相同的分子活动性潜在机理的不同表现形式。在低作用应力和应变水平下，当除去施加的作用时，这些时间相依的效应可以完全恢复，但是在较高的水平受载时可能出现不可恢复的变形。不能复原的应变，有时称为永久变形，可能伴随时间相依的损伤发生，诸如横向基体裂纹的形成和扩展。

常见的试验方法是对[±45]试件施加 35,70 或 105 MPa(5,10 或 15 ksi)的静拉伸载荷并监控作为时间函数的应变。

(9) 特殊材料形式的力学性能试验。

a. 专门用于长丝缠绕的试验

长丝缠绕结构的力学特性一般不同于平直层压结构的特性。某些显著的差别是源于固化类型、树脂空隙含量、微裂纹和自由边界构型。

（a）单轴材料性能拉伸试验

0°拉伸：ASTM D 3039"纤维-树脂复合材料拉伸性能的标准试验方法"

横向拉伸：ASTM D 5450"环向缠绕聚合物基复合材料圆筒横向拉伸性能的试验方法"

（b）关于单轴材料性能的压缩试验

0°压缩：ASTM D 3410"单向或正交铺层纤维-树脂复合材料压缩性能的试验方法"

横向压缩：ASTM D 5449"环向缠绕聚合物基复合材料圆筒横向压缩性能的试验方法"

（c）关于单轴材料性能的剪切试验

面内剪切：ASTM D 5448"环向缠绕聚合物基复合材料圆筒面内剪切性能的试验方法"

横向剪切：ASTM D 5379"利用 V 形梁法测定复合材料剪切性能的试验方法"

表 3 - 19　适用于 MIL - HDBK - 17 数据提交的长丝缠绕试验方法

性能	符号	正式批准、临时和筛选数据	仅筛选数据	
0°拉伸[①]	F_1^{tu}, E_1^t, ν_{12}^t, ε_1^{tu}	ASTM D 3039	—	
90°拉伸[①]	F_2^{tu}, E_2^t, ν_{21}^t, ε_2^{tu}	ASTM D 5450	—	
0°压缩[①]	F_1^{cu}, E_1^c, ν_{12}^c, ε_1^{cu}	ASTM D 3410B	—	
90 压缩[①]	F_2^{cu}, E_2^c, ν_{21}^c, ε_2^{cu}	ASTM D 5449	—	
面内剪切[②]	F_{12}^{su}, G_{12}, γ_{12}	ASTM D 5448	—	
横向剪切[②]	F_{23}^{su}, G_{23}, γ_{23} F_{31}^{su}, G_{31}, γ_{31}	ASTM D 5379	—	

注①:强度、模量、泊松比和应变
注②:强度、模量和应变

表 3 - 20　对于 3 - D 增强复合材料建议的面内剪切试验方法

试验方法类型	试验方法规范	试验方法名称	注　释
剪切	ASTM E 143	室温下剪切模量的标准试验方法	6.12.2.4.2[①]
	ASTM D 4255	测试复合材料层压板面内剪切性能的标	
	无	准指南紧凑剪切(Compact Shear)	
层间拉伸	ASTM D 6415	测试纤维增强聚合物基复合材料曲梁强度的标准试验方法	
层间断裂韧性	ASTM D 5528	单向纤维增强聚合物基复合材料 I 型层间断裂韧性的标准试验方法	适宜于二维编织和缝合经编织物
层间断裂韧性	见 6.8.6.4.1[②]	端部缺口弯曲(II 型)	适宜于二维编织
层间拉伸	ASTM C 297	夹层结构平面拉伸强度的标准试验方法	适宜于弹性常数
层间压缩	ASTM D 3410 Procedure B	承受剪切载荷具有无支持工作段的聚合物基复合材料压缩性能的标准试验方法	适宜于弹性常数和强度
层间剪切	无	紧凑	6.12.2.4.2[①]
	ASTM D 3846	对于增强塑料面内剪切强度的标准试验方法	厚复合材料薄复合材料
层间剪切—横向	ASTM D 2344	聚合物基复合材料及其层压板短梁强度的标准试验方法	适宜于二维编织和三维织物

注①：6.12.2.4.2 为 MIL - HDBK - 17 中的第 6.12.2.4.2 节。

注②：6.8.6.4.1 为 MIL - HDBK - 17 中的第 6.8.6.4.1 节。

　　b. 专门用于纺织复合材料的试验

　　c. 专门用于厚截面复合材料的试验

　　d. 空间环境对材料性能的影响

原子氧,微流星体碎片,紫外线辐射,带电粒子。

3.3　基于统计算法的材料性能

3.3.1　"积木式方法"中的基础性能值

　　材料基础性能值(基准值,许用值)经常被称为材料性能,也就是说,这些值可理解为有助于表征材料与工艺的常数。即使材料、环境条件及试验状态保持不变,基准值也常常随数据组变化,因此将其作为材料常数通常是一种近似的作法。

　　可是,如果计算是基于足够多的数据,基准值必定能在工程精度内在类似的数据组中重复。本章旨在说明小样本的重复性问题并为确定在基准值计算中能够近似满足重复性要求的所必需的数据量提供指导。多少数据是"足够的"取决于许多因素,包括:

　　(1) 用于近似数据抽样母体的统计模型。

　　(2) 想得到的重复程度。

　　(3) 被测量性能的变异性。

　　(4) 由试验方法引起的性能测量值的差异。

　　另一个值得单独考虑的与样本大小有关的重要问题是统计模型假设对基准值

的影响,因为依据小样本选取模型时具有相当大的不确定性。

由于复合材料对面外载荷的敏感性、复合材料破坏模式的多样型以及缺乏标准的分析方法,"积木式方法"通常被认为是复合材料结构认证/取证所必不可少的(见图3-3)。由于在真实湿度和温度环境下进行全尺寸试验常常是不现实的,因此,还用积木式方法来确定应用于室温大气环境下进行全尺寸试验的环境补偿值。用较低层次的试验来证明这些环境补偿因子。相似地,用其他的积木式试验来确定疲劳谱的截除方法和在全尺寸水平上的疲劳分散性补偿因子。

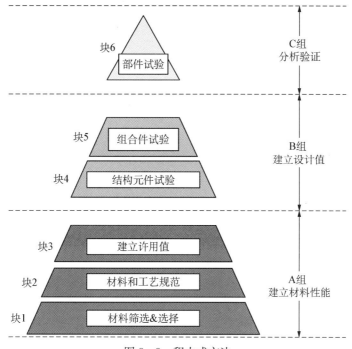

图3-3 积木式方法

如图3-3所示,在最低的积木块层广泛使用小试样和元件试验,来表征基本的材料无缺口静力性能、一般的缺口敏感性、环境因子、材料工作极限以及层压板的疲劳响应。在这第一层,用试验提供第1轮设计和分析的数据,启动了这积木式过程。这一层的分析通常包括建立材料分散系数和材料许用值、评价试样失效模式以及初步的层压板分析,与此同时确定结构外载和给出初始尺寸。典型情况下,商业飞机结构是通过由试验支持的分析来取证的。应当指出,这个方法并不意味着只有完成了下面一块以后才能执行上面的一块;事实上,应在设计周期中尽早进行某些结构元件和组合件试验,以降低风险并证实设计概念。一旦得到了任何给定材料的数据,对材料或工艺的任何变更,都可能需要对积木式计划的不同级别进行重复试验,以维持取证得有效。

对于用试验来取证的方法(点设计试验),取证的最终基础是对完整的结构进行试验。许用值和分析方法被用于进行尺寸设计,而最终的检验则是通过全尺寸结构的试验。建立材料性能和检验分析方法的工作量,取决于所选计划设想的风险度。必须对典型结构进行充分的试验以验证该方法。在使用分析取证方法的情况下,可能从过去同样设计或研究与发展工作得到的足够信息,用来减少该计划特有的元件试验。然而,这需要使用经过验证的结构构型与分析方法。

许用值是由试验数据经统计导出的材料性能值(例如,模量、最大应力水平、最大应变水平)。而设计值是考虑了计划中的要求(例如,拟合及尺寸放大系数、截止水平),同时经批准用于结构设计和分析的材料性能或载荷值。

3.3.1.1　材料性能的确定

如图 3-3 的 A 组所示,该组处理的各块主要用于确定材料的一般性能。因为一般要包含众多的试验,常常采用小而不太复杂的试件进行试验。计划可能要求进行数量有限的较大、较复杂的试验,以确定在材料筛选过程中需要研究的关键性能,保证在材料选择时作出正确的选择。

1) 第 1 块——材料筛选与选择

第 1 块的目的是搜集备选材料的数据,并对给定的项目决定要选择哪种(些)材料。在这个阶段,也许还不能很好地遵照规范定义或控制材料与工艺。因为涉及大量的备选材料,这个早期的试验通常局限于基本试件。另外,如果必须根据构型特有的试验进行最终的选材,计划中可能还需要较复杂的试验。因为此时对材料的控制很有限(没有规范),不能只依据这数据建立稳定的许用值;可以提供基本材料许用值的估计值,用于比较研究和初步设计。随着对材料体系的认识趋于成熟,很有可能要对这些值进行调整。

2) 第 2 块——材料与工艺规范的制定

进行第 2 块时假定所选的材料体系已有了初步的材料与工艺规范,这阶段的试验目的是验证规范,从而对工艺变量如何影响材料行为有进一步的认识,这就使得能够进行材料的取证。重要的是,要通过这阶段识别出支持设计所需要的关键力学性能,以便在很多生产批次中经济地检验这些性能。这将增进对材料性能的了解。因为有了初步的规范,可以用这一级的试验导出初步的许用值,然而,由于还没有研究所有的材料变量,所以还不能得出稳定的许用值。对于计算稳定的许用值时所需的数据库,所得数据可能是有用的,但材料和工艺规范则不可修改。可能由于试验件制造以后出现的规范变化,使试验结果和由此导出的许用值变得无效。

3) 第 3 块——确定许用值

在第 3 块中采用材料规范和工艺规范对材料进行了充分的控制,目标是提供适合于设计使用的"稳定的"材料许用值。通常,对准备使用的新材料,所做的大多数试验是在这个研制阶段进行的。如果从取证试验以后没有改变过材料规范,则所产生的取证用数据可以作为这个许用值数据库的一部分。只有按照现规范采购和制造材料,所确定的许用值数据才是认证机构可接受的。

这些试验的主要特点和目的归结如下:

(1) 建立统计有效的数据——所建立的数据库应能足以确定"A"或"B"基准许

用值。所获得的所需数据集中包括由几个原材料生产运转过程(批次)和由几个代表性零件制造过程得出的信息。

(2) 确定环境的影响——试验数据应当覆盖所设计结构必需的全部环境范围,包括吸湿试件试验。这个数据库将提供与室温大气条件(RTA)有关的环境"补偿"系数。这将有助于解释组合件级试件及更复杂试件情况的RTA试验结果。

(3) 确定缺口的影响——通过充填孔和开孔试件的试验,在许用值中包括了缺口敏感度。紧固件扭矩的影响也必须考察。

(4) 确定由于铺层影响产生的性能变化——应当用覆盖了结构所用全部层压板构型的试件,来导出这些数据。构型中包括铺层取向的比例、铺层顺序、层压板厚度、单向带/织物混杂等情况。

(5) 了解因制造引起异常对结构的影响("缺陷影响")——需要在结构元件级对允许缺陷进行评估,以便建立工艺规范,并为维修审查委员会(maintenance review board,MRB)作出有关拒收缺陷的决定提供数据。

(6) 了解结构对制造工艺的敏感程度。需要用结构元件的试验,来评估任何工艺变化对结构响应的影响。应当用单向受载的试件,获得为确定面内、拉伸、压缩许用值所需的性能。试验矩阵中所使用的层压板,应当覆盖设计中所包含的全部结构构型。应当对无缺口和带缺口两种类型,得出许用值。带缺口的试验将包括开孔和/或充填孔试验所用的试样板,这取决于具体计划的设计准则。推荐用真实结构的典型紧固件和/或类型。对与几何形状相关的这些特性(开孔和充填孔试件)所导出的许用值,虽然不是经典意义上的材料性能,但常常是设计所需要的。

因为许用值试验用的是小试样板,得到有效的足够试验统计在经济上是可行的。基本材料性能就是在这一级得到的。工程师要明白,所得到的数值事实上是与构型有关的。在结构设计使用的分析方法中,常常直接使用了开孔压缩、充填孔拉伸、挤压和某些面外强度试验(短梁剪切和其他的层间试验)的数值,构型对这些试验会有很大影响。设计了一些标准的试件构型,以提供可以直接用于波音分析方法的数据。

3.3.1.2　材料阶段试验类型

1) 材料的单层试验

进行这些试验是为了检验新材料和/或供应商的资格,建立来料检验标准和提供确定单层许用值的原始数据。这些试验通常由使用材料的公司见证并同意,由材料供应商进行。

表 3 - 21　典型的矩阵——材料的单层试验

性　能	批数(每批 6 个试验)		
	CTD	RTD	ETW
0°拉伸强度,模量和泊松比	1	3	3
0°压缩强度和模量	1	3	3

(续表)

性　能	批数（每批 6 个试验）		
	CTD	RTD	ETW
90°拉伸强度和模量	1	3	3
90°压缩强度和模量	1	3	3
面内剪切强度和模量	1	3	3

2）材料层压板试验

这些试验用来对比新材料与基准材料的性能，并对不易由单层性能算出的性能提供设计指南。通常也是在使用材料的公司见证并同意下，由材料供应商进行这些试验。

表 3‑22　典型的矩阵——材料的层压板试验

性　能	批数（每批 6 个试验）		
	CTD	RTD	ETW
挤压强度	1	1	1
冲击后压缩	1	1	1
开孔拉伸强度	1	1	1
开孔压缩强度	1	1	1
流体曝露			
燃油		1	
除冰夜		1	
液压油		1	
清洁剂		1	

3）元件试验——关键的层压板

这些试验中最简单的情况是要证实，以材料试验计划中得到的单层性能为输入，能用经典的层压板分析来预计关键层压板的强度与刚度。还对不能用当前认可的分析方法加以预计的失效模式进行试验，以提供取证的数据。例如：带有目视可见冲击损伤时的强度，即 FAA 咨询通告中称为可检门槛值（TOD）的冲击损伤的强度；TOD 冲击损伤的缺陷扩展；带可检损伤的强度；可检损伤的缺陷扩展速率；雷击阻抗以及阻燃性等。

表 3‑23　典型的元件试验矩阵——关键层压板

性　能	试验数量		
	CTD	RTD	ETW
拉伸强度			
原始状态	3	3	3
冲击损伤	3	3	3
可检损伤	3	3	3

性　　能	试验数量		
	CTD	RTD	ETW
压缩强度			
原始状态	3	3	3
冲击损伤	3	3	3
可检损伤	3	3	3
剪切强度			
原始状态	3	3	3
冲击损伤	3	3	3
可检损伤	3	3	3
拉伸缺陷扩展			
从冲击损伤		3	
从可检损伤		3	
压缩缺陷扩展			
从冲击损伤		3	
从可检损伤		3	
剪切缺陷扩展			
从冲击损伤		3	
从可检损伤		3	

　　上述试验的试件制造,要考虑制造过程固有的(但不会显著降低结构性能的)缺陷,这将有利于制造者。因此,可能要特意制造一些含孔隙率、空隙和小分层的层压板,据此可以验证车间检验能力和 NDI 标准。可能还由于有些用户的经济/维护问题,需要对一些典型但未必关键的元件进行试验。其中可能包括舱门台阶和地板的损伤阻抗、跑道碎片可能引起的损伤、冰雹损伤、对行李的冲击阻抗以及外表面踩踏或不踩踏的准则等。

　　在整个积木式过程中,不断地监测制造的质量,以保证在计划早期所建立的性能数据仍然有效。这个行动可能会包括对工艺周期的巡检,来核实较大部件所经历的工艺历程与小元件及试样是相似的。此外,通常采用无损检查如超声波探伤,来评定层压板的质量(孔隙率和空隙),也可能用破坏性试验来检验纤维体积含量、纤维排列等。

3.3.2　两种层压板强度分析方法

　　有两种分析复合材料层压板强度的一般方法。这两种方法都用层压板理论按单层的模量进行刚度计算。它们都按照作用在结构上的载荷,计算层压板某点处单层的应变,对层压板的各层使用失效准则。这些方法的差别,在于其失效准则所用的破坏理论和试验数据。

　　第一种方法是单层(或铺层)破坏理论法。这个方法使用的材料的单层许用值,是由单向层压板或正交铺层层压板试验得出的。这些数值已按照单层失效理论模型的输入要求进行了处理。在多数情况下,必须对单层的设计值使用修正系数,或者在分析中使用修正系数,以考虑叠层效应或载荷路径影响;在获取单层的许用值时,所用的单层试件试验中没有反映出这些影响。为了得到这些修正系数,必须进行真实层压板和结构的试验。使用这个方法的好处是,一开始只需要单层级的许用值。这意味着,可以用少量试件进行许用值的试验,同时可以把材料取证时的试验数据作为许用值数据库的一部分。不幸的是,在可能的失效模式范围内,还没能证明采用单层级试验数据的失效理论有良好的符合性。因此,除非使用很保守的单层值,否则就需要进行层压板级的试验来验证所预计的破坏,或者,需要确立这些修正系数。可能还需要一些附加的试验或系数,来考虑制造零件时所用的生产方法。

第二种方法使用由典型层压板试验中导出的许用值和设计值。收集的单层信息只用于得到模量。许用值以线形化的层压板破坏应变为基础(用名义模量和单层厚度计算得出),将其用于最大应变失效准则,对层压板的给定点进行逐层评价。这个方法与单层破坏方法的关键区别是,其应变许用值是与特定层压板铺层百分数及所分析层的铺贴顺序有关的,这个方法的优点是可以调查了解可能影响真实结构性能的那些变量。在统计地导出许用值时,可以在所进行的试验中包括铺层顺序和处理工艺不规则等变量,不需要有附加系数来考虑层压板的影响。其缺点包括,试验的试件数要大些,为包含结构中有代表性的众多铺层形式需要增多试件的数量,以及可能对设计作出一些限制;为了减少变量数,需要建立一些准则来限制允许的纤维取向和铺层顺序。这个方法的优点之一是,层压板试验已经证明试件对试验的变量及不规则性不太敏感,从而,降低了数据的分散性,导致了更精确的材料性能。

这两种方法都有其独特的要求,并影响了积木式方法的实施。在建立一个许用值/设计值计划时,工程师需要清楚了解这个结构准备使用什么分析方法、所取方法的数据要求以及对所选分析方法进行确认时的要求。无论是哪种方法,必须仔细考虑制造方法和(制造该结构所用)基础材料所带来的变异性。

3.3.3 试样数量与材料基准值之间的关系

与金属材料的 MIL-HDBK-5 不同,用于复合材料的 MIL-HDBK-17 不要求同时从同一个母体确定 B 基准值和 A 基准值。这不是因为在材料行为方面有任何基本的差别,而是因为复合材料对 A 基准性能的需要比较少。其结果,复合材料的 B 基准样本母体(30+)要比 MIL-HDBK-5 中关于金属的 A/B 基准样本母体(100~300)小很多。不幸的是,因为需要试验的复合材料性能与方向较多,同时,因为复合材料的试验矩阵是全面分布的,不仅有室温,同时还有一些极端的环境条件,所以在 B 基准复合材料试验计划中,其试件的总数常常超过 A/B 基准金属试验计划中试件的总数。然而,在 MIL-HDBK-17 中包括、并允许使用先进的统计回归技术,这个技术可以在一些特定情况下以及与不同的采样分布相联合时,用先前确定 B 基准值时相似的复合材料试件总数,可靠地确定 A 基准值。

MIL - HDBK - 17 中 B 基准非回归数据所需要的采样方法,采样中至少包括 5 批生产材料,分布在这些批次中采用最少 30 个试件,在所考虑的每种环境下充分试验每种性能。前面的 5 批预浸料要各自采用不同批组的纤维与基体组分(当批次数量大于 5 时不需要如此)。对于各种情况和性能,批次的重复件至少要从两个不同的试验板件中采样,这些板件最少要覆盖两个不同的工艺循环。用超声检查或其他适当的无损检测技术,对试验的板件进行无损评定。不得在质量有疑问的部位截取试验件。用一个试验计划(或报告)来规定层压板的设计、试件采样细节、制造的方法(包括材料跟踪信息)、检查方法、试件截取的方法、标记方案以及试验方法。

金属用的 MIL - HDBK - 5 手册重点关注 A -基准值,因而至少需要 100 个拉伸试样,但是对与室温拉伸性能成比例的压剪、挤压、和非大气情况,则采用小母体的试验,以估计压剪、挤压、和非大气情况的基准值。MIL - HDBK - 17 对每个方向、每个性能和每个环境,都至少需要 30 个试样来确定 B -基准值。对于 A -基准值,MIL - HDBK - 17 要求增加到 90 个试样。但是,当使用 MIL - HDBK - 17 的先进统计回归技术时,有时可以把试件母体分散到要试验的所有环境条件中,这样就减少了所需要的试验件总数。

对于一般的数据研制,采样技术和样本大小可能取决于应用情况或认证/适航部门。任何使用 MIL - HDBK - 17 统计方法的采样方案都希望能够有多个批次,每个批次由大小均匀的子母体构成。这种最低 5 批次的要求,只适用于准备把材料性能包括在 MIL - HDBK - 17 中的那些情况。经过采购方或适航部门的批准,可以采用另外的重复试件数和批次数。然而,应当采用本手册推荐的统计方法来评估力学强度数据,以保证得到统计上可接受的基准值。

1) 样本大小的确定

无论什么采样方案,对于小样本母体,任何基准值计算的结果都强烈地取决于样本的大小。小的样本,其试验的费用显然较少,但也要付出不同类型的代价,因为母体规模减小,则所计算的基准值也低。图 3 - 4 是一个假定的例子,其中按一个给定的无限的正态分布母体,用不同的样本量得出了样本大小对所计算 B 基准值的影响(基于子母体的任何统计计算,只是对整个母体真实值的一个估计,虽然样本越大越有代表性,这个估计也越好)。极限情况下,对于很大的样本量,这个例子的 B 基准(10%)值将为 87.2。图 3 - 4 中的虚线是每个样本尺寸时所有可能 B 基准值的平均值,也可以把这条线解释成对固定的样本变异系数(CV)为 10%,估计的 B 基准值是样本大小的函数。虚线则表示任何给定样本大小的 1 - σ 限(2 - σ 限近似地限定了 95% 置信区间)。

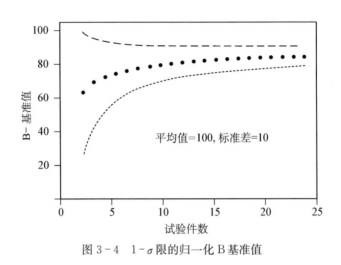

图 3 - 4　1 - σ 限的归一化 B 基准值

　　不仅估计的 B 基准值随着样本量的增大而提高,同时,正如这些 1 - σ 限所示, B 基准估计值的预期变异也明显降低。下面的 1 - σ 限,要比上面的 1 - σ 限距离平均的 B 基准值更远;这说明计算的 B 基准值有倾斜,这情况对小样本更严重。由于这种倾斜的结果,小母体情况计算的 B 基准值非常可能过于保守,而不是偏于危险,因而在 B 基准值中更增大了因使用小母体而付出的代价。尽管对于非正态分布的相似例子可能有不同的定量结果,但可以预期,其随着样本大小变化的趋势是相似的。

　　2) 批次数量对 ANOVA 的影响

　　MIL - HDBK - 17 的统计方法包括统计检验以确定批次之间的差异。如果得到的统计量指出批次之间的差异过大,则不能按照常规方法将数据汇集,而要用方差分析(ANOVA)方法加以评定。无论如何,统计方法只会像所评定数据的品质与数量一样好。

　　批数小可能使 ANOVA 方法产生极保守的基准值,因为这方法基本上是把每批次的平均值作为单个数据点,输入到常规的正态分布方法中以确定基准值。因为 MIL - HDBK - 17 的统计方法假定试验的差异是可以忽略的,由试验导致的(批内或各批间的)差异被当作实际的材料/工艺变异性,从而可能得到过低的基准值。

　　此外,当批数减少,或当批间的差异减少,或者两者同时出现时,批间的差异检验逐渐变得无作用。例如,当只对少量批次进行采样时,表明没有重大变异的批间差异的检验结果却有可能是不实的。另外的批次采样可能指出实际存在批间的差异,但却被原先的批数少而掩盖了。当存在批间差异而同时 ANOVA 基准值计算时的数据又少于 5 批,则应注意到上述的问题。

表 3‑24 MIL‑HDBK‑17 数据类型的最低采样要求

标志	符号	说　明	最低要求	
			批数	试件数
A75	A	A 基准——充分采样	10	75
A55	a	A 基准——简化采样	5	55
B30	B	B 基准——充分采样	5	30
B18	b	B 基准——简化采样	3	18
M	M	平均	3	18
I	I	临时	3	15
S	S	筛选	1	5

材料供应商应当用生产设施来准备各批预浸料。前面几批预浸料(直到第 5 批)应当用不同批组的纤维和基体组分(当批次大于 5 时无须如此)。对于每种情况和性能,批次的重复试件应当从至少两个不同的试验板件上取样,这些板件至少要分别覆盖两个工艺循环。应当用超声检查或其他适当的无损检测技术对试验板件进行无损评估。不应当从质量有疑点的板件部位截取试验件。试验计划(或报告)应当记录层压板设计、试件采样细节、制造方法(包括材料可追溯性信息)、检测方法、试件截取方法、标记方案和试验方法。对几个制造商希望共同建立提交给 MIL‑HDBK‑17 的 B 基准数据的情况 MIL‑17 的数据评估工作组已经预先批准了一个数据汇集程序。必须具有并采用标准的材料及工艺规范。最低采样要求是最少 3 个制造商,各自至少用 3 个不同批次的材料生产板件。

正如前面所指出的,积木式方法的实施并没有标准化。虽然已经对最低层的试样试验明确定义了试样数量与材料基准值之间的关系,但在较高复杂性的高层次积木块,所用的试件数量则多少有些随意性,并且大多基于历史上的经验、结构的关键性、工程判断以及经济的情况。因而,尽管已经做出某些努力来建立试件数量与全局可靠性之间的关系模型,但目前对这过程的各层还没有统计认可的标准化方法原理。此外,对分析或试验种类也缺乏通用的方法,因为它们对具体的设计细节、载荷和结构的关键程度有很高的依赖性。

3.3.4 复合材料许用值的生成程序

如图 3‑5 所示,要得到许用值,Part A 由 5 个步骤组成:

(1) 尽可能利用 ASTM D 3039,D 3410 和 D 3518,试验得到单层级的静强度及刚度性能(含应力/应变曲线),包括对 0°或 1‑轴方向的拉伸和压缩,90°或 2‑轴方向的拉伸和压缩,以及 0°或 1‑轴、2‑轴的面内剪切试件试验。

(2) 试验得到准各向同性层压板级的静强度与刚度性能,包括对 x‑轴简单及开孔拉伸、压缩和面内剪切试件以及承受拉伸和压缩载荷的双剪挤压试件试验(对拉伸和压缩按照 ASTM D 3039,对挤压按照目前正由 ASTM D‑30 委员会发展的其他标准)。

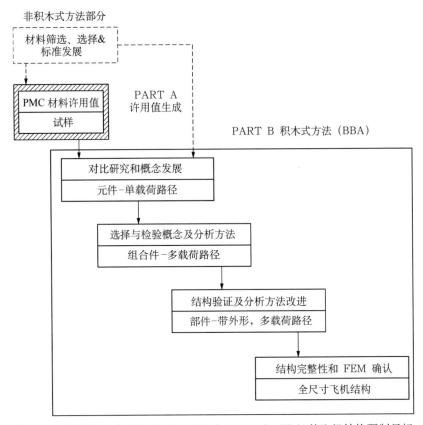

图 3-5　使用积木式方法(building block approach，BBA)的飞机结构研制目标

（3）对试验得出的数据进行统计处理，用 B-基准值(90％概率，95％置信度)方法，如果试验的分散度太大，就用平均值的 85％的方法得到许用值的数值，应当取两者中的较大值。

（4）为设计/分析用的分析方法建立输入的单层许用值。通常，应当以极限强度或 1.5×屈服强度中的较小值作为拉伸、压缩和面内剪切强度的临界许用值。当面内剪切强度不关键时，应当使用简化的极限剪切强度(高值)。

（5）按规定，层压板的设计应当是由纤维控制的，即在 0°，+45°，-45°和 90°各方向上至少要有 10％的铺层。对于单向层和织物层压板，在分析方法的 1-轴和 2-轴空格中对拉伸和压缩载荷输入 0°或 1-轴的强度许用值。对于剪切的输入则如上所述。这个方法将保证纤维控制的破坏，所有层压板应当是均衡和对称的。

表 3-25 中给出了一个结构类别/许用值表，表中对原型结构规定了飞机结构关键程度与许用值要求之间的关系。表 3-26 中给出了各类结构的最大物理缺陷要求，使得可接受的物理缺陷尺寸参数间接地与飞机结构关键程度相关。这样，飞机结构的关键程度就控制了数据(许用值)的可靠性以及为保证可靠性所必需的材料和零件质量。

表 3‑25　某型飞机结构类别所对应的 PMC 许用值数据要求

飞机结构类别		原型设计的许用值数据要求	
类别	说　明	初始(单向带/织物)	最终(单向带/织物)
主结构 ● 断裂关键的 （F/C）	承受主要的气动载荷 ● 破坏将引起运载工具的损失	基于 1. 用类似材料数据和经验估计	1 批材料试验:每种试验类型 5～8 个重复试样(静力)
● 非 关 键 的 （N/C）	● 破坏不会引起运载工具的损失	2. 销售方的数据 3. 期刊、杂志和书籍	1 批材料试验:每种试验类型 4～6 个重复试样(静力)
次结构 ● 疲 劳 关 键 （FA/C）& 经济寿命关键的(EL/C)	承受次要的气动及其他载荷 ● 破坏不会引起运载工具的损失但将造成昂贵的关键件更换	基于 1. 用相同或类似材料数据估计	1 批材料试验:每种试验类型 3～4 个重复试样(静力)再加上疲劳试验
● 非 关 键 的 （N/C）	● 破坏不会引起运载工具的损失 ● 不是成本或疲劳关键的部件	2. 销售方的数据 3. 期刊、杂志和书籍	使用合法、经过验证的数据库
非结构部分 ● 非 关 键 的 （N/C）	不承载或承受较小载荷 ● 零件破坏更换引起小的不便,但费用不大	基于 1. 利用类似材料的数据估计,或 2. 销售方数据,或 3. 期刊、杂志、和书籍	1. 用类似材料的数据估计或 2. 销售方数据,或 3. 期刊、杂志、和书籍

表 3‑26　某型飞机结构类别所对应的 PMC 物理缺陷的最低要求

飞机结构类别		对零件的最大物理缺陷要求: 碳或玻璃增强聚合物基复合材料的例子	
类别	说　明	单向带	织　物
主结构 ● 断 裂 关 键 的 （F/C） ● 非关键的(N/C)	承受主要的气动载荷 ● 破坏将引起运载工具的损失 ● 破坏不会引起运载工具的损失	在≤10%的面积上有≤3%的孔隙率 ≤1%面积的分层 不允许边缘分层(包括孔)	在≤10%的面积上≤5%的孔隙率 ≤1%面积的分层 不允许边缘分层(包括孔)

（续表）

飞机结构类别		对零件的最大物理缺陷要求：碳或玻璃增强聚合物基复合材料的例子	
类别	说　明	单向带	织　物
次结构 ● 疲劳关键(FA/C)＆ 经济寿命关键的(EL/C)	承受次要的气动及其他载荷 ● 破坏不会引起运载工具的损失，但将造成昂贵的关键件更换	在≤15％ 的面积上有≤3％的孔隙率 ≤2％面积的分层 不允许边缘分层(包括孔)	在≤15％的面积上≤5％的孔隙率 ≤2％面积的分层 不允许边缘分层(包括孔)
● 非关键的(N/C)	● 破坏不会引起运载工具的损失 ● 不是成本或疲劳关键的部件		
非结构部分 ● 非关键的(N/C)	不承载或承受较小载荷 ● 零件破坏更换引起小的不便，但费用不大	在≤20％ 的面积上有≤4％的孔隙率 ≤3％面积的分层 允许≤10％边缘长度或孔边缘有经修理过的分层	在≤20％的面积上≤4％的孔隙率 ≤3％面积的分层 允许≤10％边缘长度或孔边缘有经修理过的分层

　　另一有关复合材料结构风险的问题是质量保证(Quality Assurance，QA)要求，这是同时适用于 Parts A 和 B 的一个项目。下表对以下各类情况给出了标准的 QA 要求：

　　(1) 材料与工艺的选择、筛选和材料规范的取证。

　　(2) 来料检验/验收试验。

　　(3) 过程中的检验。

　　(4) 无损检验(Nondestructive Inspection，NDI)。

　　(5) 破坏检验(Destructive Inspection，DI)。

　　(6) 跟踪能力。

　　其中每类的 QA 要求均随着结构类别而改变，类别越高，需要的质量保证就更多。按照这个表所列的程序，就可确定为使风险保持在可接受的水平所需的 QA 数量。所需的 QA 数量及所取的风险，将随飞机的类型与任务以及是有人驾驶或无人驾驶等情况而变化。对各个类别的复合材料结构部件，其风险和费用是彼此成反比的，所以，对于原型机的这个积木式试验计划，有必要确定其可接受的风险。

表3-27 某型飞机结构类别所对应的PMC质量保证要求

飞机结构类别		说明	材料、工艺选择、筛选和取证	质量保证要求				
类别				材料检验/验收试验*	过程中检验	无损检验(NDI)	破坏检验(DI)	跟踪性
主结构 ● 断裂关键的(F/C)		承受主要的气动载荷 ● 破坏将引起运载工具的损失	物理、力学和工艺变量初步评估;编制1张规范、记录、表、评估、选择和存储试验数据	按初步的1张材料工艺规范表-物理、力学和工艺性能最低要求-验收试验;工程上作出接收/拒判验试验数据	按初步的1张工艺规范表和图纸-符合性检验/记录、对接收/拒绝作出工程判断;存储试验数据	100%区域;根据缺陷标准(缺陷样板 lead tape)工程上作出接收/拒绝决定;存储数据	对非整体的工艺控制板作初步的物理和力学性能试验;工程上作出接收/拒绝决定;存储试验数据	对每个运载工具,保存所有接收、过程中、无损检验和破坏试验的记录文件
● 非关键的(N/C)		● 破坏不会引起运载工具的损失						
次结构 ● 疲劳关键(FA/C)& 经济寿命关键的(EL/C)		承受次要的气动载荷及其他载荷 ● 破坏不会引起运载工具的损失,但将造成昂贵的关键件更换成本	初步,但有限的物理、力学和工艺变量评估,编制1张规范,记录、评估、选择和存储试验数据	按初步,但有限的1张材料和工艺表-物理、力学和工艺性能最低限度的验收试验;工程上作出接收/拒收决定;存储试验数据	按初步,但有限的1张工艺规范表和图纸-符合性检验/记录、对接收/拒绝作出工程判断;存储试验数据	90%区域;工程接收/拒绝决定基于缺陷标准(缺陷板或导带);存储数据	对整体的工艺控制板作初步,但有限的物理和力学性能试验;工程上作出接收/拒绝决定;存储试验数据	对每个运载工具,保存所有接收、过程中、无损检验和破坏试验的记录文件
● 非关键的(N/C)		● 破坏不会引起运载工具的损失 ● 不是成本或疲劳关键的部件						
非结构部分 ● 非关键的(N/C)		不承载或承受较小载荷 ● 零件破坏更换引起小的不便,但费用不大	有限的物理性能试验;用卖方推荐的工艺;存储数据	卖方的证明	按卖方的工艺由工人自检	无	无	无

3.3.5 复合材料取证试验方法概述

MIL－HDBK－17"复合材料手册"（Compoiste Materials Handbook）给出了完整的复合材料取证试验方法的汇总。为了方便使用，本节尝试着所列最为常用的复合材料取证试验方法。

表 3－28 复合材料取证试验方法汇总

试验类别	试验方法来源	
	ASTM	SACMA
预浸料试验		
树脂含量	D 3529，C 613，D 5300	RM 23，RM 24
空隙含量	D 3530	—
树脂流动性	D 3531	RM 22
树脂凝胶时间	D 3532	RM 19
纤维面积重量	D 3776	RM 23，RM 24
吸湿量	D 4019	—
黏性	—	—
HPLC	—	RM 20
IR	E 1252，E 168	—
DMA（RDS）	D 4065，D 4473	RM 19
DSC	E 1356	RM 25
单层物理试验		
吸湿浸润处理	D 5229	RM 11
纤维体积	D 3171，D 2734	RM 10
树脂含量	D 3171，D 2734	RM 10
空隙含量	D 2584	—
密度	D 792，D 1505	—
固化后层厚（CPT）	—	RM 10
玻璃化转变温度，干	D 4065	RM 18
玻璃化转变温度，湿	—	RM 18
CTE，面外	E 831	—
单层物理试验		
CTE，面内	D 696，E 228	—
平衡吸湿量	D 5229	RM 11
湿扩散率	D 5229	—
热扩散率	E 1461	—
比热	E 1269	—
单层/层压板力学试验		
0°/经向拉伸	D 3039	RM 4，RM 9
90°/纬向拉伸	D 3039，D 5450	RM 4，RM 9
0°/经向压缩	D 3410，D 5467	RM 1，RM 6

（续表）

试验类别	试验方法来源	
	ASTM	SACMA
90°/纬向压缩	D 3410, D 5449	RM 1, RM 6
面内剪切①	D 3518, D 5448, D 5379	RM 7
层间剪切	D 5379	—
短梁强度	D 2344	RM 8
弯曲⑦	—	—
开孔压缩	（草案）	RM 3
开孔拉伸	D 5766	RM 5
单剪挤压②	（草案）	—
双剪挤压②	（草案）	—
冲击后压缩	（草案）	RM 2
Ⅰ型断裂韧性	D 5528	—
Ⅱ型断裂韧性	（草案）	—
拉/拉疲劳	D 3479	—
拉/压疲劳	—	—

注①：对于平板的面内剪切模量，也可用 ASTM D 4255。

注②：在 MIL‑HDBK‑17 的第 7 章给出了挤压试验的方法，在以其为基础的 ASTM 试验方法草案发布以前均适用，MIL‑HDBK‑17 的第 7 章的这些试验方法也将被认可。

注③：可能对一定的材料形式或工艺（如长丝缠绕）的具体材料性能，限制其采用某个单独的试验方法。关于更完整的方法说明，见 MIL‑HDBK‑17 的第 3 到 7 章中的试验方法详细介绍，或见该试验方法本身。

注④：在很多情况下，SACMA 试验方法是 ASTM 试验方法的子集或扩展集，而在另外一些情况下，SACMA 试验方法具有不同的使用范围或采用了不同的方法。对于存在有 SACMA 试验方法，而没有能覆盖同样性能的 ASTM 试验方法，或现有的 ASTM 试验方法采用不同试验方法的情况，ASTM 正在考虑采用一种形式的 SACMA 试验方法。在 ASTM 和 SACMA 的试验方法相重复的地方，ASTM 和 SACMA 正在着手把这些试验方法整合到下一版本的 ASTM 标准中。

注⑤：对于某些性能，在 ASTM 或 SACMA 中列出了多种试验方法，这些不同的试验方法或者适用于不同的材料形式，或者采用了不同的试验方法。

表 3‑29   ASTM D30 分部标准目录

序号	力学性能	ASTM 标准 标准编号
	有关编辑和资源的标准	
1	复合材料标准术语	D 3878
2	纤维增强复合材料试验标准指南	D 4762
3	复合材料的纤维增强体取向编码标准	D 6507
4	数据库中纤维增强聚合物基复合材料识别符标准指南	E 1309
5	数据库中纤维增强复合材料力学性能记录的标准指南	E 1434
6	计算机用材料性能数据库中纤维、填料和芯材识别符标准指南	E 1471

（续表）

序号	力学性能	ASTM 标准 标准编号
	组分和前驱体性能试验方法	
7	用索氏萃取法测量复合材料预浸料组分含量的标准试验方法	C 613
8	复合材料预浸料基体固体含量和基体含量的标准试验方法	D 3529
9	复合材料预浸料挥发分含量的标准试验方法	D 3530
10	碳纤维/环氧树脂预浸料树脂流动性的标准试验方法	D 3531
11	碳纤维/环氧树脂预浸料树脂凝胶时间的标准试验方法	D 3532
12	高模量纤维密度的标准试验方法	D 3800
13	连续长丝碳和石墨纤维束性能的标准试验方法	D 4018
14	碳纤维热氧化阻抗的标准试验方法	D 4102
	单层和层压板试验方法	
15	聚合物基复合材料及其层压板短梁强度标准试验方法	D 2344
16	聚合物基复合材料拉伸性能标准试验方法	D 3039
17	复合材料组分含量的标准试验方法	D 3171
18	测量段无支持通过剪切加载测量聚合物基复合材料压缩性能的试验方法	D 3410
19	聚合物基复合材料拉-拉疲劳标准试验方法	E 3479
20	由±45°层压板拉伸确定聚合物基复合材料面内剪切响应的标准试验方法	D 3518
21	纤维增强金属基复合材料拉伸性能标准试验方法	D 3552
22	由轨道剪切方法确定聚合物基复合材料面内剪切性能的标准试验方法	D 4255
23	聚合物基复合材料吸湿性能和平衡浸润的标准试验方法	D 5229
24	由 V 型缺口梁方法确定复合材料剪切性能的标准试验方法	D 5379
25	环向缠绕聚合物基复合材料圆筒面内剪切性能的标准试验方法	D 5448
26	环向缠绕聚合物基复合材料圆筒横向压缩性能的标准试验方法	D 5449
27	环向缠绕聚合物基复合材料圆筒横向拉伸性能的标准试验方法	D 5450
28	用夹层梁确定单向聚合物基复合材料压缩性能的标准试验方法	D 5467
29	带试件准备工艺指导的平复合材料板件准备的标准指南	D 5687
30	用复合加载压缩(CLC)试验夹具确定聚合物基复合材料压缩性能的标准试验方法	D 6641
31	对纺织复合材料进行试验的标准指南	D 6856
32	用 V 形轨道剪切方法测试复合材料剪切性能的标准试验方法	D 7078
33	聚合物基复合材料弯曲性能的标准试验方法	D 7264
	与结构有关的试验方法	
34	聚合物基复合材料层压板开孔拉伸强度的标准试验方法	D 5766

（续表）

序号	力学性能	ASTM 标准 标准编号
35	聚合物基复合材料层压板挤压响应的标准试验方法	D 5961
36	测量聚合物基复合材料对集中准静态压痕力损伤阻抗的标准试验方法	D 6264
37	聚合物基复合材料层压板开孔压缩强度的标准试验方法	D 6484
38	聚合物基复合材料层压板充填孔拉伸和压缩试验的标准方法	D 6742
39	聚合物基复合材料层压板挤压疲劳响应的标准方法	D 6873
40	测量纤维增强聚合物基复合材料对落锤冲击事件的损伤阻抗的标准试验方法	D 7136
41	含损伤聚合物基复合材料板压缩剩余强度性能的标准试验方法	D 7137
42	纤维增强聚合物基复合材料棒材拉伸性能的标准试验方法	D 7205
43	用 2 个紧固件试件测量聚合物基复合材料层压板挤压/旁路相互作用响应的标准试验方法	D 7248
44	评定民用工程结构应用的聚合物基复合材料的材料性能特征值的标准方法	D 7290
45	测量纤维增强聚合物基复合材料紧固件拉脱阻抗的标准试验方法	D 7332
	层间性能试验标准	
46	单向纤维增强聚合物基复合材料Ⅰ型层间断裂韧性标准试验方法	D 5528
47	单向纤维增强聚合物基复合材料Ⅰ型疲劳分层扩展起始的标准试验方法	D 6115
48	测量纤维增强聚合物基复合材料曲梁强度的标准试验方法	D 6415
49	单向纤维增强聚合物基复合材料Ⅰ-Ⅱ型混合层间断裂韧性标准试验方法	D 6671
50	纤维增强聚合物基复合材料厚度方向面内拉伸强度和弹性模量的标准试验方法	D 7291
	夹层结构有关标准	
51	夹层芯材密度的标准试验方法	C 271
52	结构用夹层结构芯材吸湿的标准试验方法	C 272
53	夹层芯材剪切性能的标准试验方法	C 273
54	结构用夹层结构标准术语	C 274
55	夹层结构面内拉伸强度的标准试验方法	C 297
56	蜂窝芯材分层强度的标准试验方法	C 363
57	夹层结构侧向压缩强度的标准试验方法	C 364
58	夹层结构面内压缩强度的标准试验方法	C 365

（续表）

序号	力学性能	ASTM 标准 标准编号
59	测量夹层芯子厚度的标准试验方法	C 366
60	夹层结构弯曲性能的标准试验方法	C 393
61	夹层芯子剪切疲劳的标准试验方法	C 394
62	夹层结构弯曲蠕变的标准试验方法	C 480
63	夹层结构试验室老化的标准试验方法	C 481
64	受分布载荷简支夹层板二维弯曲性能的标准试验方法	D 6416
65	夹层芯材尺寸稳定性的标准试验方法	D 6772
66	确定蜂窝芯子泊松比的标准试验方法	D 6790
67	用长梁弯曲测量夹层结构面板性能的标准试验方法	D 7249
68	确定夹层梁弯曲和剪切刚度的标准方法	D 7250
69	蜂窝夹层芯材静态能量吸收的标准试验方法	D 7336
70	蜂窝芯材中水迁移的标准试验方法	F 1645

3.3.6　材料取证的试验矩阵

1）预浸料试验矩阵

表 3-30 给出了推荐用于预浸料材料的试验矩阵。本表是基于热固性基体得到的，对热塑性基体需要进行修正。

表 3-30　由材料供应商和主承包商进行的推荐的物理和化学性能试验

试 验 性 能	建议的试验方法[①]	每批次的试验数量[②]	试验总数
树脂含量	ASTM D 3529	3	15
挥发分含量	ASTM D 3530	3	15
凝胶时间	ASTM D 3532	3	15
树脂流动性	ASTM D 3531	3	15
单位面积重量	†	3	15
吸湿量	†	3	15
黏性	†	3	15
HPLC（高性能液相色谱法）	†	3	15
IR（红外光谱法）	†	3	15
DMA（树脂浇注体的动态力学分析）	†	3	15
DSC（差示扫描量热法）	†	3	15
RDS（流变动态光谱法）	†	3	15

注①：在制造预浸料以前，对试验方法进行协调和统一。
注②：对 5 批预浸料材料，每一批都应进行试验。
注③：† 表示试验方法待定。

2) 单层试验矩阵

表 3-31 和表 3-32 中,给出了推荐的物理和力学性能试验矩阵,供单层级材料的统计评定。表(b)所示的力学性能试验矩阵,是基于对每种性能在每种条件下至少 30 个试验的要求,(至少 5 批、每批至少 6 个数据),以在确定 B 基准性能时进行参数和/或非参数的分析。如果承包商和采购方或认证当局能取得一致,较少的试验或批次也是可接受的。

表 3-31　固化后单层物理性能试验

物理性能	建议的试验方法	每批预浸料的试验数量[①]	试验总数
纤维含量	ASTM D 3171	3	15
树脂含量	ASTM D 3171	3	15
密度	ASTM D 792	3	15
固化后单层厚度	—	10	50
玻璃化转变温度(干态)[②]	—	3	15
玻璃化转变温度(湿态)[②]	—	3	15

注①:对 5 批中的每一批都应进行试验。

注②:干态试验件是指"制造状态"的试验件,它们一直被放置在环境受控试验室的大气环境中。湿态试验件被放置于湿热环境箱中进行环境调节,直至达到承包商和购买方一致同意的平衡吸湿量后,再将它们放入热密封的覆铝聚乙烯袋中,直至进行试验时才取出。进行试验的方式,应使试验件内的吸湿量保持到承包商和认证部门一致同意的水平。

表 3-32　固化后单层力学性能试验

力学性能	试验方法[①]见MIL-HDBK-17 中的章节	每批预浸料的试验条件[②]和数量[③]			试验总数
		最小温度干态	室温干态RTD	最大温度湿态	
0°拉伸(经向)	6.7.4.4[④]	6	6	6	90
90°拉伸(纬向)	6.7.4.4[④]	6	6	6	90
0°压缩(经向)	6.7.5.4	6	6	6	90
90°压缩(纬向)	6.7.5.4	6	6	6	90
面内剪切	6.7.6.4	6	6	6	90
0°短梁剪切	6.7.6.4		6		30
					480

注①:MIL-HDBK-17 目前还不能只推荐唯一的方法,但在所参见手册中章节鉴别出了一些方法,目前认为它们提交给 MIL-HDBK-17 的数据是可接受的。

注②:进行最低和最高温度的试验时,其温度误差应在名义试验温度的±5℉(±2.8℃)范围内。名义试验温度应由承包商与认证方一致认可,干态试验件是指"制造状态"的试验件,它们一直放置在环境控制试验室中的大气环境中。湿态试验件是指先被放置在湿热环境箱中,直至达到承包商和购买方一致同意的平衡吸湿量才从箱中取出的试验件。这些试验件被放置在热密封的覆铝聚乙烯袋中,直至进行试验时才取出。进行试验时,应将试验件中的吸湿量保持在承包商和认证部门一致同意的水平。

注③:对 5 批中的每一批都应进行试验。

注④:对 0°和 90°拉伸试验,ASTM D 3039 和 SACM A 推荐方法(SRM)4-88 在将数据提供给 MIL-HDBK-17 时也是可接受的。

注⑤:短梁剪切只用于筛选和质量控制。

3) 纤维缠绕材料试验矩阵

表 3 - 33 所示的试验矩阵中,包含了所建议的纤维缠绕结构的力学性能试验。JANNAF 复合材料发动机箱体分会(composite motorcase subcommittee)推荐,对纤维缠绕采用 ASTM D 3039,ASTM D 3410 和 ASTM D 5379 中关于单向材料性能的平层压板试件,用于纤维缠绕结构的设计和分析。然而,还没有描述这种方法的统一标准。

目前,缠绕制造商似乎是用与最能模拟最终产品所用的工艺技术,来制造板件。ASTM 的 D30.04.05 项目组正在讨论和跟踪这些问题的研究,并在制订制备缠绕层压板的标准方法。

表 3 - 33　纤维缠绕材料性能试验

力学性能[①] 试验条件	建议的试验方法[①]	每批预浸料的试验条件和数量[③]			试验总数
		最低温度干态	RTD	最高温度湿态	
0°拉伸	ASTM D 3039	6	6	6	90
90°拉伸	ASTM D 5450	6	6	6	90
0°压缩	ASTM D 3410(方法 B)	6	6	6	90
90°压缩	ASTM D 5449	6	6	6	90
面内剪切	ASTM D 5448	6	6	6	90
层间剪切	ASTM D 5379	6	6	6	90
					540

注①:关于这些 ASTM 试验方法更多的信息,参见 MIL - HDBK - 17 中的 6.7 节力学性能试验。

注②:对 5 批中的每一批都应进行试验。

注③:进行最低和最高温度的试验时,其温度误差应在名义试验温度的±5℉(±2.8℃)范围内。名义试验温度应由承包商与认证方一致认可。干态试件是指"制造状态"的试件,它们一直放置在环境受控试验室中的大气环境中。湿态试件是先被放置在湿热环境箱中,直至达到承包商和购买方一致同意的平衡吸湿量才从箱中取出的试件。这些试件被放置在热密封的覆铝聚乙烯袋中,直至进行试验时才取出。进行试验时,应将试验件中的吸湿量保持在承包商和认证部门一致同意的水平。

4) 替代材料等效性试验矩阵

适用于下列情况:由一个供应商提供的一种复合材料体系已经获得认证,但需要或想要对替代的材料体系和/或材料供应商进行认证。这种方法假定,对原有材料已建立了大量的数据和经验(对替代体系则没有),并已从这些数据和经验建立了力学性能的统计基准值。另外还假设,为对产品进行认证和证实它的性能,已经做了一些更高级别的试验。

对一种替代材料进行认证时,其最终目的是要能将它取代原来的材料体系,而不致对制造或结构性能带来影响。为实现这一目标,需要定义在诸如成型、制造和使用等不同阶段,控制性能的那些关键材料参数。其理想情况是,在材料组分或单层的级别上,通过测量和比较一些参数,像化学成分、纤维强度、基体强度和复合材料强度等,来进行这样的评价。这在将来也许是可能的,但用目前的技术还达不到。

　　成功地对一种替代材料取得认证,这本身还不足以允许将它与原来的材料混合使用,来制造同一个给定的部件。不推荐在同一个部件内将两种不同的材料体系混杂使用,除非已进行了适当的评定,证实了它们的相容性。

　　MIL - HDBK - 17 的关注点是 B 基准的单层性能。适当的替代材料认证工作可能需要超越这一级别的评定,而需要进行更复杂的验证,包括分析与试验。这些工作可能要包括层压板、试样、元件以及组合件试验,例如开孔、充填孔、螺栓挤压、低速冲击、疲劳和壁板屈曲试验等。对一种替代材料的认证,所要遵循的一般方法如下:

　　(1) 鉴别出材料性能的关键参数,并指出它们为什么是关键的。

　　(2) 对每一个参数,确定适当的试验、测量方法或评定方法,这些都必须与原来材料所做的试验、测量方法或评定方法严格地对应(例如,同样的试验件形式和同样的试验条件)。

　　(3) 对试验、测量方法或评定方法,确定是否通过的准则。

　　(4) 准备试验计划并获得必需的批准。

　　(5) 进行试验并给出试验报告。

　　(6) 通过或拒收。

表 3 - 34　替代材料的单层试验要求——单向带

单层性能	批次数						每批试验件数量						环境条件数量②						试验件数量					
	兼容性①						兼容性①						兼容性①						兼容性①					
	1	2	3	4	5	6	1	2	3	4	5	6	1	2	3	4	5	6	1	2	3	4	5	6
0°拉伸	2	3	3	3	3	3	4	4	4	5	5	6	2	2	2	2	2	2	16	24	24	30	30	36
90°拉伸	2	3	3	3	3	3	4	4	4	5	5	6	2	2	2	2	2	2	16	24	24	30	30	36
0°压缩	2	3	3	3	3	3	4	4	4	5	5	6	2	2	2	2	2	2	16	24	24	30	30	36
90°压缩	2	3	3	3	3	3	4	4	4	5	5	6	2	2	2	2	2	2	16	24	24	30	30	36
面内剪切	2	3	3	3	3	3	4	4	4	5	5	6	2	2	2	2	2	2	16	24	24	30	30	36
																			80	120	120	150	150	180

注①:兼容性的定义见 MIL - HDBK - 17 中的表 2.3.4.1.3。
注②:环境条件应为 RTD 和最恶劣的情况
必须根据每一单独的规范进行质量保证试验。

表 3 - 35　替代材料单层试验要求——织物

单层性能	批次数						每批试验件数量						环境条件数量②						试验件数量					
	兼容性①						兼容性①						兼容性①						兼容性①					
	1	2	3	4	5	6	1	2	3	4	5	6	1	2	3	4	5	6	1	2	3	4	5	6
经向拉伸	2	3	3	3	3	3	4	4	4	5	5	6	2	2	2	2	2	2	16	24	24	30	30	36
纬向拉伸	—	3	3	3	3	3	—	4	4	5	5	6	—	2	2	2	2	2	—	24	24	30	30	36
经向压缩	2	3	3	3	3	3	4	4	4	5	5	6	2	2	2	2	2	2	16	24	24	30	30	36

（续表）

单层性能	批次数 兼容性①						每批试验件数量 兼容性①						环境条件数量② 兼容性①						试验件数量 兼容性①					
	1	2	3	4	5	6	1	2	3	4	5	6	1	2	3	4	5	6	1	2	3	4	5	6
纬向压缩	—	3	3	3	3	3	—	4	4	4	5	6	—	2	2	2	2	2	—	24	24	30	30	36
面内剪切	2	3	3	3	3	3	4	4	4	5	5	6	2	2	2	2	2	2	16	24	24	30	30	36
																			48	120	120	150	150	180

注①：兼容性定义见 MIL－HDBK－17 中的表 2.3.4.1.3。
注②：环境条件应为 RTD 和最恶劣的条件
必须根据每一单独的规范进行质量保证试验。

表 3 - 36　建议的层压板试验数量

设计性能	载荷		层压板种类数量		环境条件 种类①	试验件 数量②	试验件总数	
	拉伸	压缩	单向带	织物			单向带	织物
静力								
无缺口层压板强度 和刚度	×	×	1	1	2	3	12	12
开孔		×	1	1	2	3	6	6
充填孔	×		1	1	2	3	6	6
冲击损伤	×	×	1	1	1	3	6	6
双剪挤压	×		1	1	1	3	3	3
单剪挤压	×		1	1	1	3	3	3
							36	36
疲劳③								
开孔			1	1	1	3	3	3
冲击损伤			1	1	1	3	3	3
							6	6
							42	42

注①：当要求 2 种环境条件时，应为 RTD 和最恶劣的情况；当要求 1 种环境条件时，应为 RTD。
注②：1 批材料即可。
注③：重复载荷和剩余强度：常幅，$R=-1$，$n=1\times10^6$ 次。

表 3 - 37　层压板试验的范围

材料兼容性系数	层压板试验	总　数	
		单向带	织物
1	无缺口层压板	12	12
2，3	所有的静力试验，2 种环境条件	36	36
4，5	所有的静力试验，2 种环境条件	36	36
6	要求的所有试验	42	42

3.3.7 基于统计的材料性能的计算

1) 基于统计的材料性能的计算总体流程(A, B值)

用于确定基准值的方法取决于数据的特点,图 3-6 说明了选择合适的计算方法的逐次方法,分段基于数据是否为结构型数据选用两种方法。k 样本 Anderson-Darling 检验检查数据组间的差异,以确定差异是明显的或可忽略的,还可确定数据是否该视为结构型数据或非结构型数据。简而言之,不能分组的数据,或组间差异可以忽略的数据称为非结构型数据。否则数据称为结构型数据。基于数据为结构型数据或非结构型数据选用不同的分析方法。

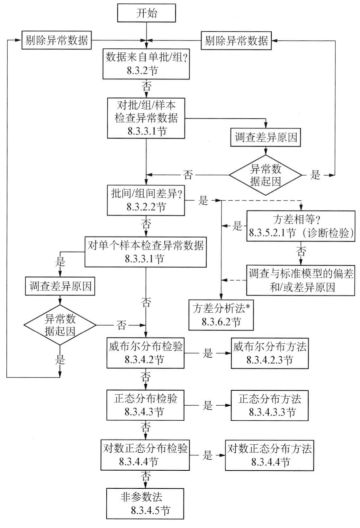

图 3-6 B 基准材料性能计算方法示例框图

注:图中 8.3 等节均为 MIL-HDBK-17 中的小节。

首先叙述非结构型数据的分析方法,如果非结构型数据已被分组且已发现组间差异可以忽略,则合并数据组。对于合并后的数据必须再次进行异常数据检查。依次进行 Weibull 分布,正态分布和对数正态分布的拟合优度检验。如果关于 Weibull 分布的观测显著性水平(OSL)大于 0.05,表明数据能用 Weibull 分布适当拟合,然后推荐使用 Weibull 基准值。如果关于 Weibull 分布的观测显著性水平小于 0.05,而关于正态分布的观测显著性水平(OSL)大于 0.05,则因使用正态分布基准值。如果 Weibull 分布和正态分布的拟合优度检验的观测显著性水平都小于 0.05,而关于对数正态分布的观测显著性水平(OSL)大于 0.05,则推荐使用对数正态分布基准值。如果这三种分布的观测显著性水平没有一个大于 0.05,则推荐使用非参数基准值方法。

用于结构型数据的分析方法根据确定性影响与随机影响对数据进行分组。确定性影响指的是某一独立变量已被设定或测量的条件状态已定。确定性影响的一个例子就是在不同的经测量的试验温度下有意或无意地获得数据。随机影响为原因不明或不可测的可变性的结果。随机影响的一个例子就是数据从存在明显批间差异的几批试件中获得。对带有随机影响、确定性影响及其联合影响的数据集的分析需要对用于回归和方差分析的线性模型有基本的了解。结构型数据的最简单情形就是只有一组数据受一种随机因素影响,例如批或板的影响。对于这种情形,必须用方差分析(ANOVA)方法计算基准值。在计算基准值前必须进行方差相等诊断检验。注意,当数据仅由两组数据组成时,有一种确定基准值的特殊方法。

只有一种确定性影响且没有随机影响时,采用线性回归方法确定基准值。对于没有随机影响或有一种随机影响以及任意数目的确定性影响的情形,可以采用计算程序 RECIPE 并根据回归模型计算基准值。

2) 子体相容性(结构型,非结构型数据判断)

存在自然分组的数据或所关心的响应能随已知因素系统地变化的数据为结构型数据。在许多方面,分析非结构型数据更容易一些。当所有相关信息包含在响应测量值本身中时,数据被看成非结构型数据。

k 样本 Anderson-Darling 检验,用以证明各子体是相容的,也就是说,自然分组无明显影响。相容的各组可以当成同一母体的一部分。这样,按自然确定分组的结构型数据,在用 k 样本 Anderson-Darling 检验显示出自然分组无明显影响时可变成为非结构型数据。

k 样本 Anderson-Darling 检验是检验从中抽取两组或多组数据的母体假设是相同的非参数统计方法。该检验要求各组为来自某一母体的独立随机样本。

k 样本 Anderson-Darling 统计量为

$$ADK = \frac{n-1}{n^2(k-1)} \sum_{i=1}^{k} \left[\frac{1}{n_i} \sum_{j=1}^{L} h_j \frac{(nF_{ij} - n_iH_j)^2}{H_j(n-H_j) - nh_j/4} \right]$$

临界值

$$ADC = 1 + \sigma_n \left[1.645 + \frac{0.678}{\sqrt{k-1}} - \frac{0.362}{k-1} \right]$$

若 $ADK > ADC$，则可以断定(5%的错判风险)各组是从不同母体中抽取。否则，接受各组来自同一母体的假设，且该数据可看成关于所讨论的(有关的)的随机或确定性影响的非结构型数据。

3) 检查异常数据(最大赋范残差(MNR)方法)

异常数据就是在数据集中比大多数观测值低很多或高很多的观测值。该检验筛选非结构型数据集中的异常数据。如果数据能够自然分成组(由于批次、厂商、温度等等)，那么人们应该组成尽可能最小的组并分别对其进行筛选。MNR 方法一次只能检测一个异常数。

$$MNR = \frac{\max |x_i - \overline{x}|}{s} \quad (i = 1, 2, \cdots, n) \quad C = \frac{n-1}{\sqrt{n}} \sqrt{\frac{t^2}{n-2+t^2}}$$

如果 MNR 小于临界值 C，则样本中未检查出异常数据；否则与最大的 $|x_i - \overline{x}|$ 值关联的数值公布为异常数据。如果检查出异常数据，则从样本中剔除该值并再次使用 MNR 方法。重复该过程直至检查不出异常数据。

非结构型数据的基准值：

如果证明 Weibull 模型只能适当拟合数据，那么依次进行正态分布和对数正态分布检验。如果证明这三种母体模型都不能适当拟合数据，则应该采用非参数法来计算基准值。

流程：拟合优度检验(Anderson-Darling 检验 OSL)确定分布类型。

双参数 Weibull 分布拟合优度检验及基准值。

Anderson-Darling 统计量为

$$AD = \sum_{i=1}^{n} \frac{1-2i}{n} \left[\ln[1 - \exp(-Z_{(i)})] - Z_{(n+1-i)} \right] - n$$

观测显著性水平为

$$OSL = 1/\{1 + \exp[-0.10 + 1.24\ln(AD^*) + 4.48AD^*]\}$$

如果 $OSL \leqslant 0.05$，可以断定(5%的错判风险)该母体不符合双参数 Weibull 分布。否则，则母体符合双参数 Weibull 分布的假设成立。

B 基准值为

$$B = \hat{q}\exp\left\{ \frac{-V}{\hat{\beta}\sqrt{n}} \right\}$$

正态分布的拟合优度检验和基准值

Anderson-Darling 统计量为

$$AD = \sum_{i=1}^{n} \frac{1-2i}{n} \{\ln[F_0(Z_{(i)})] + \ln[1 - F_0(Z_{(n+1-i)})]\} - n$$

$$OSL = 1/\{1 + \exp[-0.48 + 0.78\ln(AD^{**}) + 4.58AD^{**}]\}$$

如果 $OSL \leqslant 0.05$，可以断定（5%的错判风险）该母体不符合正态分布。否则，则该母体符合正态分布的假设成立。

B 基准值为：$B = \bar{x} - k_B s$ 非参数的基准值

当人们通常由于 Weibull、正态和对数正态模型均不能适当拟合数据而不愿意假定某一特定母体分布模型时，必须采用这些方法来计算非结构型数据的基准值。根据样本大小情况，有两种方法可供选用。

(1) 大样本的非参数基准值

要计算 $n > 28$ 时的 B 基准值，先确定 MIL – HDBK – 17 中的表 8.5.12 中相应于样本大小 n 的 r_B 值。当样本大小介于表列值之间时，选用小于实际 n 值的对应于表中最大样本大小的 r_B 值。B 基准值为数据中第 r_B 个最小的观测值。

(2) Hanson-Koopmans 方法（样本大小不超过 28）

Hanson-Koopmans B 基准值为

$$B = x_{(r)} \left[\frac{x_{(1)}}{x_{(r)}} \right]^k$$

其中 $x_{(1)}$ 是最小数值，$x_{(r)}$ 是第 r 个最小数值

结构型数据的基准值：

结构型数据的基准值计算方法采用正态概率模型，所有方法都是基于回归分析。

4）不同批次的计算

(1) 三批或多批的计算。

将样本大小为 n 的取自正态分布的一个简单随机样本的容限系数表示为 k_0，并将样本大小为 k 的取自正态分布的一个简单随机样本的容限系数表示为 k_1。这些容限系数可从表（对于 B 基准值）或表（对于 A 基准值）中查得。平均值平方记为，如果 u 小于 1，则令 u 等于 1。容限系数为

$$T = \frac{k_0 - k_1/\sqrt{n'} + (k_1 - k_0)w}{1 - \frac{1}{\sqrt{n'}}}$$

其中 $w = \sqrt{\dfrac{u}{u + n' - 1}}$

基准值为　$B = \bar{x} - TS$

该值是 A 基准值或是 B 基准值，取决于 k_0 和 k_1 是从表中查得。

(2) 两批的计算。

如果只有两批可用,那么 ANOVA 法不再有用。人们有两种选择:

a. 获得更多的批。

b. 合并这两批并采用非结构型数据法。

为了决定采用哪种方法,需对这两批的数据进行。如果这两批的平均值的差异比下列 x 的标准差大并且如果平均值的差异大到实际上不能忽略的程度,那么不应该考虑合并。

$$S_x = \sqrt{\frac{MSB}{n}}$$

然而,如果这两批能充分地重叠,或者平均值的差异太小而可以忽略,那么人们能够证明采用 MIL‐HDBK‐17 中 8.3.4 节的方法合并数据是合理的。可是如果相容性检验(MIL‐HDBK‐17 中的 8.3.2 节)已经表明这两批不是来自同一母体,那么目视检查很有可能不会提供合并数据并采用 MIL‐HDBK‐17 中的 8.3.4 节方法的有力证据。既然这样,只要可能的话,在进一步计算之前应获取新批料的数据。如果不可能,那么根据 MIL‐HDBK‐17 中的 8.3.4 节的方法分别计算每批的基准值并选择其中较小的作为临时基准值,理想的情况是,在获得更多数据时再替换该值。

5) 举例说明

数据如下:

表 3‐38　批次与数据

批次	数据	批次	数据	批次	数据
1	136.64	4	127.86	7	132.58
1	125.91	4	125.91	8	119.28
1	1444.5	5	134.41	8	118.30
2	107.79	5	124.60	8	126.12
2	114.58	5	127.54	9	109.50
2	110.70	6	139.35	9	121.23
3	125.50	6	119.03	9	130.03
3	118.79	6	125.81	10	118.71
3	131.24	7	120.00	10	126.56
4	125.91	7	121.94	10	124.60

本例数据集由 10 批材料的压缩强度测量值组成。本例题举例说明异常数据检查方法、k 样本 Anderson-Darling 检验、两参数 Weibull 拟合优度检验及采用 Weibull 分布计算 B 基准值的方法。

第一步:

MNR 方法筛选异常数据。对各批数据分别进行筛选。第一批的样本平均值为 568.8,样本标准差为 757.9,相应的计算结果见下表 3‐39。

表 3 - 39　　计算结果

x_i	$\mid r_i \mid = \left\mid \dfrac{x_i - \overline{x}}{s} \right\mid = \left\mid \dfrac{x_i - 568.8}{757.9} \right\mid$
125.9	0.584
136.6	0.570
1444	1.155

　　MNR 统计量就是绝对值最大的残差，或 1.155。由于它大于 MIL - HDBK - 17 中的表 8.5.7 中样本自由度 $n = 3$ 时的临界值 1.154，故认定第三个观测值为异常数据。对试验记录的检查表明测量值为 144.4。修改小数点以后重复 MNR 检验。经重新计算，该批平均值为 135.7，批标准差为 9.31。没有查出异常数据。对剩余批次进行类似计算，在数据集中没有查出其他异常数据。对数据的目视检查也未发现任何异常数据。

　　第二步：

　　k 样本 Anderson-Darling 检验来确定这十批的数据是否可以合并。首先对合并后的数据进行排序，在表 3 - 40 的 $z_{(j)}$ 列，列出了 27 级不同的值。其余几列给出了 h_j，H_j 和计算第一批($i=1$)统计项要用的 F_{1j}。第 f_{1j} 列显示第一批中出现 Z_{1j} 的次数，它用于

$$\frac{1}{n_i} \sum_{j=1}^{L} h_j \frac{(nF_f - n_i H_j)^2}{H_j(n - H_j) - \dfrac{nh_j}{4}} = \frac{1}{3} \sum_{j=1}^{27} h_j \frac{(30F_{1j} - 3H_j)^2}{H_j(30 - H_j) - \dfrac{30h_j}{4}} = 363.33$$

计算 F_{1j}。由这些数据可以得出：

对其余 9 批进行类似计算后，可得 Auderson-Darling 统计量如下

$$ADK = \frac{n-1}{n^2(k-1)} \sum_{i=1}^{k} \left\{ \frac{1}{n_i} \sum_{j=1}^{L} h_j \frac{(nF_f - n_i H_j)^2}{H_j(n - H_j) - \dfrac{nh_j}{4}} \right\}$$

$$= \frac{30-1}{30^2(10-1)} \sum_{j=1}^{k} \left\{ \frac{1}{n_i} \sum_{j=1}^{L} h_j \frac{(nF_f - n_i H_j)^2}{(n - H_j) - \dfrac{nh_j}{4}} \right\}$$

$$= 1.24$$

　　将该统计量的计算值与 MIL - HDBK - 17 中的式 8.3.2.2(j)的临界值 1.37 比较，由于计算值 1.24 小于临界值 1.37，故接受这些组取自同一总体的假设。因此这些批的数据可以合并成一个样本。

　　第三步：

　　对合并数据进行最大赋范残差(MNR)检验。在合并数据中未发现可疑异常数据(异常数据检查方法详见第一步)。

　　第四步：

　　为了进行双参数 Weibull 拟合优度检验，必须计算尺度和形状参数的估计值$\hat{\alpha}$

和$\hat{\beta}$。8.3.4.2.1节中叙述了其计算方法。计算数据的几何平均值。

$$\overline{x}_G = \exp\left[\frac{1}{n}\sum_{i=1}^{n}\ln(x_i)\right] = \exp\left[\frac{1}{30}\sum_{i=1}^{30}\ln(x_i)\right] = 134.1335^*$$

表 3-40　第一批料 k 样本 Anderson-Darling 统计计算示例

j	$Z_{(j)}$	h_j	H_j	f_{1f}	F_{1f}
1	107.8	1	0.5	0	0.0
2	109.5	1	1.5	0	0.0
3	110.7	1	2.5	0	0.0
4	114.6	1	3.5	0	0.0
5	118.3	1	4.5	0	0.0
6	118.7	1	5.5	0	0.0
7	118.8	1	6.5	0	0.0
8	119.0	1	7.5	0	0.0
9	119.3	1	8.5	0	0.0
10	120.0	1	9.5	0	0.0
11	121.2	1	10.5	0	0.0
12	121.9	1	11.5	0	0.0
13	124.6	2	13.0	0	0.0
14	125.5	1	14.5	0	0.0
15	125.8	1	15.5	0	0.0
16	125.9	3	17.5	1	0.5
17	126.1	1	19.5	0	1.0
18	126.6	1	20.5	0	1.0
19	127.5	1	21.5	0	1.0
20	127.9	1	22.5	0	1.0
21	130.0	1	23.5	0	1.0
22	131.2	1	24.5	0	1.0
23	132.6	1	25.5	0	1.0
24	134.4	1	26.5	0	1.0
25	136.6	1	27.5	1	1.5
26	139.4	1	28.5	0	2.0
27	144.4	1	29.5	1	2.5

对于给定的$\hat{\beta}$, $\hat{\alpha}$为

$$\hat{\alpha} = \overline{x}_G\left[\frac{1}{n}\sum_{i=1}^{n}\left(\frac{x_i}{\overline{x}_G}\right)^{\hat{\beta}}\right]^{\frac{1}{\beta}}$$

$$\hat{\alpha} = 134.1335\left[\frac{1}{30}\sum_{i=1}^{30}\left(\frac{x_d}{134.1335}\right)^{\hat{\beta}}\right]^{\frac{1}{\beta}}$$

为计算$\hat{\beta}$,定义函数$G(\hat{\beta})$为

$$G(\hat{\beta}) = \frac{1}{n}\sum_{i=1}^{n}\ln(x_i)\left(\left[\frac{x_i}{\hat{\alpha}}\right]^{\hat{\beta}} - 1\right) - \frac{1}{\hat{\beta}}$$

$$= \frac{1}{30}\sum_{i=1}^{30}\ln(x_i)\left(\left[\frac{x_i}{\hat{\alpha}}\right]^{\hat{\beta}} - 1\right) - \frac{1}{\hat{\beta}}$$

式中,$\hat{\alpha}$按上述公式计算。$\hat{\beta}$的估计值为$G(\hat{\beta})=0$的解。在 MIL‐HDBK‐17 中的 8.3.4.2.1 节中给出了求解该方程的一种迭代法。置初值

$$\hat{\beta} = \frac{1.28}{S_y} = \frac{1.28}{0.0673} = 19.02$$

解为$\hat{\beta} = 15.35$,由此可得$\hat{\alpha} = 128.39$。

表 3‐41 列出了经排序后的最初 5 个观测值及其计算拟合优度检验统计量必需的换算值。

表 3‐41　观测值与换算值

$x_{(i)}$	$Z_{(j)} = \left(\frac{x_{(i)}}{\hat{\alpha}}\right)^{\hat{\beta}} = \left(\frac{x_{(i)}}{128.39}\right)^{15.35}$
107.8	0.0684
109.5	0.0869
110.7	0.1027
114.6	0.1748
118.3	0.2847

根据 MIL‐HDBK‐17 中的 8.3.4.2.2 节可得其 Anderson-Darling 拟合优度统计量与观测显著性水平如下

$$AD = \sum_{i=1}^{n}\frac{1-2i}{n}\left[\ln[1-\exp(-z_{(i)})] - z_{(n+1-i)}\right] - n$$

$$= \sum_{i=1}^{30}\frac{1-2i}{30}\left[\ln[1-\exp(-z_{(i)})] - z_{(31-i)}\right] - 30$$

$$= 0.699$$

$$AD^* = (1 + 0.2/\sqrt{n})AD = (1 + 0.2/\sqrt{30})0.699 = 0.7245$$

$$OSL = 1/\{1 + \exp[-0.10 + 1.24\ln(AD^*) + 4.48AD^*]\}$$

$$= 1/\{1 + \exp[-0.10 + 1.24\ln(0.7245) + 4.48(0.7245)]\}$$

$$= 0.0576$$

由于 Weibull 拟合优度检验出的 OSL 值大于 0.05,没有充分证据否定该数据服从双参数 Weibull 分布的假设。因而应采用 8.3.4.2.3 节中的双参数 Weibull 法

计算 B 基准值。

第五步:计算 B 基准值

计算 B 基准值必需的参量为:

$$V_B = 5.057(\underline{查} \text{ MIL} - \text{HDBK} - 17 \text{ 中的表 } 8.5.8)$$

$$\hat{\alpha} = 128.39$$

$$\hat{\beta} = 15.35$$

$$\hat{Q} = \hat{\alpha}(0.105\,36)^{1/\hat{\beta}} = (128.39)(0.105\,36)^{1/15.35} = 110.88$$

$$B = \hat{Q}\exp\left\{\frac{-V_B}{\hat{\beta}\sqrt{n}}\right\} = 110.88\exp\left\{\frac{-5.057}{15.35\sqrt{30}}\right\} = 104.41$$

为向 MIL - HDBK - 17 提供数据,该 B 基准值应化整成 104。

3.4 复合材料的材料规范

对于材料和工艺的要求经常是具体和广泛的,制订了专用的工程图纸格式。材料和工艺规范是一种用来控制复合材料变异性的方法。规范通常是 E 尺寸工程图纸格式。规范是规定特定产品的工程合同包的一部分。

3.4.1 材料规范

材料规范的主要目的是控制关键材料的采购。列于规范中的性能和数值将涉及,但并非必须与用于设计和结构试验工作的性能相同。列于规范中的性能和数值用来保证材料不随时间显著变化,也就是材料的稳定性,这对用于重要用途的和经历昂贵的合格鉴定的材料是至关重要的。材料规范包括在相关的合同中,并且是订货单对采购材料要求的一部分。

编制材料规范,一般要包括以下几个部分:①范围;②适用的文件;③技术要求/材料工艺过程控制;④质量保证条款;⑤验收检验和合格鉴定试验;⑥交付;⑦说明;⑧附注;⑨批准的货源及其他。主要内涵是按照此规范的要求(材料工艺、物理性能、力学性能)生产的材料,再按编制的试验大纲进行试验,试验符合要求后,即完成了符合 25.603 条款的验证工作获得适航批准,材料规范生效并执行。材料规范的编制,要考虑并包括以下技术内容:材料本身、材料的工艺、结构的加工过程、持续的稳定的材料供货、保证并符合试验可接受的性能数据的稳定性、材料规范中定义的可接受的试验和过程控制要具有制造过程的代表性、工艺过程的容差、材料处理和储存的限制、影响产品质量的关键特性、质检数据(控制产品材料和工艺过程的重要参数)等。仔细选择物理、化学、机械的验证试验,用于证实公式、刚度、强度、耐久性、材料和工艺的可靠性。材料供应商要紧密与飞机制造商联合工作,确定合理的材料要求。

3.4.2 规范的格式

大多数规范遵循基于列明于文件如 MIL - STD - 961D 中指南的类似格式。材料或工艺规范的节通常如下:范围、适用文件、技术要求或工艺控制、验收检验和质量控制、交付、附注、和批准的货源及其他。

1）范围

第1节是范围，该节通常用几句话说明规范覆盖的材料或工艺。第1节中还包括规范控制的材料类型、类别或形式。另一个处理不同材料构型的方法是使用简明表格，这些简明表格属于基本文件，但提供特定材料具体的补充信息。例如，一个材料规范可以包括同一胶膜的几个不同厚度，每一厚度属于不同的类别。范围节建立在其他的工程和采购文件中用于标识材料的简明术语或命名。工艺规范可以包括多个工艺过程，如对要加工的合金类型工艺过程变化最小的阳极化处理。

2）适用的文件

第2节确定规范中引用的全部其他文件，可以引用试验程序，及其他材料和工艺规范。对自含规范，和多个类似材料或工艺规范间重复内容进行比较评定。例如，如果要改变试验程序，仅需改变参见的试验规范。如果规范全部是自含的，必须修订每一规范内的试验程序。转换为普通材料和程序有关的时间和费用会相当大，但是，当仅需要极少数的信息时，模块化方法能带来大量未用的信息。下节将更详细地讨论这些结构管理问题。

3）技术要求/工艺过程控制

第3节包括对材料的技术要求或对工艺过程的控制。对材料规范，这些要求可以包括物理、化学、力学、储存期和使用寿命、毒性、环境稳定性和许多其他特性，要求可以是最小值、最大值和/或范围，有时仅要求提交试验中获得的数据。本节中仅列试验结果要求，用于得到该结果的试验程序在下一节中介绍。对于工艺规范，则规定保证生产产品一致性所需的控制。

4）验收检验和合格鉴定试验

第4节包括试验。验收检验试验是在每次购买一些材料，或一批产品时要进行的试验。虽然需要满足规范的全部要求，但通常仅进行一小部分试验。合格鉴定试验通常涉及对规范的全部要求进行的试验，以确保供货方或加工者能够满足这些要求，并且除非另有原因一般仅进行一次。还说明所要求试验的责任。制造商可以进行全部验收检验试验，或用户收到材料时可以进行补充试验。对所要求的报告进行了规定，而且如果某项要求初次检测就不合格，还规定了再取样和重新试验的要求。用于确定技术要求符合性的取样和具体试验程序均列在本节，试验程序可能是关键。多数情况下不能使用所得到的数值，除非用于产生数值的具体试验有文件为证。即使所试验的材料本身未曾改变，当试验程序变动时试验结果也可能变化。试验件的制备也同样重要。试验结果可能变化很大，这决定于试验件的构型和状态。进行试验的条件可能显著地改变试验结果。试验前对试件的预处理也很重要，例如试验之前暴露于高温和潮湿环境中。

5）交付

在第5节中介绍交付要求。必须确定如包装和识别、贮存、运送和文件等问题。

对于温度敏感的材料,如预浸料和胶膜,包装是特别关键的。

6）说明

虽然第 6 和其后节的格式可能变化很大,但第 6 节通常是说明。说明是供参考的补充信息,除非在要求章节中特别声明,一般不是要求。

7）批准的货源及其他

第 7 和补充的节包括如对本规范什么材料取得了资格这方面的信息。本节可以参考列出合格材料的独立文件。由于进行合格鉴定可能需要相当大的费用,通常对产品应用,仅使用已取得资格的材料。

3.5　本章小结

本章对民用飞机复合材料的材料性能和验证方法进行了概要的介绍。本章从适航标准的解读入手,接着介绍了复合材料的组分材料(纤维、树脂、预浸料等)和复合材料的单层层板、层压板的性能表征和试验方法,最后介绍了复合材料材料性能的统计算法和材料规范编写规范。

尽管本章用了大量的篇幅介绍各种的材料试验方法,但是希望读者始终能够记住以下这些要点:

（1）适航当局通常不会对材料单独进行"适航审定"或者颁发适航批准,材料的标准体现在相应的适航标准中。例如,对于运输类飞机,材料的相关适航要求为 25 部"运输类飞机适航标准"的第 25.603 条和第 25.613 条。

（2）材料的适航标准规定了对材料性能验证最为关键的要求,即材料性能需要试验得出、试验的方法要采取公认的标准、材料性能数据的确定需要在大量试验基础上的统计计算(具体规定了 A、B 基准的统计值要求)、材料性能数据要充分考虑湿热环境、疲劳损伤的影响。

（3）美国的军用手册 MIL – HDBK – 17"复合材料手册"给出了更加具体的复合材料的材料的适航验证方法。

（4）最终在民用飞机设计过程中按照材料选用原则、材料选用范围目录和材料标准手册选取的材料需要通过编制材料规范固定下来,材料规范的编写需要符合适航标准中给出的规定。

4 复合材料的工艺及验证

在上一章中,复合材料作为一种"材料",适航标准对材料规定了性能要求及其符合性验证方法。按照 2.7 节所述,复合材料结构适航验证采用材料、工艺、结构静强度、损伤容限和疲劳评定的顺序进行讨论,本章将介绍复合材料的制造工艺的适航标准及其符合性验证方法。主要的讨论内容主要包括三个方面:

(1) 适航标准的要求是什么?

(2) 如何在复合材料制造工艺研发中考虑或者实现适航标准的要求?

(3) 如何通过符合性验证工作表明复合材料的制造工艺符合适航标准的要求?

4.1　工艺的适航标准

材料工艺的相关适航要求主要体现在 25.605 中,采用的制造方法必须能生产出一个始终完好的结构。如果某种制造工艺(如胶接、点焊或热处理)需要严格控制才能达到此目的,则该工艺必须按照批准的工艺规范执行。飞机的每种新制造方法必须通过试验大纲予以证实。

要求有关结构的制造方法能持续制造出同样优质的构件。用批准的工艺规范或说明书控制制造方法。型号设计中需要的工艺规范或说明书应在图纸评定时由有关审查代表批准。通常用批准制造人图纸清单的方法来批准工艺规范或说明书。当图纸要求采用某种特种工艺,如金属焊接、塑料或玻璃纤维层压等时,应对该特种工艺进行评审。

工艺规范或说明书通常应包括:总的任务或该工艺用途及其适用范围、预防措施或使用说明、所涉及的材料和/或设备的详细清单、工艺过程实施的步骤程序、验证其一致性的检查和/或试验程序,任何有关的特殊处理、储存或保护性措施。

4.1.1　工艺相关的适航条款及符合性方法

第 25.605 条适用于控制飞机的制造方法和产品质量。飞机结构采用的制造方法必须能持续保证制造出一个始终完好的结构。制造方法必须使产品符合图纸规定的所有设计要求,在允许的偏差范围内,质量稳定可靠并满足适用条件下的功能要求,为此要制订工艺规范。工艺规范需要得到适航当局的批准,对于新工艺要进行试验验证,并连同工艺规范一起提交适航批准。需要在设计图纸中注明所采用的工艺规范。

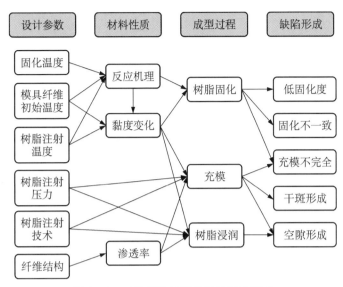

图 4-1　工艺参数对结构件缺陷的影响

制造方法是工程的一部分,是结构设计工作,设计需要研究,工艺也需要研究,其研究结果在图纸上反映。因此把工艺作为生产的一部分,不进行研究,只管按图纸生产,是无法符合 25.605 条款要求的,也不可能设计出符合适航要求的结构。在民机适航管理程序上,工艺是工程组审查的,产品的生产是制造符合性组审查的,他们是按工程组批准的技术资料进行制造符合性检查。

4.1.2　工艺相关的适航条款的设计实现

编制复合材料结构各种制造方法的工艺规范,并编制工艺规范的试验大纲,经批准后进行试验,试验符合要求后,即完成了符合 25.605 条款的验证工作获得适航批准,工艺规范生效并执行。结合国内行业的习惯,理解 25.605 的技术内涵,就是将人为因素降至最低,并将每一流程和控制参数具体化、定量化。生产厂按照此工艺规范和试验大纲进行生产和试验,并符合要求,就可获得生产资格。

4.2　复合材料固化和压实工艺

要用树脂压实和固化工艺来保证复合材料的单个段或层适当胶接,并保证基体完整无损和能保持纤维增强材料位置以加在零件上的载荷。在材料加工流程中,这些工艺过程是最敏感的。热固性复合材料零件固化成型时,材料经历大量的化学和形态变化,因此有许多作用同时发生。一些作用能够直接控制,另一些仅能间接控制,并且其中有些是相互作用的。在基体流动过程中,这种作用(如空隙形成或增强纤维偏移)可以使固化的复合材料性能变化很大。

在热塑性基体复合材料的情况下,压固期间基体不需经历化学变化,而是可能偶尔会出现像产生挥发物的断链这样的变化。此外,压固需要树脂流动,特别是在纤维/基体中间相里,半结晶热塑性塑料可以经历形态变化,如因熔融、流动和再结晶在结晶度方面变化,这些变化能引起压固复合材料力学和物理性能的显著变化。在无定形热塑性塑料中,中间相里不同相对分子质量材料的离析也可能导致复合材料的性能变化。

4.2.1 热压罐固化工艺

热压罐固化是在热压罐中用较高温度和较高压力来固化材料的一种工艺。热压罐是一个加热加压的容器,一般内压能达到 2 MPa(300 psi, 1 psi = 6.894 76 × 10^3 Pa),温度能达到 370℃(700℉)。热固性复合材料通常在低于 0.7 MPa(100 psi)和 120~200℃(250~400℉)的温度范围内成型。

热塑性复合材料可能要求更高的温度和压力。由于在加工成型期间热压罐内为高温,容器内的气通常要除氧,而用惰性气体如氮气替换氧来防止正在固化的材料热燃烧或炭化。把热压罐内待固化材料放置在提供固化材料最终形状的模具上。经常叫做成型模的模具可以由适应复杂几何形状使用的芯模组件或模具细节件组成。模具也可以包括如定位装置、模具镶嵌片或净模压细节件来增进终端产品或材料的后续加工。一般把袋压膜的防渗层或可重复使用的弹性囊放置在要固化的材料上并密封住模具。在袋压材料和要固化的材料之间抽真空,因此材料的铺层在靠住模具的厚度方向上受压。在有些情况下,热压罐或烘箱只对一部分要固化的材料加热和加压作为中间的压实步骤,通过改善压实来提高成品质量。随着热压罐内温度升高,待固化材料的黏度通常降低到流体状态,并且在层内和在层间的气体会随材料压实逸出。在袋压材料下面,可以使用疏松的"吸胶"层和/或片材、条或纱束形式的"透气"材料来帮助排空气体。靠模具表面还可以包覆表面膜或模具涂层以改善固化材料的表面光洁度。在袋压材料下,也可以装刚性均压板或加厚件以局部地控制成品的厚度和质量。有时,预固化或阶段固化部件可以用热压罐内的待固化材料来共固化或共胶接。对热压罐固化过程的工艺控制,见 4.2 节。

在热压罐固化工艺中,变异性的主要来源如下:

(1)模具或型面光洁度:不良的表面光洁度将转移到成品上。

(2)模具材料、密度和模具在热压罐中间隔:较多、较密的模具挤在一起将充当吸热器的作用并影响固化度。

(3)零件几何形状:几何形状越复杂,越难以实现匀压实和避免褶皱。

(4)铺贴层对称性:非对称几何形状和/或铺贴层引起零件翘曲或回弹。

(5)材料定位和调准容限:非对称铺贴层引起零件翘曲。

(6)袋压技术和袋压材料,包括吸胶材料和均压板等:真空袋压材料移动或因对固化材料完全接触的限制(即架桥),引起材料压实和树脂流动的不均匀性从而影响成品质量。

(7)中间过程的压实次数和压实时间、温度和压力(真空):压实不充分引起成品厚度和表面光洁度变异性以及褶皱。

（8）原材料变异性（包括逐批质量变异性）和材料储存期：材料一般与时间和温度相关。

（9）待固化或加工的材料吸湿量：因为在固化期间材料中的水分变成蒸汽产生孔隙率影响层压板质量。

（10）真空嘴数、真空嘴的位置和在固化周期中真空完整性：在固化期间由于树脂流动和凝胶材料在厚度方向被压实，真空完整性影响压实水平。

（11）热压罐温度、压力和时间：固化周期中的变化影响固化前的树脂流动、固化水平和成品厚度。

（12）零件厚度变化：厚度变化可以影响压实和固化均匀性。

4.2.2　树脂传递模塑(RTM)及 RFI

在模压工艺过程中，RTM 是在模塑过程中一种把干纤维增强材料或材料混合物（通常称为"预成型件"）与液态树脂结合在一起的工艺，并借此将这些结合在一起的材料固化制造 3 维部件。RTM 是一个术语，该术语广泛用于描述这种遍及航宇和非航宇工业的一般制造方法的若干派生工艺，这些工艺在终端产品质量上具有极其不同的结果。传统的 RTM 工艺采用闭合的"硬"模具，类似用于注射模塑法的，完全封装预成型件并精确控制所有的部件表面。传统 RTM 工艺的一种派生工艺是真空辅助 RTM(VARTM)；VARTM 采用单面模方法，由柔性膜隔层（真空袋）来确定"非模具"表面。同样地，某些派生工艺可以宽松地将预成型件定义为简单铺层形状，对铺放在模压模具表面的预成型件，几乎不考虑其方向或位置控制；而其他采用附加的材料、模具和中间加工步骤以精确控制这些预成型件的特性。为了获得可重复和可靠的终端产品，用于关键结构应用的部件通常要保证使用更先进的和很好控制的 RTM 派生工艺。因为 RTM 材料综合形成的材料许用值的适用范围或有效性，从而"证实"关键应用部件的能力受部件制造中采用的控制程度或先进技术的极大影响，所以重要的是 RTM 部件的设计者或最终用户对这些派生工艺的评价。

RTM 是一种低成本的方法，因为应用最简单，因此部件生产商花费最少的组分材料形式来生产部件。而且，由于该工艺的特性，在传统的封闭式模具的 RTM 中能够获得极其复杂的形状和 3 维受力路线，使设计者能够把用替换工艺生产的许多独立部件组合在一起，从而降低总的零件数量，并因此将终端产品的成本减到最少。与能生产很复杂细节零件的传统 RTM 不同，因为使用类似的单面模具，VARTM 生产类似于敞式模压技术生产的细节零件。因为 VARTM 工艺通常不要求高压或加热温度高于 93℃（200℉），模具制造成本远低于热压罐固化的敞式模压或传统 RTM。或许最著名的 VARTM 工艺是 SCRIMP(Seemann 复合材料树脂熔浸模塑工艺)，该工艺已成功地用于许多的海上结构，主要是游艇船体。其他的专利 VARTM 工艺包括 Marco 方法，Paddle Lite，Prestovac，树脂注射再循环模塑(RIRM)，和紫外线(UV)VARTM。但是，当设计部件或指定 RTM 工艺时必须仔细考虑，在替换方法或派生工艺可能成本更低时，确定这些特点是应用所需，以免误用。

传统的 RTM 工艺从预成型件的制造开始,从而对纤维增强材料或材料成型及组装来产生适于应用的几何形状和载荷途径。这些纤维材料可以机织成宽幅、编织成管材或直接铺放在模具上,或与附加材料如黏合剂或增黏剂结合和/或在一起加工,这类附加材料将确定成品中增强材料的几何形状。同样,三维增强材料可以作为织物或编织工艺的一部分,或用于二次工艺如缝合或替换纤维嵌入技术结合进预成型件中。然后把预成型件安置在模具上或放进模内并用液态树脂浸渍,并同时包含在模具内随后固化,以生产具有与模具同样几何形状的终端产品。固化周期可能要求施加高温以产生最后固化状态的产品,这取决于所用树脂和所要终端产品材料的性质。然后必须从模具上取出固化部件,以按使用要求进行修边、加工、表面处理和最终检查。

以下是 RTM 工艺采用的一般步骤:

(1) 生产纤维增强材料预成型件(机织、编织、切割、成型、组装)。

(2) 将预成型件放置在模具上或放入模具内(这可能还需要进一步组合预成型件或增强材料)。

(3) 用液态树脂浸渍预成型件(这可以要求组装的模具和预成型件预热、加热树脂、抽真空和/或加压)。

(4) 固化(室温、高温,或替代固化技术)。

(5) 从模具上取出固化的部件做进一步加工。

(6) 后固化(如要求)。

RTM 工艺(或类似工艺)的派生工艺是真空辅助 RTM(VARTM)和树脂膜熔浸(RFI),这类派生工艺的基本原理是在生产最后固化部件几何形状的模压工艺过程中,把干的增强材料预成型件和树脂结合在一起。在 RTM 工艺中可以使用几乎无限多种增强材料、树脂和结合方式,给设计师提供了很大的自由度。

在 VARTM 工艺里,通常直接在模具上制造预成型件。铺敷每层增强材料并用黏接剂或增黏剂固定就位。树脂入口管设在零件上面的最佳位置,以使在树脂凝胶之前,能够完全浸湿零件。环绕零件周边配置连接到真空除尘歧管的真空管。用传统的尼龙真空袋压薄膜和密封带把零件装进真空袋,允许树脂和真空管线穿过袋的边缘。对零件抽真空,袋的放置要防止架桥,并进行漏气检验。树脂管路插入敞开的混合液态树脂容器中。当管路开启时,通过树脂和真空袋之间压力差使树脂流经零件。在零件完全浸透后,使零件在室温或在对流烘箱中的高温下开始固化。也采用包括紫外线、电子束和微波等固化的替代方法。然后零件从模具上脱除,除去工艺材料,对零件后固化(如要求)和最后修整。

RFI 是 RTM 的一种,在 RFI 中通过把树脂靠着预成型件放置实现树脂熔浸。树脂形式和铺放随树脂和模具而变。用放在预成型件上面或下面,瓦片状、薄膜和液体形式的树脂来制造零件。在固化的时候树脂流过整个预成型件,并且排气孔位于模具的顶点。模具中任何间隙将使树脂渗漏,从而将产生局部的干区域。通常,用类似于热压罐固化工艺的程序将零件装入袋内并固化。RFI 比其他树脂传递工艺的优点是因为不需要匹配金属模具而模具制造成本较低。此外,树脂传递距离比较短(基本上只通过厚度),因此零件尺寸不取决于树脂流动能力,并能够生产非常大的零件。短的传递距离也增加了可能应用的树脂种类,包括更高性能的树脂。由于用缝合预成型件生产整体化结构的能力,该工艺的另一个潜在优点是提高损伤容限。按重量计算的连续纤维体积含量一般为 $55\%\sim60\%$,因此其他的力学性能比如拉伸和压缩,接近用手工铺贴所达到的水平。已经证明 RFI 工艺可用各种各样树脂,包括环氧(Hexcel 3501 - 6、Fiberite 977 - 3),双马来酰亚胺(Cytec 5250 - 4 RTM)和 Dupont K3B 树脂改型。用上述树脂已经成功地制造了带有刀形、"J"和帽形加强件的整体壁板。已经由 NASA 制造和试验了 $554\,\mathrm{kg}(1\,220\,\mathrm{lb})$ 和 $3.66\,\mathrm{m}$ $(12\,\mathrm{ft})$ 长的机翼盒段,并证实了该工艺。

下面给出了 RTM 工艺中下列变量的控制程度和对终端产品的影响:

(1) 来自供应商的组分材料——影响层压板强度、刚度、加工性能、孔隙率、表面光洁度。

(2) 增强材料的制造(机织、编织等)——由于纤维取向、纤维损伤、单位面积重量/纤维体积含量会影响层压板强度、刚度。

(3) 增强材料加工(应用黏接剂或增黏剂及其他材料)——影响对材料成型/确定形状的能力、多层同时成型的能力,会对预成型件浸渍能力有影响的渗透性变化,如材料彼此不相容会影响层压板结构性能。

(4) 铺层切割和堆叠——对决定结构性能的材料方向或铺贴顺序,和规定局部纤维体积含量的部件内丢层有影响。

(5) 形状形成/预成型——影响铺层方向、丢层、局部纤维体积含量。

(6) 预成型件的组合/模具——影响铺层/纤维取向和准直、丢层、纤维体积含量、零件几何形状、树脂流动和浸渍预成型件的能力。

(7) 液态树脂成型/固化参数(时间/温度曲线、真空、压力、流量、树脂的黏度)影响层压板孔隙率水平、玻璃化转变温度(T_g)、层压板表面光洁度。

(8) 脱模和模具清理(从模具脱除零件)——影响可能分层引起的层压板完整性、表面光洁度(划痕、凿印)。

(9) 模具设计和模具材料选择(热膨胀系数(CTE)考虑)——影响模具寿命、零件表面光洁度、零件完整性(会由 CTE 失配的影响引起层压板损伤)和加工性。

4.3 复合材料工艺过程控制

工艺过程控制是用于管理与复合材料有关变异性的方法。工艺过程控制用于试图指导固化时的这些众多变化以达到许多目标。制造高质量零件是目标之一,其他目标包括避免放热、将固化时间降至最少和处理零件特殊制造问题。几个可行的不同工艺过程控制方法是:经验法、主动法和被动法,最普通是经验法或试错法。尝试许多不同固化条件的组合,选出提供最好结果的固化条件用于制造。第 2 种是主动法,或实时工艺过程控制。此时数据是在固化期间由所讨论的零件获得,能够获得的数据包括温度、压力、树脂黏度、树脂化学特性(固化度)和平均铺层厚度。用一个专家系统来分析研究固化信息,并且操控热压罐如何去进行固化。第3种是被动法,或离线工艺过程控制。这时用数学模型来预测固化过程中零件的响应。可以模拟许多不同的固化方法,并且采用已取得的最满足需要的那一个。

这些工艺过程控制方法中的每一个均得益于对树脂固化过程出现的效应和相互关系的了解,这种了解被称为工艺过程控制模型。对于特定应用,无论尝试哪一种特定类型工艺过程控制,模型仍旧相同。

4.3.1　热固性复合材料的热压罐固化

一种通用工艺过程控制模型可用于评估和开发生产高质量零件的复合材料固化。当树脂受热并开始流动时,该体系可区分成气体(挥发物或夹裹的空气)、液体(树脂)和固体(增强材料)相。所有产生空隙的气相材料应被排除或为液相所吸收;液相应均匀分布于整个零件,保持或产生所要求的树脂含量;固相应该保持其选定的方向。为了固化零件,有几个必须确定的初始因素,用做工艺过程模型的输入。这些初始因素已经分解为以下类别:树脂、时间、加热、施加的压力、工艺材料、设计和增强材料。众所周知,即使在相同通用材料系列内的树脂,以同样方式加工时,并不总是提供相同的结果。通常用固化时间和温度,包括保温保压(多次)和升温速率控制热流。对于厚结构件,来自树脂放热的热量是起控制作用的。必须确定固化过程中应用的压力,它在固化期间可以变化很大。可以用真空袋或其他的工艺材料来进行某些操作,如树脂吸胶,但还会有其他的影响,尤其当它们失效时。设计选择如使用夹层结构和半径将影响到用固化得到的结果。最后,虽然通常希望增强材料保持其方向,但增强材料确实影响气体和液体流动,还吸收一些外加压力。

初始的因素的数量唯有使得复合材料很难加工。使其更复杂的是这些初始因素影响所需结果,并彼此以复杂的非线性关系相互作用。因此,以似乎合理的方式调整一个因素经常得不到所需结果。这种工艺模型的示意图如图4-2所示。此特定模型设计用于热固性复合材料的热压罐固化,但是略加修改后,此模型还将大大适用于多数其他复合材料和胶黏剂的固化工艺。初始因素显示在图的上方,期望输出位于底部。在初始因素和期望输出之间的中心区域代表工艺相互作用。这些工艺过程的相互作用是:固化度、黏度、树脂压力、空隙预防措施和流动。通过使用此模型,能够以合理的进程而不是毫无目的地改变和优化固化工艺。将依次讨论这些工艺过程相互作用中的每一项。

1) 固化度

树脂固化度主要起对黏度相互影响的作用。树脂固化度的变化率的确定需要了解单个树脂的特定响应和树脂的温度历程,用树脂反应热作为固化度的指标,计算固化度变化率则与当前固化度和温度有关。固化度变化率经常是非线性的,这就是为什么很难离开模型去评估树脂对新温度分布曲线的响应。此外,厚结构件中反

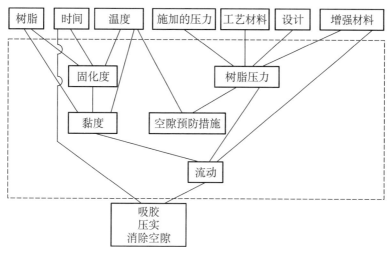

图 4-2　复合材料固化工艺过程模型

应热可以显著地提高树脂的温度,也影响固化度和黏度。树脂凝胶后,经常用玻璃化转变温度作为固化度的指标。

2) 黏度

树脂黏度是树脂固化度和温度的函数,树脂黏度响应函数确实随树脂而变。在制造工艺("固化")过程中,热塑性树脂不发生化学反应,但在树脂熔融时是要流动的。树脂的化学成分不变化,热塑性树脂的黏度严格与温度有关。换句话说,黏滞效应完全是物理的,并无化学相互作用参与影响。但是,由于链长或其他的化学区别,两种不同的热塑性树脂在相同温度下可能具有不同的黏度。

热固性树脂却发生反应,因此它的化学成分在固化过程中不断变化。由于链长和交联密度增加,在给定温度下树脂的黏度将随时间而增加。这是因为在链之间相互作用增高,并且链逐渐地变成彼此缠结在一起。一旦链增长和交联充分地扩展,热固性树脂将凝胶。预测热固性树脂的黏度效应比热塑性塑料困难得多,原因为热固性树脂体系的化学成分是连续,有时甚至迅速地变化。

3) 树脂压力

施加于层压板的压力通常与树脂受到的压力不相同,后者称为树脂压力。树脂压力的概念经常用弹簧与阻尼器型模型概念化,以树脂为流体,纤维包为弹簧。如果弹簧完全由流体包裹,它不能获得任何所施加的载荷。如果没有足够的树脂包裹弹簧(也许是由于树脂溢出),弹簧(纤维包)受到的载荷会增加,树脂就失去了相应的压力。此模型的示意图如图 4-3 所示。

树脂压力很重要,因为树脂压力是树脂和气相材料从一处到另一处移动的驱动力,并有助于防止空隙形成。树脂压力是施加的压力、如何和什么样的工艺材料用于固化、设计和增强材料的函数。如果没有足够的树脂完全地包裹增强材料,则增强材料会承受部分或全部载荷。

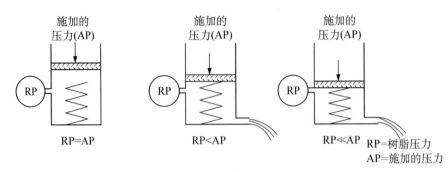

图 4-3　树脂压力的弹簧与阻尼器模型

与增强材料能受到施加的压力一样,其他工艺材料尤其透气和吸胶材料也能受到。在阻尼器/弹簧模型中,这些项起附加弹簧的作用,并且能够吸收大量的外加压力,尤其是对于较低的压力固化。影响树脂压力的设计因素之一是像蜂窝和某些类型泡沫芯子之类材料的使用。对共固化蒙皮,如果外力施加于模具或蒙皮的装袋面,会形成树脂压力,但所有的树脂一定会略微流动进入孔格内以减轻此压力,带蜂窝芯零件就会产生质量问题,尤其是蒙皮非常薄的,比如少于 5 层。如果蒙皮非常厚,那么厚度方向上树脂压力是变化的,这将使得在模具面的零件表面处于适当的树脂压力之下,而在蜂窝芯一侧树脂压力会接近零。如果能给予无限量的时间,这些压力将相等,然而在许多固化期限内并非能如此。当蒙皮很薄时,树脂压力接近零,因此在薄蒙皮蜂窝上的蒙皮固化时树脂压力接近零,基本上为接触贴铺,蒙皮的质量常常很低。由于增强材料提供的阻力,能够注意到某些重要的树脂压力作用以及其对零件质量产生的后果。正如厚度方向上能够形成树脂压力变化一样,其变化也能存在于增强材料的平面中。这有助于解释为什么同时固化的相同零件层压板质量能够迥然不同。考虑一下在闭角处纤维增强材料的架桥现象。根据定义,增强材料受到由热压罐施加的全部压力,而树脂压力为零,除非铺层能够交互滑过在该角落中与模具接触。在架桥的位置经常能够看到孔隙率增加,在模具界面存在空隙及积聚过量树脂。这些完全是由于在该位置树脂压力接近零的事实。架桥周围区域也许有足够树脂压力。一系列对蜂窝壁板进行的试验揭示,当蒙皮(共固化)中树脂压力接近零时,在边缘带(层压板)中树脂压力显著较高。在边缘带区域中的层压板质量是显著地增高,即使这两点仅相距数英寸。这非常接近于证明树脂压力不一致的概念。

4)空隙预防措施

某些树脂体系,特别是高温体系比如聚酰亚胺和酚醛,会产生作为固化反应化学的一部分挥发物。当这些副产物析出时,外加压力应是最小的,并要施加真空。一旦全部挥发物已经产生,则树脂压力可用于逐出凝胶前剩余的任何挥发物。一旦树脂已经凝胶,树脂的流动已完成,而像这种树脂含量、流胶、挥发分含量等结果均已固定。继续固化只是进一步提高树脂的固化,但树脂的物理形状已锁定。某些挥发物可能存在于预浸料中,最常见的是吸收的水分。如果凝胶之前,树脂压力保持高于挥发物的蒸气压,这些化合物不能挥发,它们的体积增加许多倍,并且形成额外的空隙和/或孔隙率,其作用与汽车散热器方式相同,如图4-4所示。

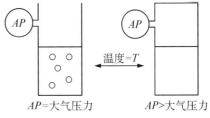

图4-4 预防空隙的树脂压力模型

5) 流动

黏度、树脂压力和增强材料因素输入流动系数,可以认为黏度和增强材料是流动的阻力,同时认为树脂压力是流动的驱动力。由于这些因素出现的流动量随时间而变,这是与经验一致的。如果树脂较黏稠,在相同树脂压力和增强材料情况下,预期有较低流动。如果把增强材料变成,或许是较密的织物,则对树脂和气相流动的阻力增加。一旦确定了这些流动特性,则它们和可用的流动时间确定层压板怎样吸胶,层压板如何压实、和消除铺贴中存在的或在固化期间形成的空隙。

4.4 复合材料的工艺验证

复合材料的质量控制计划要包括所有的行动:工程的、制造的以及质量控制的。可靠的质量控制系统强调特殊的工程要求,如可能产生的破坏模式、损伤容限与裂纹扩展要求、载荷、可检性、对制造与装配的局部敏感性。关键的制造和装配工艺要考虑材料的运输与储存、铺贴与封装、相邻结构尺寸的容差控制、零件固化、加工与装配、固化零件的检测和处理程序、特种材料工艺模具设备的技术人员培训。确定零件可接受的和允许的偏离(缺陷、损伤和异常),并需要证明在服役期间不需要修理。

4.4.1 工艺的验证

编制工艺规范是为了确立控制最终产品需要的程序,可以把这些工艺分为以下几类:

(1) 通用的工艺规范。

(2) 特种工艺规范(如各种成型工艺)。

(3) 制造工艺规范(如装配工艺)。

(4) 检验工艺规范。

(5) 结构件的制造技术条件。

(6) 结构件的验收技术条件等。

从所包含的范围也可以看到这些文件包括以往设计编制的和工厂编制的,这说明工艺是工程的一部分。针对工艺规范中主要参数的确定,编制工艺规范的适航验证试验大纲,提交适航批准后进行试验验证,这些规范都要经过试验验证后批准。在工艺规范经CAAC批准后才能发图,设计图纸上要明确注明这些工艺规范。

4.4.2 部件的制造检验

1) 工艺过程检验

（1）材料控制——用户的工艺规范至少必须规定下列的材料控制项目：

a. 通过名称和规格能充分识别该材料；

b. 材料的储藏和包装要预防损伤及污染；

c. 易变质的材料、预浸料以及胶黏剂，在其出库时应在允许的贮存期之内，并应在允许使用寿命之内固化；

d. 正确识别和检查预包装的材料；

e. 确定验收和再确认试验。

（2）材料贮存和处理——用户材料与工艺规范规定了贮存预浸料、树脂体系和胶黏剂的程序和要求，以保持合格的材料质量。

通常将材料贮存在密封的塑料袋或容器中，以防止在将其从冷库取出并让其加热到大气环境温度时出现水分凝结在冷的材料上并转移到聚合物内的问题。从冷库中取出材料到可以开启材料密封袋或容器之间的时间间隔，通常根据经验确定。在确定时间间隔时要考虑物理特性，如材料卷、叠层高度厚度或材料类型（例如带与宽幅材料）。因此，用户应当有一些程序，防止在材料温度达到稳定之前过早将材料从贮存袋或容器中取出。

（3）模具——铺贴用的模具（模型）要遵照模具检验/质量鉴定程序。

在使用规定材料、铺贴和袋压方法及固化曲线时，模具能够生产出符合图纸和技术规范要求的部件。此外，应测试由该模具制造的固化材料试件，以确保其符合规定的力学和物理性能。在每次使用之前必须检查模具表面，以确保模具表面清洁，同时没有可能会污染或损伤部件的情况。

（4）设施与设备——用户将确定复合材料工作区的环境控制要求。

这些要求是用户工艺规范的一部分，这些要求应与材料对车间环境下其污染的敏感性相适应。必须规定热压罐和烘箱的检测和校准要求。在环境控制区里的污染限制，通常禁止使用不受控制的喷涂（例如硅污染），防止暴露于灰尘中，触摸污染、烟雾、油蒸汽，并不得存在其他可能影响制造过程的微粒或化学物质。也应规定操作者可在其中进行材料处理的条件。铺贴和清洁室的空气过滤及增压系统应能提供一个略高的正过压。

（5）生产过程控制——在复合材料部件的铺贴过程中，必须严格控制某些关键的步骤或操作。对于关键项目的要求和限制应在工艺规范中加以说明，需要控制的步骤与操作如下：

a. 检验在洁净模具表面已涂覆脱模剂并已固化；

b. 检验结合部件的易变质的材料是否符合相应的材料规范；

c. 检查预浸料的铺贴情况，确保层数和方向符合工程图纸的要求；

d. 如适用，检查蜂窝芯子拼装并检验位置是否符合工程图纸要求；

e. 用户书面记录应包含下列资料：材料供应商、制造日期、批号、卷号和使用寿命的总累积小时；热压罐或烘箱的压力、部件温度和时间；热压罐或烘箱装载号；部件和产品序号。

(6) 部件固化——用户工艺规范中必须规定固化部件时热压罐和烘箱的工作参数要求,其中包括加热速率、保温时间、冷却速率、温度与压力容限和热压罐或烘箱中温度均匀性测量记录。

(7) 工艺过程控制试件——许多制造方要求与生产部件一起,铺贴和固化一些特殊的试验板。固化后,将这些板进行物理力学性能试验,以证实其所代表的部件满足工程性能要求。

2) 无损检验

(1) 在确保生产过程控制后,还必须检查复合材料细节零件是否符合尺寸和制造质量要求,并对工艺过程导致的缺陷和损伤进行无损检验。

(2) 装配检验:如果不适当地进行机械加工和钻孔,层压板易产生一些特别类型的缺陷。需要有制造方工艺规范要求的制造质量标准,以控制修整边和钻孔的质量。

(3) 这些标准确定了下列典型缺陷的目视验收/拒收范围:开裂、分层、表面纤维裸露、过热、表面光洁度、偏轴孔和表面凹坑。钻孔操作中的一般缺陷是分层和起始于孔边沿处的纤维断裂。因为这些缺陷本质上是内部的,仅通过目视检查不可能评定该缺陷的严重性,应该寻求无损检验技术的支持。必须确定用于无损检验的内部缺陷验收和拒收限值。

(4) 复合材料部件无损检验(NDI)的范围,取决于部件是主要的飞行安全结构,还是次要的非飞行安全结构,部件的类型与分类一般是在工程图纸中规定的。工程图纸也引用规定 NDI 试验和接收/拒收标准的工艺规范。NDI 用于发现缺陷和损伤,如空隙、分层、夹杂物和基体中的微裂纹。

(5) 生产中常用的 NDI 技术包括目视、超声波和 X-射线检测。其他方法,如红外、全息技术和声学检验尚在发展中,将来可能会用于生产。另外向健康监测也会用于生产和使用阶段。

(6) 目视检查是一项 NDI 技术,包括核查以确信部件满足图纸要求,以及评定部件的表面与外观。目视检测包括检验气泡、凹陷、外来物材料夹杂、铺层变形和折叠、表面粗糙度、表面孔隙和折皱。在制造方的工艺规范中给出这种缺陷的接收/拒收标准。

(7) 复合材料生产最广泛使用的无损检验技术是超声波透射 C -扫描检测,其次是超声波脉冲回波 A -扫描检测。其工程要求和标准由用户的工艺规范加以规定。用超声方法进行评估的主要缺陷是内部空隙、分层和孔隙率。这些检测需要制造出具有已知内置缺陷的标准件。其输出形式为显示整个部件上声衰减变化情况的曲线图。把曲线图与部件上显示声衰减变化的位置相比较。如果发现缺陷超过了规范允许的范围,则拒收该部件并由工程技术部门进行处置。部件的处置可能有:①按现状接收;②经过进一步再加工或修理使该部件可接收;③报废。

（8）在 NDI 中，经常用 X-射线检测评价层压板中镶嵌件的胶接，以及夹层板中蜂窝芯子与面板的胶接情况。所要求的试验范围由工程图纸按检测的类型或分类指定，这些类型或分类通常在一个独立的文件中规定，由制造方的工艺规范加以引用。如同超声波检测一样，为了正确地评价 X-射线胶片，通常需要有内置缺陷的标准件。

3）破坏性试验

当单独用非破坏技术不能保证部件的结构完整性时，经常采用破坏性试验来加以确保。这些试验包括，周期性地解剖部件以检验复杂结构的内部，以及从部件的多余部分切下试件进行力学试验。主要有两种破坏性试验：解剖整个部件，或检验部件的毛边段。

（1）全部件解剖——当提到"破坏性试验"这术语时，经常设想的是全部件解剖的方法。因为这方法使部件无法继续使用，应对满足下列标准的部件使用全部件解剖：

a. 用 NDI（无损检验）不能充分检测的区域；

b. 部件复杂并且对此结构形式或制造工艺的工作经验水平较低；

c. 部件为净切毛边，无法用余量切毛边区或部件延长区来检验所关心的细节区。

（2）切毛边段——检验和试验切毛边段可达到质量保证和成本之间的平衡。切毛边段可以是部件中有意设计得超出修边线的延展段，或可能由部件内部开口区域截取的部分。从细节区切割的片段可以检查其差异，可由该片段加工出试样并进行力学试验，以确保部件的结构能力并检验制造工艺的质量。

破坏性试验的频率视部件类型与经验而定。如果生产者具有众多的制造经验，可以不要求复杂部件的定期破坏性试验，而仅进行首件的解剖。对于经验较少的复杂部件，更可取的做法是加大定期性检测的间隔。对关键的（飞行安全的）部件必须考虑破坏性试验。

可以用低于全部件解剖的成本较频繁地进行切毛边段的检验和试验。可以用较频繁和简易的切毛边段检验，来增强质量保证工作。

破坏性的试验应在部件出厂之前实施。用定期的破坏性试验监控制造工艺过程，以保证部件的质量。如果确实出现了问题，定期检验可以界定可疑的部件号，无需检验所有的零部件系列。如果许多部件都反映着同样类型的结构和复杂度，可以将它们汇集在一起进行取样。由一个标准样板制造的模具所生产的部件，也可以合并在一起。

4.4.3　工艺的评审

设计规范要求制造工艺保证持续生产出合格零件，并且所有要求严格控制以获得此目的的制造工艺都必须被批准的工艺规范所覆盖。所有这样的工艺规范都应被标注在相关的图纸上。申请人应当对该工艺能够始终生产出符合设计要求的项目进行鉴定。工程代表和制造检查代表应充分地评审以上工艺规范。

在工艺过程评审中,制造检查代表主要参与对工艺实施和工艺符合性的检查。工艺实施的检查是通过现场检查来核实该工艺的实际操作过程以及采用的材料、工装和设备是否完全符合工艺规范。工艺符合性的检查是通过检验或检测经过工艺加工的项目来进行。该检验或检测方法应是可测量的并且是由相关工艺规范给出的。一些评审步骤可以结合对试验件的制造符合性检查同时进行。

由于在工业界各个制造商采用的工艺规范差别很大,制造检查代表在符合性检查过程中应当特别关注那些要求对工艺过程进行监控的工序。应当评审那些为保证生产出来的项目的质量是在型号设计限制之内所采用的工艺过程。在受控范围内的任何偏离都必须经过评审并获得批准。

制造检查代表应评审工艺规范的基本内容。不规范和不完整的内容可能会导致误解和混淆,由此引起完工项目的质量偏离出型号设计的限制。下面给出一种检查典型工艺规范内容的指导:

(1) 适用范围。

(2) 引用文件。

(3) 质量要求。

(4) 工艺过程中使用的材料。

(5) 制造:

a. 制造的操作;

b. 制造的控制;

c. 试件;

d. 工装设备检定;

e. 工装设备控制。

(6) 检验:

a. 过程检验;

b. 检验记录;

c. 对试验的检查;

d. 对控制的检查;

e. 加工项目的检验。

(7) 操作和检验人员的资格控制。

对任何工艺过程,提交批准的工艺规范及相关资料都不应含有可以得出各种不同解释的内容和词句,诸如足够的、需要、要求、室温以及定期等类的词句。规范中应当明确规定那些在过程中要求控制工艺参数及其容差。

制造检查代表应当确认工艺规范对那些只有受控才能保证合格的和始终如一的产品的参数规定了必要的控制要求。这些控制要求应建立测量和验收限制的单位,有关测量技术的叙述,以及当实际测量不符合验收标准时所应采取的措施。

对于那些只有受控才能保证始终如一地加工出合格产品的工艺参数,制造检查代表应给予特别的关注。这些参数可能存在于许多影响产品质量的要素中,例如工艺原材料、工艺设备、生产设施、环境、检测设备以及生产操作者等。制造检查代表应确认加工项目的实际操作过程是符合工艺规范的,并且采用了工艺规范中要求的材料、方法、工具和设备。由于最终结果取决于是否严格的遵守工艺规范,所以任何的偏离和偏差都应在操作的一开始就得到纠正。

工艺符合性的检查是工艺过程评审非常重要的步骤之一。制造检查代表应依据工艺规范中给出的检验或检测方法来检查经过工艺加工的项目的符合性,并将检查结果记录在制造符合性检查记录表中。通过评审检查结果作出该工艺过程能否始终加工出符合型号设计要求的项目的结论。

应当强调,在所有的工艺规范得到批准之前是不可能颁发型号合格证的。为了使工艺规范较快获得批准,应鼓励申请人在首次型号合格审定会议上提交一份工艺规范评审计划。申请人应以清单形式提出型号设计资料要求的工艺规范,供有关的工程代表批准。

工程代表和制造检查代表应仔细评审工艺的重要更改和修订等,在批准之前先确定它们会对最终产品的质量产生什么影响。根据更改或修订的程度,有时需要重新检查操作过程。

无损检验方法的评审程序与工艺规范相同。申请人应当向制造检查代表证明所用 NDI 方法有能力判定工程图纸规定的允许缺陷尺寸和部位,检验结果是可以重复的,并且完成检验所要求的设备能够满足规范中的验收要求。

4.5　工艺规范及其格式

工艺规范确立控制终端产品需要的程序。材料及终端产品越是依赖工艺过程,工艺要求就越要详细和复杂。其目的是规定操作的工序,使按照此规范能生产出可靠的、稳定的合格产品。另一方面,如果该工艺过程为生产合格产品打开了一扇宽阔的窗口,要求可能极低。由于材料对工艺过程的变化非常敏感,并且航空产品要求往往非常严格,复合材料和胶黏剂胶接工艺规范通常很详细。

工艺规范的编制,要考虑并包括制造和装配,并涵盖以下技术内容:保证能重复可靠地生产出合格产品的工艺过程、试件的工艺参数要尽可能地接近真实产品制造工艺。

大多数工艺规范同样遵循基于列明于文件如 MIL - STD - 961D 中指南的类似格式,可以参见 3.4.2 节的介绍。

4.6　过程控制文件(PCD)介绍

对材料供应商来讲,在进入材料鉴定计划之前,应冻结树脂的配方和预浸料的工艺,形成完整的过程控制文件(Process Control Documentation, PCD),其中包括原材料控制、树脂工艺和性能控制、预浸料工艺和性能控制或相应的产品规范和工艺规范(这些规范一般称为供应商规范),这部分的知识产权一般也归供应商所有,TC申请人在必要时可引用这些规范以保证材料的可追溯性,适航当局在进行适航符合性审查时有权利检查这些文件。

PCD列出所有重要原材料成分,供应商,树脂成分和它们的制造商,抽样质检计划,树脂成分说明,和质量测试方法,纤维说明,纤维抽样,测试方法。定义关键的工艺参数,建立统计的工艺程序,其他组分,固化预浸料和未固化预浸料的要求,工艺条件,要求和PCD中持续的检测程序。

PCD(通常只有材料供应商管理)和材料规范确立评价要求的质量保证程序。质量保证程序对于材料验收用分批次取样计划做出详细说明,并且明确材料供应商和采购商的测试责任。材料供应商一方将利用SPC监测重要特性。"材料验收"是通过测试和/或检验确定特定批次的材料是否满足适用的采购规范要求的方法。("材料验收"在遵从MIL-STD-490/961惯例的规范中也被称作"质量一致性")。从材料鉴定测试中选择部分测试作为"验收测试"。这些测试测量对于材料中可能的变化敏感的关键材料特性/工艺特性。如前所述,需要通过统计方法,利用鉴定数据和后继生产批次的数据来确定相关材料规范的要求。

(1) 现代生产实践强调利用SPC工具,SPC工具是利用检验测试数据和工艺控制测试监控生产趋势和进行实时工艺校正的工具。每个供应商的预浸料制造场所都应通过证明自身具有进行原材料测试、最终产品测试、维护、校准和连续实行SPC方法的能力而得到认可。培训计划和记录有助于确保工作人员能够执行和记录这些任务。由此即可进行主要设备维护和修改记录。对于每一主要功能(例如,操作和质量保证)都应设置相应的适当组织机构,这样就可以确保连续生产的实现。

(2) 材料供应商一方的质量保证部门根据关键特性(Key Character,KC)和关键工艺参数(Key Process Parameters,KPP)确定有关SPC的程序和要求。KC是作为要求给出的未固化和已固化的预浸渍材料性能。KPP是那些对于KC具有显著影响的工艺参数。KPP需要在鉴定之前确定,并应写入PCD中。在PCD中应该确立和写入平均值、范围、界限和取样频度。用于进行KC和KPP的SPC分析的程序也应写入PCD中。应保存关于KC的控制图。

(3) 不管非随机数据的标准看起来何时会得到满足都应该采取校正措施,但要同时保持数据处在PCD中给出的上、下控制界限之内。如果KC失去控制,则应查明变化的原因并将其消除,然后重新确定统计控制。无论校正措施是否有效,供应商的质量保证部门都应记录影响工艺和监控的所有校正措施。

(4) 可以根据KC和KPP的能力制订和记录减少测试的计划。减少测试可以体现为减少采购商的测试。减少测试在实行之前需要获得FAA和采购商的认可。如果发现KC失去控制,则必须将测试返回到最初水平,直到确保材料控制得到重新确立为止。

4.7　本章小结

　　本章对民用飞机复合材料的制造工艺和验证方法进行了概要的介绍。本章从适航标准的解读入手,接着介绍了典型的复合材料制造工艺,最后介绍了复合材料制造工艺的过程控制、验证方法和工艺规范编写规范。

　　尽管适航标准对制造工艺的直接规定仅在第 25.605 条中体现,但是其规定也是相当明确的,即制造工艺需要通过大量工艺试验进行验证,工艺试验要充分考虑工艺参数的影响(对于复合材料制造工艺,温度和压力是最关键的工艺参数)。制造工艺最终需要通过编制工艺规范固定下来,工艺规范的编写需要符合适航标准中给出的规定。

5 复合材料的等同验证

第3章和第4章分别介绍了复合材料的材料和制造工艺的适航标准和验证方法。这些原则适用于一种全新的复合材料的材料体系和制造方法,用于民用飞机设计和制造时的适航验证,其验证方法概括起来说就是基于大样本量的试验来获取复合材料的材料性能和确认制造工艺的成熟度。

在民用飞机的设计和制造实践中,经常出现出于降低成本、增加供应商选择范围、或者进一步提高性能的考虑,某一型飞机通过适航审定后希望选用替代的复合材料体系或者更改复合材料制造工艺的情况。在这些情况中,飞机的研制厂商和复合材料的供应商当然可以选择按照第3章和第4章中的原则再次进行复合材料的材料和制造工艺的适航验证。但是,这种基于大样本量的试验方法一方面会造成时间的大量消耗、另一方面还会带来高额的试验经济成本。

对于这种复合材料的替代或者制造工艺的更改,其适航验证的目的往往是确认其材料体系和制造工艺"等同于"原来的材料和制造工艺。因此,一种缩减样本量和试验项目的"等同验证"方法被提了出来。本章将重点介绍这种复合材料的等同验证方法。

5.1 AGATE、NCAMP 介绍

如前所述,到目前为止,国外复合材料在民用飞机上的应用基本上都采用申请人独立进行数据测试和鉴定的模式。在这种模式下,如果 A 材料通过了甲 TC 申请人的鉴定并在该公司航空器上得到了应用,并打算在乙 TC 申请人的型号上应用,为了满足适航审查,乙 TC 申请人必须进行同样的材料鉴定工作。这也就是为什么国外在民机上已经应用的材料,不能直接被我国大飞机直接选用的原因,从这方面讲,国外和国内材料在我国大飞机上应用所需进行的材料鉴定和结构验证工作量是完全相同的。复合材料目前尚未达到接近金属材料的标准化水平。其原因也包括复合材料领域普遍缺乏材料规范、工艺规范和基本性能的共享数据库,以及尚在不断发展的测试标准。当复合材料生产商为确保可重复生产航空器产品而确立必要的基础材料控制时,上述内容正是他们所必须面临的问题。

尽管上述这种模式可以满足适航当局对 TC 申请人进行适航审定的要求,但每个 TC 申请人都必须单独对材料进行鉴定、形成独立的不能共享的数据库和规

范,其他 TC 申请人即使使用同一种材料也必须重复材料鉴定工作,这就造成了经费的浪费和时间的耽误,这一点对波音和空客这样的大公司可能不算什么,但对于从事 FAR 23 部所涵盖的小型航空器设计和制造公司来讲,这些浪费几乎是不可接受的,因此,复合材料鉴定模式的改变首先是从 FAR 23 部涵盖的航空器领域开始的。

满足 FAR 23 部要求的复合材料鉴定、等同和数据库共享方法,从 1994 年开始在 NASA,FAA 和美国 70 家企业、学术机构和政府机构组织开展了 AGATE (advanced general aviation technology experiments)项目,目的是在满足 FAR 23,AC 20 - 107 A 和 AC 21 - 26 要求的前提下,发展一种通用的复合材料鉴定和性能等同判断方法和规则,建立共享的数据库,大幅度降低材料鉴定的成本和时间,加快通用飞机设计、发展进程和适航审定,如图 5 - 1 所示。在 2001 年 4 月 AGATE 计划结束时形成了一套完善的方法,并由 FAA 出版了 DOT/FAA/AR - 00/47(2003 年修改完善后改为 DOT/FAA/AR - 03/19)"聚合物基复合材料体系的材料鉴定和等同"的技术文件,之后 AGATE 作为这一方法和共享数据库运营者为许多材料供应商和航空器设计者提供了服务。2003 年 FAA 小飞机审定中心将"聚合物基复合材料体系的材料鉴定和等同"作为政策声明出版发表。

图 5 - 1 AGATE "共享数据库"

该方法使飞机机身制造商能够通过样品测试来鉴定复合材料系统,从而共享核心材料鉴定数据库(建立共享数据库)。致力于合作开发鉴定复合材料系统和共享核心材料鉴定数据库的富有成本效率的方法。该方法建立在 MIL - HDBK - 17 现有部分之上,并信任经 FAA 核准的由诸如材料供应商等第三方进行的材料测试。

（1）为使用经核准的复合材料系统，机身制造商仅需执行很少的子测试（即等效鉴定）来证明它们的材料控制和制造工艺是否特别适合某一具体应用。在整个开发中，FAA密切参与了AGATE计划，以确保该方法遵从适用的适航规章。使用共享数据库不仅为机身制造商提供了大幅节约成本的机遇，还为材料供应商群体提供了它们所需要的稳定性。

（2）在已经出版的两份FAA技术报告（DOT/FAA/AR-00/47和DOT/FAA/AR-03/19）中，提供了AGATE方法的技术细节。在此AGATE方法的基础上，小飞机审定中心颁布了题为"聚合物基复合材料系统的材料鉴定与等效鉴定"的政策声明。该政策声明提供了与此方法相关的程序和技术要求。自从2000年5月其草案问世以来，已经面向国内外的官方和业内观众召开过多场工作会和推介会。AGATE方法在成本与循环周期两个方面的效能有所提高同时在实现稳定复合材料的目标方面迈出了重要一步。

（3）AGATE方法通常用于开发设计数据库和满足结构复杂性较低的认证要求（即试件试验）。材料鉴定测试为关键基本材料性能的变化情况提供定量评估，结果会产生大量可用于确立材料验收、等效鉴定、质量控制和设计基础的统计数据。ATATE方法与传统方法的对比如图5-2所示。

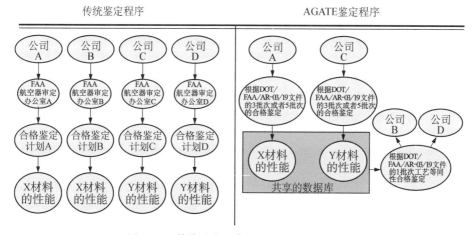

图5-2　传统鉴定程序和AGATE鉴定程序

2005年NASA的技术人员认识到AGATE的方法应该从通用航空领域推广到整个航空行业，于是建立了一个永久性机构"国家先进材料性能中心"（national center for advanced materials performance，NCAMP），与CMH-17一起来继续优化这些方法，并致力于这些方法的发展和应用，同时也成为共享数据库的运行维护者和服务提供者，如图5-3、图5-4和图5-5所示。

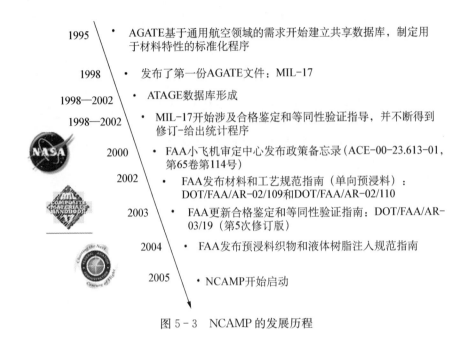

图 5-3　NCAMP 的发展历程

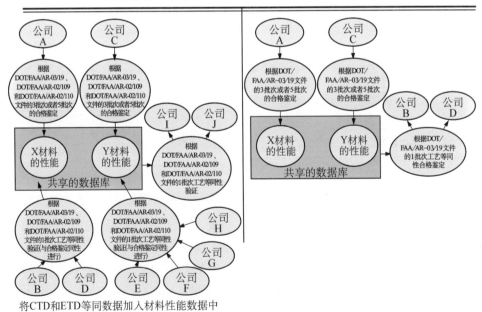

图 5-4　NCAMP 和 AGATE 比较

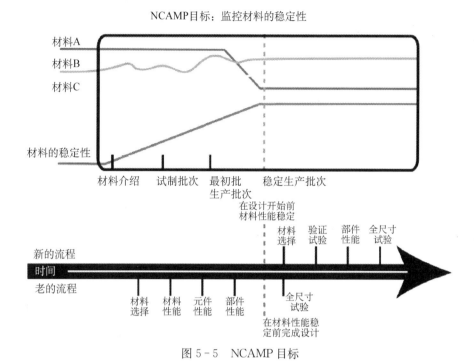

图 5 - 5　NCAMP 目标

5.2　等同认证的标准

　　为了形成共享的标准化的行业材料规范和工艺规范,FAA 还制定出版了预浸料和复合材料规范及工艺规范编制指南,这些指南包括:

　　(1) DOT/FAA/AR - 02/109——"碳纤维/环氧单项预浸料材料规范的推荐编制标准和指南"。

　　(2) DOT/FAA/AR - 02/110——"制备纤维增强聚合物基复合材料的工艺规范、指令和控制文件的编制指南"。

　　(3) DOT/FAA/AR - 06/10——"碳纤维/环氧单向预浸料的材料规范编制的推荐准则和指南"。

　　(4) DOT/FAA/AR - 06/25——"碳纤维增强液体树脂模塑材料的材料规范和工艺规范编制的初级指南和建议方法"。

　　(5) AC23 - 20——"关于聚合物基复合材料系统的材料采购和工艺规范的验收指南"。

　　(6) DOT/FAA/AR - 03/19——"用于聚合物基复合材料体系的材料鉴定和等效鉴定:更新程序"。

　　(7) MIL - HDBK - 17——"复合材料手册"。

　　(8) AC 21 - 26——"复合材料结构制造的质量控制"。

尽管目前这些方法尚未在 FAR 25 部涵盖的运输机类飞机上应用,但随着 NASA,FAA 和有关工业部门的努力,可望未来在大飞机领域得到应用,从而降低成本,加快研制与适航审定的进度。

5.3　加强取样和缩减取样的要求

鉴定所需的试样数量取决于材料系统的用途。如果设计中存在多余的加载路径,则可以采用 B-基数量来证明设计可用。如果设计中只存在一个加载路径,则必须采用 A-基数量。用于基础许用值生成的试样的数量取决于取样方法:加强取样或者缩减取样。两种取样技术对于产生 A-基和 B-基许用值同样有效,然而,加强取样通常会生成更高且更稳定的基础许用值。

DOT/FAA/AR-00/47 附录 A 和附录 B 中分别给出了关于加强和缩减取样设计许用值的推荐的板尺寸,它们适用于单向带和/或织物材料系统。建议利用这些板尺寸来产生用于各个试样的副板,和为物理和潮湿老化的调节移动件提供足够的材料。这些板尺寸也考虑到一定限制数量的额外试样,以备发生意外错误时使用。

DOT/FAA/AR-00/47 附录 A 列出了每种测试方法所需要的板尺寸,和单向带与织物材料的每一批次的材料的预期试样数。加强取样通常需要五个单独批次的预浸渍材料,每一加载条件下总共有十一个试样接受测试。

DOT/FAA/AR-00/47 附录 B 列出了每种测试方法所需要的板尺寸,和单向带与织物材料的每一次批次的材料的预期试样数。缩减取样通常需要三个单独批次的预浸渍材料,每一加载条件下总共有六个试样接受测试。

制造的每一测试用板都应具有在副板和试样制备过程中使用的可追踪的参考边。DOT/FAA/AR-00/47 附录 C 中给出了产生这些参考边的详细指南。应该保持原始板的参考边,直至生产出各个试样为止。

为将加工差异性的影响包括在鉴定数据中,生产测试板的制造过程应该由多个加工周期代表。为鉴定测试的每一加载条件、测试方法和批次而制造的板应该代表至少两个独立的加工固化周期。例如,面内剪切强度的 B-基热湿测试由三个批次的材料构成,每个批次的材料包括六次平行测定。这些测试中的平行测定应该可追溯到至少两个独立的加工周期。图 5-6 和图 5-7 描述了用于试样选择的典型方法和分别用于加强取样和缩减取样设计许用值的板制造。选择方法对于开发设计许用值所用的统计分析至关重要,并可以解释说明被鉴定的材料系统中所固有的预浸料批次和加工差异性。

5.3.1　B-基许用值的缩减取样要求

表 5-1 描述了每一环境条件所需的测试数量,以及用于缩减取样的相关测试方法(见图 5-6)。每一基体中的表示形式如 DOT/FAA/AR-00/47 第 4.5 节所述。每一环境条件的温度如 DOT/FAA/AR-00/47 第 4.3 节所述。

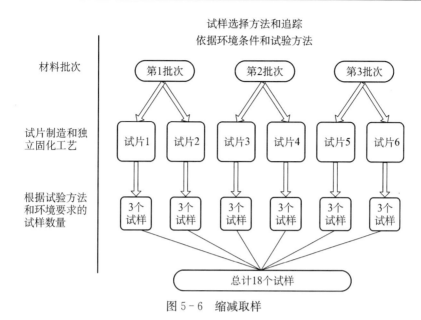

图 5-6 缩减取样

表 5-1 用于固化的薄板主要性能的缩减取样要求

图号	测试	方法参考	每一测试条件的试样数量			
			CTD①	RTD②	ETW③	ETD④
9 或 10	0°(经向)拉伸强度	ASTM D 3039	1×4	3×4	3×4	1×4
9 或 10*	0°(经向)拉伸模量、强度和泊松比	ASTM D 3039	1×2	3×2	3×2	1×2
11	90°(纬向)拉伸强度	ASTM D 3039	1×4	3×4	3×4	1×4
11*	90°(纬向)拉伸模量与强度	ASTM D 3039	1×2	3×2	3×2	1×2
12	0°(经向)压缩强度	SACMA SRM 1	1×6	3×6	3×6	1×6
13*	0°(经向)压缩模量	SACMA SRM 1	1×2	3×2	3×2	1×2
14	90°(纬向)压缩强度	SACMA SRM 1	1×6	3×6	3×6	1×6
15*	90°(纬向)压缩模量	SACMA SRM 1	1×2	3×2	3×2	1×2
16	面内剪切强度	ASTM D 5379	1×4	3×4	3×4	1×4
16*	面内剪切模量与强度	ASTM D 5379	1×2	3×2	3×2	1×2
17	短梁剪切	ASTM D 2344	—	3×6	—	—

* 测试过程中使用应变片或伸长计。

注①:只需一个批次的材料(测试温度为 −65°F±5°F,水分含量为刚制好时的水分含量 5)。

注②:需要三个批次的材料(测试温度为 70°F±10°F,水分含量为刚制好时的水分含量 5)。

注③:需要三个批次的材料(测试温度为 180°F±5°F,水分含量如 DOT/FAA/AR-00/47 中的第 3.2 节所要求)。

注④:需要三个批次的材料(测试温度为 180°F±5°F,水分含量为刚制好时的水分含量 5)。

干试样是已在环境受到控制的试验室中的周围条件下保持一段时间的如刚制好时的试样。

5.3.2　对于 A-基和 B-基许用值的加强取样要求

表 5-2 描述了每一环境条件所需的测试数量,以及用于加强取样的相关测试方法(见图 5-7)。每一基体中的表示形式如 DOT/FAA/AR-00/47 第 4.5 节所述。每一环境条件的温度如 DOT/FAA/AR-00/47 第 4.3 节所述。

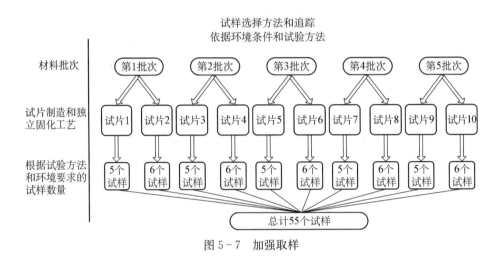

图 5-7　加强取样

表 5-2　用于固化的薄板主要性能的加强取样要求

图号	测　试	方法参考	每一测试条件的试样数量			
			CTD①	RTD②	ETW③	ETD④
9 或 10	0°(经向)拉伸强度	ASTM D 3039	1×7	5×7	5×7	1×7
9*或 10*	0°(经向)拉伸模量、强度和泊松比	ASTM D 3039	1×4	5×4	5×4	1×4
11	90°(纬向)拉伸强度	ASTM D 3039	1×7	5×7	5×7	1×7
11*	90°(纬向)拉伸模量与强度	ASTM D 3039	1×4	5×4	5×4	1×4
12	0°(经向)压缩强度	SACMA SRM 1	1×11	5×11	5×11	1×11
13*	0°(经向)压缩模量	SACMA SRM 1	1×4	5×4	5×4	1×4
14	90°(纬向)压缩强度	SACMA SRM 1	1×11	5×11	5×11	1×11
15*	90°(纬向)压缩模量	SACMA SRM 1	1×4	5×4	5×4	1×4
16	面内剪切强度	ASTM D 5379	1×7	5×7	5×7	1×7
16*	面内剪切模量与强度	ASTM D 5379	1×4	5×4	5×4	1×4
17	短梁剪切	ASTM D 2344	—	5×11	—	—

＊测试过程中使用应变片或伸长计。
注①:只需一个批次的材料(测试温度为-65°F±5°F,水分含量为刚制好时的水分含量5)。
注②:需要五个批次的材料(测试温度为70°F±10°F,水分含量为刚制好时的水分含量5)。
注③:需要五个批次的材料(测试温度为180°F±5°F,水分含量如DOT/FAA/AR-00/47中的第3.2节所要求)。
注④:需要五个批次的材料(测试温度为180°F±5°F,水分含量为刚制好时的水分含量5)。

干试样是已在环境受到控制的试验室中的周围条件下保持一段时间的、如刚制好时的试样。

5.4 等同鉴定程序

对于复合材料系统设计许用值,必须对若干批次的该材料进行表征,以确定每一材料系统的基于统计的材料性能。此鉴定方案的材料批次的定义是指以同一操作制备的一定量的均质树脂(基体树脂和固化剂),它们可以追溯到如树脂制造商所定义的各个成分批次。

为说明加工和板与板之间的差异,要鉴定的材料系统还必须能够代表如 DOT FAA AR-0047 第 3.1.3 节所述的多个加工周期。关于此鉴定方案,每一批次的预浸渍材料都必须由至少两个独立的加工/固化周期代表。为证实环境对于材料性能的影响,必须规定一些能够代表暴露的极端情况的环境条件。在此鉴定方案中,被定义为极端情况的环境如下所列:

低温干燥(CTD)——−65°F,具有"刚制备好时"的水分含量;

室温干燥(RTD)——周围的试验室条件,具有刚制备好时的水分含量;

高温干燥(CTD)——180°F,具有刚制备好时的水分含量;

高温湿润(ETW)——180°F,在 85% 的相对湿度环境下的平衡水分增重,遵照第 3.2 节。

5.4.1 未固化的预浸料的材料鉴定程序

表 5-3 描述了对于接受自材料销售商的每一批次的材料所推荐的物理测试。这些测试应该可追溯到每一参考测试。除了可以获得用于标准化材料数据的具体值之外(如 DOT FAA AR-0047 第 5.2 节所述),这些测试方法的采用还出于质量控制的目的。在来料接收检验中,一些测试必须反复执行。通常这种重复测试为飞机机身制造商提供了有关运输的检定,可确定在运输期间未发生错误。通常,应该注意,这些性能大多能够严重影响材料系统的生产性能,并且一般不会影响获得的机械性能。

表 5-3 推荐的要由材料销售商执行的物理和化学性能测试

序号	测试性能	测试方法		每一批次的平行测定数量
		ASTM	SACMA	
1	树脂含量	D 3529, C 613, D 5300, D3171	RM 23, RM 24	3
2	挥发物含量	D 3530	—	3
3	凝胶时间	D 3532	RM 19	3
4	树脂流动性	D 3531	RM 22	3
5	纤维单位面积重量	D 3776	RM 23, RM 24	3
6	IR(红外光谱)	E 1252, E 168	—	3
7	HPLC(高效液相色谱)*	—	RM 20	3
8	DSC(差示扫描量热法)	E 1356	RM 25	3

* MIL-HDBK-17-1E 的第 5.5.1 节和第 5.5.2 节描述了从预浸料中提取树脂和进行 HPLC 测试时将使用的详细程序。

上表列出的是取自 MIL - HDBK - 17 - 1E 的建议,其内容关乎能够产生每种性能的可接受的测试方法。ASTM 和 SACMA 的测试方法都得到了显示。材料销售商应该描述用于每种性能的确切的测试方法,并且这些方法必须遵照上表中所述的方法。这些化学和物理测试也提供了结合有纤维和树脂的预浸料系统的性能。应该复核材料销售商的质量控制程序,以确保质量控制程序适用于原纤维和纯树脂。材料销售商应该以书面形式向每一制造商提交这些质量程序,使其作为归飞机机身制造商所有的部分原始鉴定和部分质保文件。

5.4.2　固化的薄板主要性能的材料鉴定程序

材料批次和每一批次的平行测定的需要数量如下述所示。为便于介绍,采取以下形式代表批次和每一批次的平行测定的需要数量:

♯×♯

其中第一个♯代表批次的需求数量,第二个♯代表每一批次的平行测定的需要数量。例如,“3×6”指需要三个批次的材料和每一次批次需要六个试样,总共需要18 个测试试样。

MIL - HDBK - 17 工作组对于预浸料批次的规定的修订还在进行之中。作为暂行方法,可以采用 DOT/FAA/AR - 00/47 第 1.5 节中的对于预浸料批次的规定。需要注意,在材料鉴定程序中,不允许在任意两种预浸料批次中存在纤维或树脂批的重复。根据这一规定,在间歇运转或很长的停机时间之后生产的预浸料应该被认为是独立的预浸料批次,但是不应该将它们与先前的预浸料批次一起用在材料鉴定程序中,因为这将导致树脂和/或纤维批的重复(译注:此处所述的批(lot)指这些批次(batch)的集合)。另外,可产生独立树脂批的树脂成分批的微小改变也是不合需要的。这样规定的目的在于确保材料鉴定数据库可以准确代表总体情况和相关的材料差异性。

表 5 - 4 显示了为支持材料系统操作温度上限而需要的固化的薄板的物理性能,

表 5 - 4　固化的薄板的物理性能测试

物 理 性 能	测 试 程 序	每一批次的平行测定数量
纤维体积	ASTM D 3171[①] 或者 D 2584[②]	参考注[③]
树脂含量	ASTM D 3171[①] 或者 D 2584[②]	参考注[③]
空隙含量	ASTM D 2734[④]	参考注[③]
固化的纯树脂的密度	ASTM D 792	参考注[⑤]
玻璃化转变温度(干[⑥])	SACMA RM 18	[③]
玻璃化转变温度(湿[⑦])	SACMA RM 18	[③]

注①:用于碳或石墨材料的测试方法。
注②:用于玻璃纤维材料的测试方法。
注③:对于为鉴定制造的每一张板都应至少执行一次测试(参考附录 A 和附录 B)。
注④:测试方法也可以用于碳或石墨材料。
注⑤:关于每一批次材料的数据或者纯树脂样品应该由材料供应商提供。
注⑥:干试样是已在环境受到控制的试验室中的周围条件下保持一段时间的如刚制好时的试样。
注⑦:湿试样被潮湿老化,直至达到平衡水分增重为止,如 DOT/FAA/AR - 00/47 中的第 3.2 节所述。

以及用于统计的设计许用值生成的具体数据。通常,材料的操作温度上限应该留有一定的富余,即至少比湿玻璃化转变温度低 50℉。用于纤维分数、树脂分数和空隙分数测量的试样均取自用于鉴定的每一副板,以检验质量和确定合格生产的范围。

测试获得的性能可以用于开发材料采购用熟料规范,并可用于确定来料、接收和检验用验收限度。

5.4.3　流体敏感性的材料鉴定程序

虽然环氧基材料过去从未显示过对于除水或湿气之外的流体具有敏感性,但还是应该表征除水或湿气之外的流体对于其机械性能的影响。根据暴露情况,这些流体通常分为以下两类。第一类被认为与材料接触较长一段时间,而第二类被认为不时地被擦去(或者蒸发),其暴露时间相对较短。为评估除水或湿气之外的流体的敏感程度,表 5 - 5 显示了将在此鉴定方案中使用的下述流体。根据特定应用情况,也可能需要使用其他流体。

表 5 - 5　用于敏感性研究的流体类型

流体类型	规　格	暴露类别
喷气发动机燃料	MIL - T - 5624	较长一段时间
液压流体(三 - N - 磷酸丁酯)	试验室级	较长一段时间
溶剂(甲基乙基酮)	试验室级	不时擦去

为评估各种流体类型的影响,将使用一种对基体分解敏感的测试方法作为流体敏感性指标,并将其与室温干燥和升温干燥条件下的未暴露结果相比较。应该利用工程判断和/或统计检验来评估材料分解的程度。如果发生了显著的分解,则必须重新评价材料系统除水或湿气之外的可能的流体分解。表 5 - 6 描述了有关上表中所述流体的流体敏感性测试矩阵。

表 5 - 6　流体敏感性的材料鉴定程序

流体类型	测试方法	测试温度(℉)	暴露[1]	平行测定数量[2]
喷气发动机燃料 JP - 4	ASTM D5379[3]	180	参考注[4]	[5]
液压流体	ASTM D5379[3]	180	参考注[5]	[5]
溶剂	ASTM D5379[3]	室温	参考注[5]	[5]

注[1]:室温下在流体中浸泡(浸没)
注[2]:只需要一个批次的材料
注[3]:只有剪切强度
注[4]:暴露持续时间为 500±50 h
注[5]:暴露持续时间为 60~90 min

5.5　材料的等效性和验收测试

本节描述证明材料等效性和确立验收测试标准的方法。材料等效性程序被指定为确保"后继"材料和/或后继工艺将能产生与原始鉴定的材料性能相同的材料性能。验收测试是一种质量控制程序,其目的在于检测引入的预浸料批中是否存在大量性能差异或者不合需要的高性能或低性能。

通常,出于统计检验的目的,应该将在"原始"鉴定中标准化的性能(参考 DOT/FAA/AR‐00/47 第 5.2.2 节)与后继材料的标准化性能比较,对于单向带而言,尤其应该如此。应该指明两组数据的数据标准化方法。在标准化处理之后,如果原始数据或者后继材料性能的数据分散性显著提高,则应该调查其原因。

应该将来自原始鉴定的未标准化的性能(参考 DOT/FAA/AR‐00/47 第 5.2.2 节)与后继材料的未标准化性能比较。虽然纤维体积分数对于这些性能的影响已被观察到,但是目前仍然没有可用于准确标准化、主要由基体控制的性能的清晰模式。这种形式的错误可能会妨碍统计检验的有效性和精确性。可以通过固化的层厚、纤维体积分数和/或空隙含量的重大差异判断统计检验是否排斥这些性能,然而,对于这些差异,还应调查其产生原因。通常,必须运用工程判断确定这些未满足标准的性能的重要性,甚至可以利用这些工程判断推翻统计检验。

5.5.1 材料等效性

本文描述的用于验证材料等效性的程序仅适用于以下具体变化类型:

(1) 由同一机身制造商利用同一制造工艺在不同地点制造的同一材料。

(2) 由不同机身制造商利用与原始工艺相同的后继工艺制造的同一材料。

(3) 由同一机身制造商利用与原始工艺略有不同的后继工艺制造的同一材料。

(4) 预浸料成分(一种或多种)和/或成分制造工艺略有变化。

(5) 上述情况的组合。

上述变化受到以下限制:

(1) 所有主要预浸料成分(一种或多种)和/或成分制造工艺必须保持不变。

(2) 用于制造原始和后继材料系统的工艺规范中的所有关键步骤必须相同。用于后继材料系统的工艺规范可能不包括任何以下方面的信息,即,可能令后继材料系统的性能劣化,使其低于最初鉴定的系统的性能的信息。

(3) 后继材料系统的制造必须满足适用的 CFR 要求,其中包括但不限于:

a. § 23.603(a)和(b);

b. § 23.605(a)和(b)。

在材料等效的所有情况下,应该存在包含原始材料系统的材料性能的原始数据库。被认为是本文中未涵盖的重大改变的对于后继材料系统的改变类型包括但不限于:

(1) 纤维的改变(例如,由 AS4 纤维改变为 T300 纤维)。

(2) 树脂的改变(例如,由 3501‐6 树脂改变为 E7K8 树脂)。

(3) 机织物风格的改变(例如,由八综缎缎面编织改变为平纹编织)。

(4) 织物丝束大小的改变(例如,由 6K 丝束改变为 3K 丝束)。

(5) 预浸料的树脂含量的重大改变。

（6）胶料或耦合剂类型的改变。

被认为是微小改变的对于后继材料系统和/或工艺的具体改变类型包括但不限于：

（1）增加后继工艺的固化压力或者真空度。这包括由烘炉固化（仅真空）改变为高压釜固化。降低后继工艺的固化压力或者真空度，但这一方法通常被禁用。

（2）诸如停留时间和加热速率等固化参数。

（3）预浸料黏性。

可能还需要进一步的评价或测试，这取决于改变的程度。例如，提高预浸料黏度可能会导致挥发物含量较高。已经知道，较高的挥发物含量会导致在固化的层压板中存在较高的空隙含量，并且玻璃化转变温度较低。MIL-HDBK-17-1E 的第 2.3.4 节、第 2.3.7 节、第 2.5.3.4 节和第 8.4.3 节提供了有关这一问题的指南。虽然 MIL-HDBK-17-1E 中概述了相关指南，但是在特别情况下，还是必须利用工程判断来评估不同材料之间的相似程度或者制造工艺的改变及其重要性。

在材料供应商决定修改材料系统的情况下，即使出于改善材料性能的目的，已经同意采用该材料系统的机身制造商也可以要求执行材料等效性演习，以证明改变（一种或多种）是与各个制造商的工艺参数相容的。

成功的材料等效性证明并不意味着后继材料和/或后继工艺也将产生层压板级、零件级和子组件级的相同性能，因为特别应用的制造复杂性可能会导致性能的不同。为确定比较复杂的形状和结构是否存在任何能方面的分歧，应该在投资于工具等之前先执行一些简单的层压板切口拉伸和压缩测试。如果测试成功，通常还需对诸如零件和组件等执行进一步测试，以满足其余部分的结构证明要求。

此处所概述的材料等效性程序，其目的并非用于确定将预浸料共固化在蜂窝结构或泡沫结构上的影响，因为这一测试级别应该在层压板级进行。

MIL-HDBK-17-1E 还提供了可以执行相似的等效性评价的其他方法。应该结合加工或者板与板之间的差异性进行材料等效性测试。试样的取样和选择应该基于至少两个独立的加工或者固化周期，如图 5-8 所示。

表 5-7，表 5-8，表 5-9 列出了证明材料等效性的最低要求。表中的测试基体旨在验证材料等效的材料是否与原始材料相同，或者，如果进行了故意的改变，则用其确定改变的程度。描述了每一环境条件所需的最少测试数量，和相对于 A-基或 B-基设计许用值确定材料等效性的相关测试方法。每一环境条件的温度如 DOT/FAA/AR-

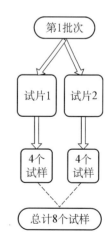

图 5-8　关于试样选择方法、根据该方法的加工追溯性和用于确定材料等效性的环境条件的一个实例

00/47 第 4.3 节所述。

表 5-7　有关物理、化学和热性能的材料等效性测试要求

测试性能	测试方法		平行测定数量
	ASTM	SACMA	
树脂含量	D 3529，C 613，D 5300	RM 23，RM 24	3
挥发物含量	D 3530	—	3
凝胶时间	D 3532	RM 19	3
树脂流动性	D 3531	RM 22	3
纤维单位面积重量	D 3776	RM 23，RM 24	3
IR(红外光谱)	E 1252、E 168	—	3
HPLC(高效液相色谱)*	—	RM 20	3
DSC(差示扫描量热法)	E 1356	RM 25	3

* MIL-HDBK-17-1E 的第 5.5.1 节和第 5.5.2 节描述了可用于从预浸料中提取树脂和进行 HPLC 测试的详细程序。

表 5-8　有关固化的薄板物理性能测试的材料等效性测试要求

物理性能	测试程序	每一固化周期的平行测定数量
固化的层厚	SACMA RM 10R-94	参考注⑧
纤维体积	ASTM D 3171[①] 或者 D 2584[②]	参考注③
树脂体积	ASTM D 3171[①] 或者 D 2584[②]	参考注③
空隙含量	ASTM D 2734[④]	参考注③
固化的纯树脂的密度	ASTM D 792	参考注⑤
玻璃化转变温度(干[⑥])	SACMA RM 18	②
玻璃化转变温度(湿[⑦])	SACMA RM 18	②

注①：用于碳或石墨材料的测试方法。
注②：用于玻璃纤维材料的测试方法。
注③：对于为材料等效性制造的每一张板都应至少执行一次测试(参考 DOT/FAA/AR-00/47 的附录 A 和附录 B)。
注④：测试方法也可以用于碳或石墨材料。
注⑤：关于每一批次材料的数据或者纯树脂样品应该由材料供应商提供。
注⑥：干试样是已在环境受到控制的试验室中的周围条件下保持一段时间的如刚制好时的试样。
注⑦：湿试样被潮湿老化，直至达到平衡水分增重为止，如 DOT/FAA/AR-00/47 中的第 3.2 节所述。
注⑧：必须对每一测试板执行。

表 5-9　有关固化的薄板主要性能的材料等效性测试要求

图号	测试	方法参考	每一测试条件的试样数量	
			RTD[①]	ETW[②]
9 或 10	0°(经向)拉伸强度	ASTM D 3039-95	4	4
9 或 10*	0°(经向)拉伸模量与强度	ASTM D 3039-95	4	4
11	90°(纬向)拉伸强度[④]	ASTM D 3039	4	4

（续表）

图号	测 试	方法参考	每一测试条件的试样数量	
			RTD[①]	ETW[②]
11[*]	90°(纬向)拉伸模量与强度[④]	ASTM D 3039	4	4
12	0°(经向)压缩强度	SACMA SRM 1	8	8
13[*]	0°(经向)压缩模量	SACMA SRM 1	4	4
14	90°(纬向)压缩强度[④]	SACMA SRM 1	8	8
15[*]	90°(纬向)压缩模量[④]	SACMA SRM 1	4	4
16	面内剪切强度	ASTM D 5379	4	4
16[*]	面内剪切模量与强度	ASTM D 5379	4	4
17	短梁剪切	ASTM D 2344	8	—

[*] 可以使用应变片或合适的伸长计
注①：只需一个批次的预浸渍材料(测试温度为 70°F±10°F，水分含量为刚制好时的水分含量 3)。
注②：只需一个批次的预浸渍材料(测试温度为 180°F±5°F，水分含量如 DOT/FAA/AR-00/47 中的第 3.2 节所要求)。
注③：干试样是已在环境受到控制的试验室中的周围条件下保持一段时间的如刚制好时的试样。
注④：当设计依赖性能时需要单向(带)材料形式。

5.5.2 验收测试

验收测试也被称作材料接收检查、来料检查或者原材料质量控制测试。其设计目的是在引来的预浸料批中检测大的差异或者不合需要的高性能或低性能。此处所描述的程序和验收标准意在作为出于质量控制目的开发材料和工艺规范的指南。材料规范和工艺规范应该根据经验修订，以反应具体材料系统和生产环境所需要的质量保证。本节提供机身制造商常用的测试方法，但可能不包括充分的质量保证所需要的每一种质量控制测试方法。关于这一问题，MIL-HDBK-17 中包含有更多信息。用于接收检查的程序不允许对材料系统或制造工艺有任何改变。材料系统和制造工艺必须与原始鉴定中所采用的材料系统和制造工艺相同，或者，如果材料等效性已经得到证明，则必须与材料等效性演习中所采用的材料系统和制造工艺相同。

验收测试要求可能因机身制造商的不同而异。表 5-10，表 5-11 所描述的所有测试都应由材料销售商和/或机身制造商执行。随着使用时间的推移以及信心的增加，可以根据与材料制造商和相应的 FAA 代表合作获得的经证明的性能，修改接收检查测试。在此情况下，具体程序必须适当保证将会检测到对于在运输过程中不利于预浸料的环境的暴露。统计工艺控制通常可以适当支持这些任务。另外，必须由 OEM 或者独立机构进行每年一次的检定，以便不单验证周期取样，还验证材料的工艺控制。这些任务通常分几个阶段进行，其中可能涉及对供应商的测试提高几个信赖级别。应该注意，此测试提供了关于 OEM 板制造和运输条件没有影响材料性能的保证，和对材料制造商的工艺受到控制的验证。

表 5 - 10　有关物理、化学和热性能的验收测试矩阵(仅用于推荐)

测试性能	测试方法		平行测定数量
	ASTM	SACMA	
树脂含量	D 3529, C 613, D 5300, D 3171	RM 23, RM 24	3
挥发物含量	D 3530	—	3
凝胶时间	D 3532	RM 19	3
树脂流动性	D 3531	RM 22	3
纤维单位面积重量	D 3776	RM 23, RM 24	3
IR(红外光谱)	E 1252、E 168	—	3
HPLC(高效液相色谱)*	—	RM 20	3
DSC(差示扫描量热法)	E 1356	RM 25	3

* MIL - HDBK - 17 - 1E 的第 5.5.1 节和第 5.5.2 节描述了可用于从预浸料中提取树脂和进行 HPLC 测试的详细程序。

表 5 - 11　有关固化的薄板物理性能的验收测试矩阵(仅用于推荐)

物理性能	测试程序	平行测定数量
固化的层厚	SACMA RM 10R	参考注②和注③
玻璃化转变温度(干①)	SACMA RM 18	①

注①:干试样是已在环境受到控制的试验室中的周围条件下保持一段时间的如刚制好时的试样。
注②:必须对每一测试板执行。
注③:测量表面的类型应该与原始材料鉴定中所用的相同,或者应该考虑到因测量表面而引入的差异量。

表 5 - 12　有关固化的薄板性能的验收测试(仅用于推荐)

图号	测　试	方法参考	试样数量	
			RTD①②	ETD①②
9 或 10	0°(经向)拉伸强度	ASTM D 3039	0～2	—
9 或 10*	0°(经向)拉伸模量与强度	ASTM D 3039	3	—
11	90°(纬向)拉伸强度	ASTM D 3039	0～2	—
11*	90°(纬向)拉伸模量与强度③	ASTM D 3039	3	—
12	0°(经向)压缩强度	SACMA SRM 1	—	3～5
13*	0°(经向)压缩模量	SACMA SRM 1	3	—
14	90°(纬向)压缩强度③	SACMA SRM 1	—	3～5
15*	90°(纬向)压缩模量③	SACMA SRM 1	3	—
17	短梁剪切	ASTM D 2344	3～5	—

* 可以使用应变片或合适的伸长计。
注①:只需一批材料(测试温度=70°F±10°F,水分含量=刚制好时的水分含量 2)。
注②:干试样是已在环境受到控制的试验室中的周围条件下保持一段时间的如刚制好时的试样。
注③:当设计依赖这些性能时需要单向(带)材料形式。

对于验收测试,不需要结合加工周期或者板与板之间的差异性。表 5-12 中用于测试矩阵的所有测试板都应在一个固化周期内处理。材料规范和工艺规范通常规定有视觉缺陷的可接受水平;然而,在将其结合到验收测试中时它们将失效,因为出于质量保证的目的而铺开每卷预浸料是不切实际的。此检查方法通常被交给管理预浸料切割和叠层的人员来执行。这些人员必须经过培训,熟练掌握预浸料视觉检查技术。表 5-13 列出了一些常见的缺陷类型及其对应的可接受水平。

表 5-13 预浸料视觉缺陷及其可接受水平(只用于推荐)

缺陷	定 义	可接受水平
纤维排列	以织边为参考,经向和纬向纤维偏离直线。这种形式的缺陷通常只会在织物形式中表现出来,因为单向形式的纤维排列难以确定。	小于 0.25 in 英寸/纵 ft
纤维断裂	断裂、损坏或者不连续的纤维	对于单向形式,小于 0.1 in 宽/ft² 面积。 对于织物形式,小于 1 根丝/ft² 面积。
夹杂物	外物/颗粒	不允许具有夹杂物
起球	结合到预浸料中的松散的长丝团或球。预浸料制造过程中长丝磨损或断裂时发生的起球。	在任 1 ft² 面积内小于 1 in²。任何起球厚度应该小于预浸料厚度的 50%。
缺乏对于底片的黏合性	预浸料与底片/隔离膜之间分离。这可能是缺乏胶黏性的迹象,缺乏胶黏性会在切割和叠层处理中引发问题。	要由 M&P 工程和生产人员确定。
起皱	在底片上的层起皱	不允许

测试频率应该是接收的预浸料卷数的函数。表 5-14 显示了一些典型的作为预浸料卷数函数的测试频率。随着使用时间的推移和信心的增加,可以降低测试频率。然而,其余的测试必须充分确保材料将能够满足或超出工程要求。

表 5-14 验收测试的测试要求

接收的卷数	测 试 频 率
1~10	对随机选择的一卷进行 1 次
11~30	对第一卷和最后一卷进行 2 次
31~60	对第一卷、最后一卷和随机选择的卷进行 3 次
61~90	对第一卷、最后一卷和随机选择的卷进行 4 次
大于或等于 90	每增加 40 卷则对第一卷、最后一卷和随机选择的卷进行一次额外的测试

5.6　本章小结

　　本章在第 3 章和第 4 章介绍复合材料的材料和制造工艺的适航标准和验证方法的基础上,提出针对复合材料的替代或者制造工艺的更改的适航验证方法。概括起来,针对全新的复合材料的材料体系和制造方法,其适航验证方法是基于大样本量的试验来获取复合材料的材料性能和确认制造工艺的成熟度;而针对复合材料的替代或者制造工艺的更改,等同验证方法仍然是基于试验的统计方法来获取材料性能和确认制造工艺的成熟度,但是其样本量和试验项目则根据研究成果和应用经验有所缩减,并且在诸多指导材料中予以标准化。

　　对于我国民用飞机在复合材料应用上、特别是在主承力结构上应用复合材料上刚刚起步的现状,在使用第 3 章和第 4 章介绍的大样本量试验的适航验证方法或者本章介绍的缩减样本量和试验项目的适航验证方法时,应当注意以下方面:

　　(1) 在建立复合材料性能数据库的过程中,应当发挥我国在复合材料民用飞机应用上的"后发"优势,避免图 5-2 左侧的传统流程,在一开始就规划共享数据库的建设工作。当然,建立共享数据库有赖于在材料性能的试验中采用与国际接轨的标准化方法,保证数据的有效性。

　　(2) 在首次应用复合材料时应当将积累经验、保证材料性能稳定、确保结构安全放在更高的优先级,按照大样本量试验的验证方法获取更多的数据;对待"等同"验证方法应当更加谨慎。因为,毕竟这种缩减样本量和试验项目的方法是在航空发达国家民用飞机研制厂商和材料供应商有大量应用经验和数据积累的基础上制定的。国内的民用飞机和材料厂商应当正视这种技术的差距。

6 材料供应商的质量监控与 复合材料的质量控制

按照第 5 章图 5 - 5 的流程,无论是新的流程还是老的流程,在确定了所选的材料、根据统计算法由试验获得了材料的性能数据并且制造工艺通过试验验证证明稳定之后,就要开始复合材料结构的元件级、部件级和全尺寸的设计工作了。但是,在此之前,还需要回答一个问题,即如何保证材料供应商能够持续不断地供应达到验证时确定的材料性能的复合材料以及如何保证复合材料结构的生产厂家能够持续不断地按照确定的工艺规范制造出合格的复合材料结构?

本章将涉及材料供应商的质量监控与复合材料的质量控制的相关内容。尽管质量控制的很多内容更多与生产许可审定相关,这通常被认为是在型号合格审定之后的工作,但是复合材料的材料供应商的质量监控与复合材料结构制造的质量控制会影响复合材料结构适航验证中需要用到的元件级、部件级和全尺寸试样是否具有典型代表性。只有确认这种代表性,才能通过有限的、对元件级、部件级和全尺寸试样的适航验证来证明未来批生产的复合材料结构具有稳定的安全性。

6.1 对供应商质量的监控

制造商要生产出高质量的民机产品,除有严格的工艺和可靠的检验手段之外首先必须使用质量可靠的材料。在美国,适航管理机构并不直接进行批准材料供应商的工作,但把材料供应商看作是航空制造商生产设施的扩大,由制造商来监控供应商的产品质量。广义地说,主承包商必须负责保证所有子承包商及供应商的供应和服务都符合他自己的合同要求,因此,主承包商应将这些要求的相应部分衍生用到子承包商和供应商的订货文件中,不论是民机还是重要的军机产品,都应按供应商质量保证大纲要求来实现主承包商和供应商之间的保证关系,应实行一种颁布"合格产品目录"(qpl)的制度来记录优质产品。但一个产品在 qpl 上的结论,仅仅表明厂商在某一段时间内生产出了满足技术条件的产品,并不意味着这个厂商可以永远解脱他对产品质量的责任。因此,厂商必须始终保持一个有效的质量保证体系,适航管理条例规定,航空制造商在为通过生产许可审定而提供的资料中,必须包括对原材料、外购项目和供应商生产零部件的检验程序说明,国外制造商也对供应商产品进行一些检验和试验,但不可能扩展到供应商所做的全部项目,而主要依靠监控供应商的质量保证系统。因此在适航管理中,材料供应商的质量保证系统被认为是航空制造商质量保证系统的延伸。

在美国通常按重要性将采购分为三类,Ⅰ类采购,指产品为复杂的或属于关键性用途的;Ⅱ类采购,指产品可由承包商决定验收问题的;Ⅲ类采购,为无严格质量要求的。主承包商应首先建立和制订一个与行政管理和技术要求都协调一致的质量保证大纲,实行大纲管理,应该减少复核检验,而扩大抽样检验。在选择供应商之前,应先确定预期供应商的能力,然后要对预期供应商进行预判质量考察。这种考察是非常细致的,包括设备能力、计划管理、性能分析、经验和检验等十几项。在确定供应商之后,还要根据其产品质量情况和趋势,按一定的"供应商等级体系"划分等级,这种等级可以定期修正。对于已有采购关系的供应商,除经常进行复核检验或试验外,还要进行定期考核,以确定其是否需要重新考察和审核。这种定期考察和评价,可以鉴定供应商控制质量的有效性和整体性。时间间隔取决于产品的复杂性和订货的数量。必要时要进行重新考察和审核,以确定供应商是否具备继续控制质量的能力。主承包商为了负起责任,必要时应向供应商工厂派驻质量控制人员,材料或产品不合格,文件、报告不规范等,统称为"不符合性"。出现不符合性时,应按规定采取必要的措施加以补救。

国外制造商对材料供应商的质量监控范围很宽。用于民机的材料供应商之工厂体系、资料、设备、人员和供应项目等,都必须经过适航管理机构和持有生产许可证的航空制造商评价和检查,最低限度的控制方法是对原始资料的监控,负责审查的单位,应在质量保证大纲中明确规定。采购文件的审查项目很多,包括材料标准及说明书、制造工艺要求及说明书、设备控制、无损检验、可靠性和可维修性、保管和包装、原材料贮存和发放、货源、运输、工夹量具及试验仪器的控制、试验报告等文件、不合格品的处理等很多项。如有驻厂质量控制代表,其关注的重点是逐件或抽样检验、加工工艺控制、检验和试验的控制、质量保证大纲,不合格品的处理、记录文件等。至于对每个具体项目每项中又分小项,如特种工艺就有很多种的考察内容和标准,每个航空制造商都有根据自己经验制订的一套详细规定,不会完全相同。

6.2 复合材料的质量控制

为了保证以前表征过的材料体系具有持续的完整性,需要进行质量验收试验。所进行的试验必须能表征每一批量/批次的材料,从而可以对材料体系的关键性能做出正确评定。这些关键性能对材料体系的材料性能、制造能力和使用提供完整性的有关资料。另外,所涉及的试验矩阵必须能经济与迅速地评估材料体系。

生产环境下的质量控制,涉及复合材料从预浸料生产到部件制造所有各阶段中的检验和试验。必须由材料供应方对纤维与树脂(作为单独材料)以及复合材料预浸料进行试验。预浸料的用户必须进行验收检验和再确认试验、生产过程控制试验和对制成部件的无损检验试验。

1) 质量控制系统

为复合材料制造确立的质量控制系统(QC 系统)应该基本类似于为满足 FAR 21 部要求而已经确立的任何其他的 QC 系统。例如,此 QC 系统应该包括能够确保下述方面的程序:来料的质量、制造方法过程的控制以及为评价最终产品是否符合设计要求而进行的测试。此 QC 系统还应该包括适用于下述方面的标准:破坏性测试和非破坏性测试、制造过程中的视觉检验技术和产品最终的验收。用于确定制造引发的缺陷和损伤是否合格的标准应该考虑加工和检验的能力。这些标准应该基于经核准的数据而制定,所述经核准的数据作为按照参考材料 AC 20 - 107 和适用的 FAR 适航性标准进行结构评价的试验结果而获得。本咨询通告关注 QC 系统的这些领域,它们可能需要进一步扩展,将复合材料制造包括进来。

2) 材料规范和工艺规范

在生产中,不同于采用金属材料的零部件,复合材料结构的材料性能会融入结构制造当中,成为制造工艺的一部分。因此,用于生产复合材料结构的材料规范和工艺规范必须包括充分的信息,以确保制造过程中的关键参数能得到鉴定,从而促进生产和最终检验。典型的材料规范和工艺规范应该包括以下信息:

(1) 基本的纤维性能、基体性能和固化成分性能、需要的测试(包括种类和数量)和测试频度。

(2) 制造过程中的条件和要求,包括制造方法、具体工具、环境条件、固化周期中的重要参数、每一操作的检验标准和整个过程中的保存和处理条件。

3) 原材料的质量控制

对于为获得型号设计审核而提交的所有设计图,FAA 要求其包括充分的有关材料规范的信息和参考资料或者可以明确鉴定确保生产类似制品所必需的材料和工艺的其他同类数据。当复合材料结构的材料按照专利方法生产或者所述材料的组成是专利时,生产许可持有者或申请人可能不愿将这些专利数据包括在提交给 FAA 的型号设计中。在此情形下,申请的型号设计图应该参考包括这一专利信息的规范,以便能够完整地跟踪材料组成。然后,在 FAA 和要保护产品专利性质的生产许可持有者或申请人的共同安排下,将这些规范呈交 FAA 以供审阅和核准。根据 FAR 第 21.33 节和第 21.157 节(检验和测试)的要求,FAA 被授予了在接到申请后审阅此类数据的权力。

下面是关于 QC 程序、化学表征、测试技术和采购材料的供应商控制的建议:

(1) 生产许可持有者或申请人应该具有来料验收方案,利用该方案确保采购的复合材料一致符合经核准的型号设计中说明的规范。显示实际测试结果的供应商试验室测试报告副本应与待审阅与核准的每批材料同时提交;但是,不应认为单独一份材料供应商的测试报告就能证明材料满足所有规范要求的充分文件。应该逐批抽取这些材料的样品并测试其是否具有符合工程和制造要求的物理、化学、机械和加工性能,以验证供应商的试验室报告的准确性。样品测试可以由生产许可持有者或申请人在其自有生产设备上完成,也可以遵照生产许可持有者或申请人的QC系统,在经核准可进行这种测试的独立试验室中完成。如果生产许可持有者对于特定来源的产品质量极具信心,那么可以减少这种测试。

(2) 树脂基体系统:生产许可持有者或申请人应该要求对基体材料进行化学表征测试。典型的材料规范会对单位材料中反应性官能团的量设定上限和下限,还会设定诸如黏度、颜色和水分含量等其他设计要求。表征测试应该鉴定和测量树脂系统的各种成分的量,这些成分例如是基本的环氧化合物、固化剂、促进剂、硬化剂等,还应鉴定和测量因树脂混合、保存、纤维浸渍等导致反应的成分。

(3) 建议进行下述测试,并将获得的记录与材料规范中所指定的标准比较,所述测试例如是用于化学表征的高性能液相色谱(HPLC)、傅里叶变换红外光谱(FTIS)和凝胶渗透表征(GPC),用于热分析和黏度/流体/黏性/凝胶特性的差示扫描量热法(DSC)和动态流变分析,或者它们的等效测试等。经验表明,测试某一特定样品的一种方法可能会产生与规范范围内合格样品相似的“指纹”,而当使用另一种方法测试时该样品可能不合格。因此,很可能需要采用一种以上类型的表征测试,因为通过一种测试方法可能无法量化影响给定复合材料的性能的所有化学成分。有鉴于此,生产许可持有者或申请人的材料规范必须详细说明可接受的测试技术的组合,并给出充分证实材料的符合性和加工能力的测试结果。化学表征用技术虽非全部但却极大程度地取决于树脂配方。因此,每种材料所采用的测试方法应该根据该方法检测配方偏差的敏感程度来确定。

(4) 增强纤维:生产许可持有者或申请人应该配合其材料供应商,确立控制诸如粗纱、丝束和机织物等纤维来料的质量的程序。机械性能测试是纤维表征的主要方法。由于拉伸强度和模量是复合材料力学响应变化的敏感指标,因此该方法也用于定性或筛选连续长丝。另外,还应制订控制纤维表面处理质量和胶料质量等的方法。

(5) 预浸渍材料(预浸料):在将预浸料坯、织物或粗纱作为复合材料结构的主要材料的应用中,需要测试适用的预浸料材料规范中所规定的纤维和基体的主要化学、物理和机械性能。可以利用树脂和纤维的前述质量控制程序控制预浸料的来料质量。如果适用,应该对取自要用于生产的预浸料材料的树脂进行化学表征。

(6) 胶黏剂:为结构胶黏剂推荐的QC程序与为树脂基体系统推荐的QC程序相似;即,应该为每一来料批次都符合材料规范中所指定的化学、物理和机械性能提供保障。

4) 制造质量控制

合格、可靠的复合材料结构的制造取决于制造周期中所采用的过程控制的类型。如果所有相关工艺参数得到了充分的控制,那么就会为生产合格的零部件和结构提供额外的保障。因此,质量控制应该制定满足下述条件的计划并贯彻执行:①影响材料完整性和加工能力的参数在受控条件下操作;②各物品、炉次或批次均符合指定的质量标准。为确保QC目标得到满足,工艺程序应该明确规定具体材料、工具、设备、固化周期参数、质量标准、操作者资质、保存和处理要求、跟踪性记录和任何其他特别要求。

（1）制造商 QC 系统中的制造工艺控制应包括下列方面：

a. 生产许可持有者或申请人应该为规定产品配置、材料选择、工具和装置设备、校准、制造操作顺序、重要过程参数和加工精度，以及符合质量标准的操作制定集质量和生产于一体的控制方法。

b. 如果需要，应该制订和控制复合材料零部件和结构生产的环境参数（温度、湿度、化学污染）；特别是有关切割、叠层和结合区域的环境参数。

（a）除非采用的材料系统中另有说明，否则所述区域的温度和湿度应该是受控的，满足最低温度为 65℉，同时相对湿度不高于 63%，并且最高温度为 75℉，同时相对湿度不高于 46%。在上述最低和最高可接受值之间的温度值和相对湿度值应该具有直线关系。应该确立用于验证和记录温度和湿度条件的 QC 方法，以确保环境稳定性。

（b）环境控制区域的污染限制应该禁止使用喷雾器、禁止暴露于灰尘、禁止处理污染、烟雾、油蒸气和禁止可能对制造过程产生不利影响的其他颗粒或化学物质的存在，例如应该禁止使用含有未固化的硅的脱模剂或材料。此外，还应规定操作者可以处理材料的条件。

（c）叠层和清理室的空气过滤和压力系统应该能够提供轻微的正超压。

c. 如果合适，生产许可持有者或申请人应该制订培训和/或评价操作者资格的方案。这一方案应该根据生产标准衡量操作者的表现并根据需要再次评价其资格。

d. 在开始生产之前，应该通过下述方面的验证，即，材料、工具、设备、程序和构成工艺的其他控制因素的组合是否将会生产出具有符合设计要求的一致的材料性能的零部件，来鉴定制造过程是否合格。作为工艺鉴定的一部分，应该使用适当工具对试样进行的破坏性检验和/或非破坏性检验（NDI），以确定是否符合指定的设计需要。试样的破坏性测试验证是否符合指定的物理和机械性能。试样的非破坏性检验验证因制造程序而造成的偏差是否位于可接受的范围内。

e. 制造过程一旦确立，除非已进行了相似性研究和必要的区别测试，否则不应进行改动。另外，当对工艺进行任何重大改变（例如材料来源、固化周期、设备控制，或者高压釜装填模式和工具设置改变）时，应该根据需要重新审核和鉴定工艺。应该根据需要通过检验和测试来证明加工能力是否符合设计要求。

f. 在零部件生产过程中，为了控制混合树脂时胶黏剂和基体的配方，应该利用文件化的程序，所述程序应该覆盖对所需成分的鉴定、各成分的量和混合方法与技术。对于每种树脂混合物应该进行测试以确保其符合规范要求，还应包括化学测试所需的取样方法。在这些程序下执行的混合方法应该确保遵循加入与混合技术，实现适当的化学反应，防止混合物曝气，并且适当清理混合装置。

g. 在最初的工艺鉴定之后，应该继续以适当的频度进行检验是否符合要求的测试（工艺控制板等），以确保制造工艺、材料和相关工具据悉能够继续在可控状态下操作，并且生产合格零部件。

h. 对于合格或不合格的固化结构,应该使用 NDI 装置和程序评价制造和组装操作导致的指定材料缺陷。用于检验的 NDI 技术应该能够敏感地检测零件最大允许偏差类型和偏差尺寸。

i. QC 所采用的规范应该详细说明每种偏差的允许界限,所述偏差例如为:胶黏剂孔隙、多孔、脱层、芯材受损、芯材节点连接分离、封装裂纹、芯材过短或者胶黏剂不足等。

(2) 零部件制造的质量控制(层压板和湿式叠层、长丝缠绕和挤拉成型):

a. 层压板叠层。

(a) 应该确立在叠层操作过程中确保正确方向、堆叠和板层重叠的标准和方法。控制带头运动和工作台运动、带进给和带堆叠的方案应该通过 QC 核准。应该为诸如带方向、间隙和重叠等过程变量确立标准。

(b) 对于自动和手动叠层方法,应该明确影响经固化的层压板质量的过程变量的控制因素:例如树脂含量、板层压实力度、层压板密度、孔隙率等,它们受压实、预吸胶和装填操作的影响。

b. 湿式叠层。

(a) 应该确立能够在湿式叠层操作中确保正确进行材料选择、定向和堆叠或者板层重叠的程序。

(b) 应该确立控制诸如树脂含量、曝气和气囊等过程变量的程序。

c. 长丝缠绕。

(a) 应该根据与其他预浸料材料相似的程序保存和处理干法缠绕用预浸渍长丝,以确保能够保持材料的原始性能,其中需要特别注意的是材料流和方向,以便确保后续缠绕操作的正确黏合。

(b) 应该确立确保树脂系统工作寿命超过预期缠绕时间和确保在缠绕完成之前不会发生胶凝的程序。

(c) 应该确立控制诸如进料速率、喂料杆和心轴运动、心轴凸轮回转角度、每一装置的电路数、完全覆盖所需的电路总数、每一层的板层数、缠绕角、纤维张力和排列、带宽和纤维/树脂比等机器主导参数的标准和方法。

(d) 应该确立控制操作过程中的诸如树脂黏度、纤维湿度、纤维张力、纤维带宽和排列、内部气泡、压缩度和纤维损伤等缠绕过程变量的程序。

d. 挤拉成型。

(a) 应该确立控制挤拉成型启动、平稳运行和关闭操作(其中包括对启动和关闭操作期间生产的材料的处置)的程序。

(b) 工艺程序应该规定决定产品质量的重要工艺参数的范围,所述参数例如是速度、具体操作条件下的模具温度情况和树脂系统、固定带绳的铅锤、树脂温度、模具进料温度、预成型操作的材料方向和材料张力等。

(3) 组件组装的质量控制

a．夹层结构。

（a）应该检查芯材是否有单元损伤、压碎和是否具有正确的长度和厚度，还应该适当清理芯材，防止污染。

（b）应该检查固化的层压板尺寸是否相符。在进行后续组装和黏合操作之前，应该适当清理接合表面，使其避免污染。

（c）应该正确保护和保存用于后续共固化操作的未固化层压板，以防止污染，并阻止其发生化学变化。

（d）应该确立控制组装工艺的关键参数的程序，这些工艺会影响最终产品的整体性和一致性，所述参数例如是：黏合层厚度、黏合层压力和温度分布，和当在固化周期内树脂或胶黏剂处于液态时零部件在工具组装中的"偏移"（装填和加工要求）。

（e）应该针对加载有夹层结构试样的每一高压釜或烘箱评价夹层结构工艺的表现。试样应该由专门制造的板材制成，所述板材利用与试样所代表的产品零部件相同的生产方法、环境工作条件和固化周期由相同的材料制成。当制造和组装时需要共固化层压板时，还应为试样准备固体层压板工艺控制板。如果产品零部件的切料或切块能够代表产品零部件的结构，也可以使用它们作为试样。

b．固化工艺。

（a）应该开发控制关键工艺参数，即树脂化学反应和板层合并的程序，以实现制造一致性并获得合格的零部件，所述零部件压实均匀，气孔在允许范围内，并且具有适当的纤维含量。

（b）应该明确将用于装填未固化的层压板或夹层结构的装置和材料的程序。这样做会确保在固化周期内对树脂流体、挥发性成分和板层压实的正确控制，因为这些材料（例如外层）可能会改变结构的性能。

（c）应该规定固化周期（和后固化周期）中各个变量（时间、温度、压力）之间的关系，这些变量会控制收缩、压实和固化反应。这些控制因素应该包括固化周期中变量的可接受范围，和当超出这些范围时应该采取的措施；例如，向 QC（MRB）提交固化的零部件，由它们进行评价和处置。

（d）应该确立确保以下内容的程序：当在高压釜或烘箱中加载多个具有不同结构、材料、装填结构和加工变热特性的未固化零部件时，每一零部件都应得到正确固化。

（e）在程序中应该描述在高压釜／烘箱固化过程中当发生加热、冷却、真空或加压中断时应该采取的措施；例如提交给 QC（MRB），由其处置。

（f）应该针对加载有代表复合材料结构的试样的每一高压釜或烘箱评价固化工艺的表现。试样应该利用与试样所代表的产品零部件相同的生产方法、环境工作条件和固化周期由相同的材料制成。如果产品零部件的切料或切块能够代表产品零部件的结构，也可以使用它们作为试样。如果适用，也可以是采用经验证的直接固化监控技术。

c．二次黏合。

（a）在针对要黏合在一起的表面的清理程序中，应该指明要在接合表面上使用的化学物质和磨料。在制造场合应该提供确认表面经适当清理的标准和保护清洁的表面免受污染的方法(包括外层)。

(b) 质量控制标准应该明确在固化周期中沿黏合层应用的胶黏剂黏合层厚度和压力。

(c) 工具防护程序应该证明加工能力能够维护正确的黏合层厚度、在黏合层上相等的压力分布和胶黏剂得到适当固化。

(d) 在涂布胶黏剂之前,应该先利用工具预组装和检查产品零部件,以确定将会获得的黏合层厚度和黏合层上的压力分布都在设计范围之内。需要填充黏合间隙的垫片只能按照经核准的 QC 程序使用。

(e) 涂布胶黏剂膜的方法应该排除诸如因内部气泡、搭接和相邻膜之间的间隙形成的空隙等缺陷的形成。

(f) 胶黏剂(例如膏剂)涂布标准应该要求完全而均匀地涂布胶黏剂,使表面湿润,并且除掉胶黏剂中的空气。

(g) 应该记载高温固化胶黏剂的控制因素,其中应该包括加热和冷却速率、固化时间和温度、真空和压力参数。

(h) 胶黏剂室温固化的控制因素应该指明:

ⓐ 混合胶黏剂与配合、夹紧零部件或利用工具将零部件组装成最终结构之间的最短时间和最长时间。

ⓑ 特定温度下的最短时间用于获得后续处理所需的足够的处理强度和实现完全固化所需的条件(时间和温度)。

(i) 黏合结构可于其下进行后续固化操作的条件应该指明:

ⓐ 最高允许温度。

ⓑ 后续固化周期最高次数。

ⓒ 防止在后续固化温度接近以前的固化温度时结构的黏合层分离、起泡、脱层等的程序。

ⓓ 其他成型方法。对于诸如树脂注射、压缩和传递模塑等技术,其规范中应详细说明决定产品质量的所有关键处理参数的范围。这些参数例如是树脂混合、进料速率和温度、模具温度和负压或真空。另外,成型工艺规范还应指明自动操作的时间和顺序。这些关键参数应该在工艺规范中详细说明,并且在相关操作说明中指出。

5) 最终检验的质量控制

(1) 最终验收程序和质量控制标准应该为完工的结构满足其功能和设计要求提供额外的保证。

(2) 最终验收记录应该提供证明,说明专门为确保复合材料结构而设计的以下重要的生产和 QC 活动已经得到执行:

a. 来料验收。

b. 过程制造控制和组装控制。

　　c. 工具和装置设施维护。

　　d. 检验和试验室测试设备的校准。

　　e. 详细综合的功能特性的检查验收。

　　f. 非破坏性检查验收。

　　g. 结构控制。

　　h. 材料审查委员会的处置。

　　(3) 非破坏性检验(NDI)。有几种 NDI 技术可用于检测复合材料结构差异;但是,最常用的技术是光学、音频声波(用硬币敲击)、射线照相、超声波和机械阻抗测试。

　　a. 光学。视觉检测在 NDI 方法中采用最广。通常可以被观察到的差异包括:变色(由于过热)、杂质、细裂纹、裂缝、划痕、水泡、凹痕、桔皮、蚀损斑、气泡、多孔、树脂富含或贫瘠区域和表面褶皱。反射光用于观察表面不规则情况和其他缺陷,而透射光(假定两个表面都能达到并且材料是半透明的)则有助于揭露试样中的差异。

　　b. 音频声波。声波测试利用可听范围的频率(大约 $10 \sim 20\,Hz$)。"硬币敲击"是用于检测脱层的常用技术。可以使用硬币或任何其他合适的物体敲击任何区域。采用这一技术时,清脆、尖锐的鸣响代表黏合良好的坚实结构,而浊音或沉闷的声响则代表脱层。可获得能够产生一致的敲击速率和敲击力的自动声波设备时,也可以为这一测试采用此设备。

　　c. 射线照相。射线照相通常在复合材料制造中用于检测黏合层缺陷。另外,射线照相也可以用于检验是否存在杂质、胶黏剂孔隙、内部零部件位置、蜂窝状芯缺陷、错置或错钻的孔、较差的配合、较厚的黏合、纤维不连续、较差的胶带叠层,或者缺乏胶黏剂带。如果使用的是碳/环氧、玻璃/环氧和芳族聚酰胺(kevlar)/环氧,则分辨差异较低,缺陷检测会因与膜的对比度较低而变困难。射线照相通常穿过产品的厚度来检测异常情况。

　　d. 超声波。在此技术中,利用声波能量的衰减进行探伤检测。可用的超声波技术方法有两种:通过透射的方法和脉冲回波方法。常用的记录和显示的方法有三种:A -扫描、B -扫描和 C -扫描。A -扫描是针对检验部分具体点的振幅相对于时间的显示。这种方法通常用于接触式回波法。B -扫描显示测试部分的长横截面图像,并揭露发现的差异。C -扫描显示平面图效果,所述平面图通常在沿打印杠卷起的纸张上显示。C -扫描不提供缺陷深度或方向的信息;然而,它们能够检测 0.01 平方英寸级的缺陷。超声波技术通常用于检测缺陷多孔性、薄层内含物、脱层和结合件孔缺陷。超声波法的缺点在于,由于空隙和轻微脱层这两种缺陷的衰减特性相似,因而该方法不能对其进行区分。

　　e. 机械阻抗。机械阻抗这类方法都是通过测量对于应变激励的结构性响应检测脱层或脱黏区域的方法。其敏感性随结构柔度或差异深度的增加而降低。

　　(4) 控制非破坏性检验的技术。为使非破坏性检验技术有效、可重复并且可靠,需要明确一些控制因素。这些控制因素应该由生产许可持有者或申请人核准。

推荐的控制因素如下：

a. 经 QC 核准的要采用的 NDI 规范和程序。

b. 定期考核执行检验技术的人员的资格。其中通常包括常规考核和对已知缺陷的标准的检验。

c. 过程和最终检验人员所采用的现实的验收标准的确立。

d. 检验技术中使用的装置的校准，包括可能用到的任何有关已知缺陷的 QC 标准。应该以指定时间间隔，为这类装置的定期再验证提供校准系统。

e. 验证 NDI 方案有效性的内部审核方案。

6）材料保存和处理中的质量控制

（1）未固化的材料的保存。由于复合材料结构由聚合材料（树脂、预浸料、胶黏剂）制成，因此应该制订确保这些材料在制造场所使用时合格的程序。

a. 材料供应商应该伴随每一次运输提供文件，指明所购材料以前的保存和运输条件，即，温度和湿度条件和冷藏、未冷藏的累积时间。

b. 应该在受控的环境条件下保存材料，并对其实施监控，使其符合规范要求。应该保存所有保存的材料的历史记录，即，应该定期记录保存条件和保存和未保存的累积时间等。

c. 材料通常存储在塑料袋或塑料容器中，以防止当其从冷冻装置中取出并在室温下变热时，水汽凝结在较冷的材料上，并流入聚合物中。从材料从冷冻装置中取出到材料袋或容器可以打开之间的时间间隔通常根据试验确定。当确定此时间间隔时，必须考虑诸如材料轧辊、堆叠高度厚度或者材料类型（例如宽幅带状）等物理特性。因此，生产许可持有者或申请人应该明确将材料从其冷冻装置中取出至使用之间的最短时间间隔，以防止在材料温度尚未稳定之前过早地将材料从保存袋或容器中取出。

（2）经固化的零部件的处理。复合材料和结构需要具有防止它们在生产和保存过程中损坏的具体处理程序。因此，应该确立并遵循处理和保存复合材料和结构的程序。这些程序应该是制造中 QC 系统的组成部分，并且应该为接收检查、材料保存、材料处理、制造过程、固化周期、最终验收和最终产品保存过程提供保护。

6.3　新材料或工艺过程的取证

合格取证的评定从试样试验，到元件、构件、部件和最后到飞机，一般显示出费用的逐步上升。这个进程称为取证的"积木块"方法。重要的是在取证工作的初期要进行初始的计划工作，以调整和协调多个来源、产品形式和工艺过程。通过结合试验项目的左右或上下各部的多方考虑，使该计划能较好地利用现有的大型昂贵计划。

可根据需要针对特定的应用评估其替代的材料或工艺，使得能部分调换原先的基本材料。应当注意，如果考虑进行部分调换，必须考虑为保持区别两种材料而更改许多图纸所需成本。此外，必须安排一些费用进行分析审查，以确定哪种应用能够允许与原始材料性能不相同的或更好的材料性能。

当确定了一种与材料或工艺过程有关的变化时,或者当要求补救一个与材料或工艺过程有关的问题时,风险承担着可以使用图6-2的解决方法来研究解决方案。图6-1中说明了材料和工艺过程取证草案的要素和顺序步骤。对于成功的材料或

材料/工艺取证的要素和步骤	(A)可行性/识别候选	(B)基本性能和决定	(C)取证性能	(D)元件次元件	(E)部件产品验证	(F)全尺寸试验
(2)业务情况 ● 供应商 ● 购买方 ● 用户	● 形成可接受的业务情况。 ● 全部风险承担者同意做计划	● 完全的机密性协议。了解并提供质量所要求的资源文件。	● 确认业务情况并按需要修改。	● 确认业务情况并按需要修改。	● 确认业务情况并按需要修改。	● 接受变化控制委员会批准的计划以实施。
(3)差异问题/风险 ● 控制风险 ● 了解差异	● 提供差异的资料。 ● 起草风险说明/计划。 ● 优先需要。	● 实施风险消减计划。	● 确认差异问题。修改风险分析。	● 确认差异问题。修改风险分析。	● 确认差异问题。修改风险分析。	● 证实对差异与风险的了解与控制。
(4)技术可接受性（设计强调） ● 新的 ● 第二来源	● 询问有信誉的供应商。 ● 讨论对问题说明的选项	● 启动高风险,长期试验。 ● 整个试验计划的组合。	● 建立工艺过程参数。	● 建立初步的设计指南。	● 建立设计指南。	● 核实设计符合要求。
(5)建立许用值和验证 ● 新的 ● 第二来源	● 汇编已有的数据。	● 建立基本的性能和目标。	● 确定材料的规格标准值。	● 建立统计的许用值。	● 将结果与预测值进行比较。	● 证实期望的结果。
(6)生产准备状态（制造/生产强调） ● 供应商产品准备 ● 用户产品准备	● 起草可行的生产转移计划。	● 在生产转移计划中综合来自材料供应者、加工者、装配者和用户的输入。	● 与供应者、加工者、用户和装配者一同起草材料和工艺/制造规范。	● 批准材料和工艺/制造规范。	● 确立模具指南。	● 证明供应者、加工者和用户的生产已就绪。
(7)经验教训 ● 包括过去和现在的经验教训	● 验明计划成功所需专门技术。	● 确立关键的联系。 ● 提供进展评定文件。	● 公布偏差与非预期的加工及试验结果。	● 公布偏差与非预期的加工及试验结果。	● 公布偏差与非预期的加工及试验结果。	● 综合学到的经验。

（左侧纵向标注：（1）问题说明）

结束状态:总系统性能有效
√ 完整的数据库
√ 工艺过程与许用值正确有效

图6-1 材料和工艺取证的要素和步骤

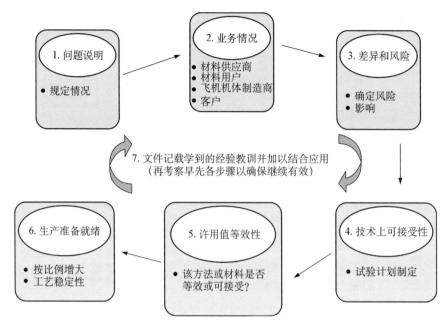

图 6 - 2　复合材料与工艺过程的取证程序流程图

工艺过程改变,有两个要素即差异和风险以及生产准备状态是特别关键的。

6.3.1　差异与风险分析

　　差异分析有助于取证的参与者确定新材料或工艺过程与已知和已了解的材料或工艺过程有何相似或有何差异,进行风险分析以确定减少试验、顺序试验等产生的后果。从而达到技术上可接受。

　　在处置利用相关数据、点设计取证等的有关风险时,进行差异分析以提供最可承受和顺畅的取证计划。差异分析有助于取证的参与者确定,新材料或工艺过程与已知和已了解的材料或工艺过程有何相似或有何差异,还进行风险分析以确定减少试验、顺序试验等产生的后果。

　　风险可定义为不合需要的情况,这种出现可能对工作成功具有负面的影响。在材料取证工作中,一个显然不希望的情况是在替换材料时出现失败。失败的范围可能包括加工处理困难、部件本身的结构破坏或对费用或计划进度有不利影响的其他任何情况或发展。

　　复合材料取证总有一定相应的风险水平。第二种或备用的资源的风险水平,和原始材料或工艺与替代材料或工艺之间的差异相关。把新材料体系和工艺作为某个新生产计划的一个部分进行取证,这是风险最高的情况。对于这种情况,不存在基准的材料或工艺,因而差异为最大。

　　1）差异

　　确立风险水平的第一项工作就是确定在基准和替换材料或工艺之间的差异程度。这就要列出全部性能、特性、描述符合和基准复合材料和工艺的相应的属性,然后评定清单中每项的差别。

清单可以是最高层的或详尽的。差异判据可以包括:原材料来源的变化,工艺场所或设备的变化,纤维浸润剂的变化,织物类型的变化,树脂的变化。差异还可以包括构件制造工艺过程的变化,例如从手工整理到纤维铺放,或从手工整理到树脂传递模塑。制造工艺过程变化时可能有相应的材料改变,也可以没有材料的改变。在制造工艺过程内还可能有设备的改变。各材料与工艺组合之间的差异程度确定了起始的风险水平。对清单中每项做出评定,以确定基准材料和替代材料之间的差异水平。根据规定,会对某些项(如新预浸料生产线的取证)规定可接受的差异程度,同时不允许某些项存在差异(例如,对已有许可证的树脂进行取证时的树脂配方)。

对于具有差异的这些方面定义并确定相关的试验要求,有时,用试验来确认存在的差异不会对材料或材料的最终用途产生负面影响;而在另外的一些场合,则用试验来确认不存在差异。

差异评定的一个关键要素是要规定用于分析试验数据、审查发现的情况、和工艺试运行的接受/拒收判据。判据的建立需要清楚了解差异的要求:等效还是相等、类似还是等同、基于统计值还是典型值等等。

下面列出有代表性的差异领域:

(1) 树脂。

①原材料来源;②混合设备;③混和参数;④成膜设备;⑤成膜参数。

(2) 纤维。

①前驱体来源;②纤维生产线;③纤维加工参数;④浸润剂类型;⑤浸润剂来源;⑥纤维束纤度(长丝支数);⑦纤维预成型件的织物类型;⑧纤维预成型件的编织来源(定位)。

(3) 预浸料制造。

①浸渍生产线;②浸渍参数;③辅助工艺。

(4) 零件制造。

①整理方法;②模具概念;③固化周期;④袋压法程序。

此清单的用意是作为指南而不是包括一切,所涉及的是已经在过去取证时通常看到的差异范围,但未来取证时还将出现至今未知的新的独特的差异。

2) 风险评估

风险与源自差异水平的不定性直接有关,目标是要通过有效地构造和实施取证计划,来控制风险并将其降低到可接受的程度。取证计划集中在替代材料的试验,但还通过其他努力,如审查、工艺试验和汲取以前的经验来降低风险。风险评估可能是主观的,某个人认为是高风险的,可能另一个人则认为是中等风险的。过去的经验和对新材料或工艺熟悉程度将影响一个人对风险水平的感知。为此,重要的是要将材料或工艺差异水平定量化,和用文件规定一个系统的风险评定程序。风险评估建立于所确定的差异基础上,这样就能够完全定义这风险。当回答"什么事情会出错?"的问题时,重要的是在程序内部要在正确的层次上处置这个问题,它并不意味着是一个全局的问题。(如果新材料未取证,什么事情会出错?)。目前,是对每个单独的差异方面进行评定。因此,在取证计划中应包括一些试验或评定,处理纤维损伤、树脂前进能力改变和操作性能等问题。

在此步骤中,对风险进行分析以确定其程度。风险形成的可能性怎样? 这个风险的可能后果是什么? 风险属于何种类别:费用、进度计划或是技术风险? 风险形成的可能性或概率,其变动范围会从不大可能到接近于必然,取决于缓解风险所采用的方法。如果形成风险,将造成不同程度的影响。需要确定的影响其程度从没有影响到不可接受,以便能够建立取证计划来处置所认定的风险,然后,通过实施取证计划将风险降至最低。一种典型的风险分析棋盘表如图 6-3 所示。这个特定的棋盘表是按计划进行风险分析所通用的,可用于广泛的其他风险分析。无论何处,当出现不适合的时候,用户必须对可能性的水平和后果规定新的定义。

风险发生的可能性如何?	
水平	计划的方法与工艺过程
1 不可能	● 基于标准实践将有效地避免或减缓此风险
2 低可能性	● 在相似情况下微小的失察一般导致减缓的风险
3 可能	● 可以减缓此风险,但要求有工作措施(workarounds)
4 高度可能	● 不能减缓此风险,但不同的方法或许能够
5 几乎必定	● 不能减缓此类型风险,没有已知工艺过程或工作措施是有效的

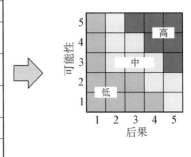

给定意识到的风险,其影响的程度将如何?		
水平	技术上的	计划进度	成本
1	● 微小或无影响	● 微小或无影响	● 微小或无影响
2	● 较少性能降 ● 保持相同的方法	● 需要补充工作;能满足关键日期	● 预算增加或单位生产成本增加<1%
3	● 中等性能降,但有工作措施可用	● 较少进度推移;将错过所需日期	● 预算增加或单位生产成本增加<5%
4	● 不可接受,但有工作措施可用	● 计划的关键路径受影响	● 预算增加或单位生产成本增加<10%
5	● 不可接受,没有可用工作措施	● 不能达到关键计划里程碑	● 预算增加或单位生产成本增加>10%

图 6-3 风险分析表

6.3.2 生产准备状态

过去因为取证计划的结束以设计数据库的数量为目标而常常显得不足。但是一个成功的取证计划还必须包括旨在保证生产准备状态所需要的过渡转变。生产准备状态涉及原材料供应商、配制者、纤维供应商、预成型件的供应商、制造商、质量一致性试验、适当的文件及其他方面。

生产就绪状态评定必须阐明,以下每一方都遵循用适当文件规定的工艺过程并充分记录以便追查的能力:

(1) 组分材料的供应商。

(2) 配方者/加工者/预浸料制造商。

(3) 零件制造商。

(4) 装配设施。

(5) 转包商、中间产物供应商、加工者、检查员等。

在风险减缓过程中,生产准备状态是保证控制成本、控制计划进度和控制最终产品的技术可接受性的一个关键考虑。必须在变化的最初一刻开始这工作,因为一个初始的改变常常会一直影响到最终产品过程中随后各点的工艺和文件。

必要的文件有两种形式:①描述方法程序所需要的;②用作追查或说明实际发生的事情,尤其是特定的运行或最后的零件。

取证试验往往是在试制环境下进行的。但在传统上,扩大生产必然对成本、计划进度或生产中的技术参数产生极大的影响。由于这个缘故,必须对批量、工艺运转和在全面确定和验证生产能力时代表了加工能力限度的零件试验进行计划。因为这些将成为该工艺的一部分历史文件,必须系统地提供结果的文件资料。当在生产率/用途方面有变化时,工艺性能变得重要,有时需要变更。需要尽早了解并稳定这些方面。主要设备需求与校准/证明书、人员培训以及工艺流程,是必须阐明的一些典型要素。

必须将下列书面文件放在生产加工的地方:采购文件、技术标准、工艺过程指令(计划包括工作指令、随炉件等)、质量技术等。

彻底的生产准备状态检查应该评定原材料供应商、预浸料供应商、树脂供应商、织造商、预成型件和构件制造商(包括全部转包者)的能力/准备状态。只对已生产就绪或具有清晰的生产途径的材料/工艺过程进行取证。应按最低实际工作水准评估准备就绪状态。对取证期间或之后的任何变更均有影响,需要对照规程加以检验。

如果将有几个制造商,务必在此时用生产的条件逐一加以评估。整个取证过程应该使用国际标准组织 ISO 9000 的方法。重要的是建立产品可靠性程序。ISO 9000 - 4 解释了何为产品可靠性程序以及应如何进行管理。工作一开始是规定政策,解释产品可靠性的意思是什么,并规定可靠性的特征。通过研究用户的需要来规定产品可靠性要求。规定资源和机构的功能,把工具设置到位,规定需要的文件,把资料追踪系统设置到位,并建立检查的程序。实施一个程序可靠性计划,其中包括要求、行动、实际运作和资源。包括在此工作内的一些方法程序,用于分析、预测和检查产品以及所购买材料的可靠性。对寿命周期成本和成本节省的评估是重要的。应建立一个产品改进计划,并且必须将一个客户的反馈系统设置到位。一旦实现这点,则能够对购买的材料、设备和设施、程序和工艺过程、和质量建立要求,所有这些将使得产品可靠性要求能够得到满足。

6.4　本章小结

本章介绍了材料供应商的质量监控与复合材料的质量控制的相关内容,这种质量控制的核心是建立质量控制系统,保证通过第 3 章到第 5 章介绍的验证方法通过验证的复合材料的材料性能和制造工艺能够得到一致地保持。

至此,关于复合材料的材料和工艺属性的适航验证方法已经基本完整地进行了介绍,接下来将开始关注复合材料的结构属性的适航验证方法。

7 复合材料结构"积木式"验证方法

本章将介绍复合材料结构的"积木式"验证方法,这一说法来自 MIL - HDBK - 17"复合材料手册"中的提法——Building Block Approach。尽管由于这种方法具有底层复杂程度低的试样的样本量大、试验项目多,随着复杂程度增加,逐渐减少试样的样本量和试验项目的特点,也被称为"金字塔"验证方法,但是在本书中仍然采用 MIL - HDBK - 17"复合材料手册"中的术语,将此验证方法称为"积木式"验证方法。

7.1 概述

应通过采用不同复杂程度试样的一系列试验循序渐进地对复合材料结构进行可靠的验证。这些试样、元件、细节和子部件水平的试验和分析可以用来验证可变性、环境、结构不连续(例如连接、切除或其他压力管)、损伤、制造缺陷和设计或工艺确定细节,工业界称为"积木式方法",如图 7 - 1 所示。

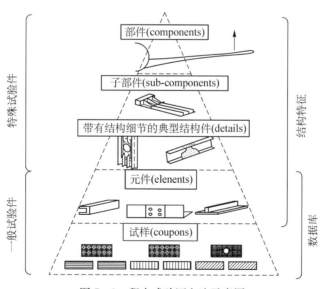

图 7 - 1 积木式验证方法示意图

通常随时间的延长,试验从简单试样向复杂元件和细节过渡。这种方法可以收集数据以提供足够的相关性分析并能经济地获得为确定发生在大型结构上变异数目的必要复制。从初级试验学习的经验可以避免通常在合格验证后期进行的高试验成本的更复杂全尺寸试验的早期破坏。

试样级（coupons）和元件级（elements）的试验用于给出材料性能级别的信息，这部分信息已经在本报告的前 6 章中给出了详尽的讨论。

1）试样级

试样级的试验的目的包括：

（1）材料的选择和规范的制定。

（2）重复载荷和化学降解等影响因素下材料数据的编号。

（3）考虑环境影响的材料性能的统计计算。

（4）用于分析缺口敏感性和连接形式对性能影响的初步设计数据。

（5）制造缺陷、损伤和修理的初步数据。

2）元件和结构细节（structure details）

元件和结构细节的试验的目的包括：

（1）引入在试样级试验中没有考虑到的结构和制造对设计值的影响（例如，复杂的几何外形、连接、损伤等）。

（2）与分析结构相互印证，合理的减少试验量。

子部件级（sub-components）和部件级（components）的试验用于给出与结构构型和几何特性相关的信息。

3）子部件

子部件的试验的目的包括：

（1）使用接近真实的边界条件来评估结构。

（2）与分析结构相互印证，合理地减少试验量。

（3）验证预期的失效模式和进行完整的静强度验证。

4）部件

部件的试验的目的包括：

对内部载荷传递路径和结构变形分析的验证。

7.2 积木式验证方法的实例

一个典型的积木式验证方法的实例如图 7-2 所示。

对于现实中的复合材料结构的积木式验证，有两个比较重要的事情是：

1）尽管理论上试验是从简单试样向复杂元件和细节过渡，但是现实中常常需要通过对更高级试验的结果分析来判断是否需要增加更多的简单试验，以了解不同因素对更高级试验试样的影响。

2）在理论上的子部件和部件之间，现实中常常安排全尺寸的部分部件试验来增加试验的可信度和避免在全尺寸试验上的失败。以波音 B787 飞机为例，其采用了复合材料的机翼设计。为此，波音公司安排了从中央至 2/3 翼展处的翼盒组件试

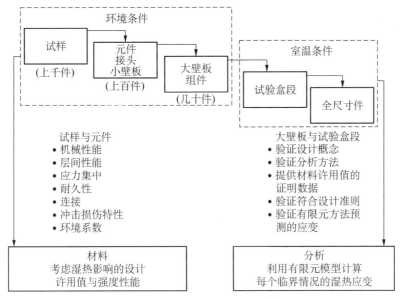

图 7-2 积木式验证方法实例

图 7-3 B787 翼盒极限载荷试验

验(长 50 ft,重达 55 000 lbs)极限载荷试验,加载直至破坏,如图 7-3 所示。

(1) 在模型边界条件选取、试验方案的研究和复合材料结构试验结果的充分分析可以得到比积木式试验还多的收获。

通过复合材料的结构分析并在试验中测量,评估试验中的边界条件。分析和试验的结果可以用于改进所需的试验支持条件、载荷情况、结构模型。

(2) 基于子部件试验中分析与破坏模式相关性,可进一步确定附加的元件和试样级试验。

利用大尺寸结构试验件上切下"碎片"进行积木式试验,可以较好地得到细节设计与制造工艺的定量影响。

在低层次级别上实施充分的分析与试验的迭代可以减少部件试验中预想不到的破坏,同时扩展了制造和维修活动中有意义的数据库资料。

（3）通过元件、典型细节件和子部件试验研究验证分析方法。

试样级试验:进行材料物理性能与力学性能试验,进行材料的筛选和选材,并对材料相容性进行试验研究,以此选择修理材料。进行材料规范和工艺规范的适航验证试验。

元件级试验:用于确定典型结构单元的工艺参数、结构工艺适应性研究,进行连接试验,研究影响连接强度的参数研究,各类试验要考虑各种环境影响。进行疲劳和损伤容限试验,考虑制造缺陷、使用损伤因素。进行许用值验证试验,确定设计许用值;进行挤压强度许用值试验。

典型结构细节级试验:进行研究试验,如新型加筋结构件、缝合加筋整体壁板、泡沫夹层结构件和加筋泡沫夹层结构件的设计试验,研究确定设计和工艺参数的匹配、壁板稳定性、连接强度、缺陷影响、开口影响、环境影响、损伤影响和修理方法,制定结构验收技术条件、检查大纲和修理方法。为制定装配工艺规范、结构验收技术条件、检查大纲和修理方法提供试验数据。

7.3 复合材料结构静强度验证

复合材料结构的静强度的验证方案不外乎两种:

（1）在适当环境下的部件极限载荷试验来验证。

（2）除非可以获得具有相似设计、材料体系和加载情况的经验来证明由子部件、元件和试样试验,或承受较低载荷水平的部件试验支持的分析是充分的。证明一项分析的必要经验应该包括具有相似设计、材料体系和载荷工况的先前部件的极限载荷试验。

采用部件极限载荷试验几乎是新研制飞机唯一的静强度验证方法。

复合材料设计的结构静强度验证应该考虑所有的临界载荷工况和相应的失效模式,考虑下述因素的影响:

（1）环境因素。

（2）制造过程中的结构残余应力。

（3）材料和工艺可变性。

（4）不可检测或质量控制允许的缺陷。

（5）服役损伤。

7.3.1 环境因素

可能导致材料性能衰退的重复载荷和环境暴露的影响应该在静态强度验证中考虑。这可以通过由包括试样、元件、特别设计的细节件、子部件水平试验证据支持的分析来表明。

温湿度:材料预期将经受的包括温度和湿度在内的临界环境暴露,如服役中作为时间的函数的湿含量。

最大吸湿量：与服役寿命（服役寿命可能是给定零件厚度的函数）期间的水分扩散特性和实际环境暴露有关。

峰值温度：对于安装在能产生热能的航空器系统附近的复合材料结构，应该确定最坏的正常运行条件和系统失效情况时的峰值温度。

紫外线和化学环境会导致复合材料结构的性能衰退：乙二醇、液压油、燃料和清洁剂等。与材料性能试验要求结合。

磨损、腐蚀：某些复合材料和金属材料的界面需要提供隔离层来防止腐蚀（例如，采用玻璃纤维铺层来隔离碳纤维复合材料铺层和铝合金）。另外，对用于复合材料零件的具体紧固件和安装工序的验证需要强调电化学腐蚀，同时也要考虑复合材料在形成扣件时出现的潜在损伤（分层和纤维破损）。

7.3.2　制造过程中的结构残余应力

残余应力：根据设计构型、局部结构细节和采用的工艺，必须考虑取决于环境的残余应力的影响。例如连接在一起的零件的不同热膨胀，还有固化后的翘曲变形。

7.3.3　材料和工艺可变性

主要通过建立充足的工艺和质量控制来制造结构，与工艺控制的 AC 结合。

采用试验、分析方法可靠地验证所要求的强度。由材料和工艺的变异性导致的强度性能离散可以通过适当的符合 25.613 要求的许用值和设计值来解决。

过载系数需要通过试验或过去的经验来确定，并且必须要考虑预期材料和工艺的变异。

主要材料和工艺发生更改需进行额外的静强度验证。

7.3.4　不可检测或质量控制允许的缺陷

静试验试样的制造和组装应该按照制造规范和工艺进行，从而试验试样可以代表含有符合生产接受准则限定缺陷的量产结构。

对应力集中（例如细节的缺口敏感度和冲击损伤）、相互竞争的失效模式和面外载荷的正确考虑。需要进行部件试验最终解决包含某些面外效应的混合载荷和复杂载荷路径方面的问题。在进行积木式验证方法时，需要采用由试验支持的分析方法来确定部件试验的临界载荷工况和相关的失效模型。在试验件的设计时，应当包含胶接和铆接等连接形式，并充分考虑自由边影响和面外载荷的影响。

7.3.5　服役损伤

在制造和服役过程中可能预期的但不超过由所选择的检测程序所确立的可检门槛的冲击损伤不会降低结构承担极限载荷的能力。

通过试样、元件、子部件和部件水平的组合试验来表明。

对于冲击损伤的实际试验验证要求对结构细节和边界条件的正确考虑。当采用肉眼检查程序时，处于可靠检测门槛的可能的冲击损伤被称为"目视勉强可见冲击损伤"(BVID)。

为静强度验证选择冲击位置应考虑局部结构细节的危害程度以及该位置是否便于检查。

用于静强度验证的冲击物的大小和形状应与在航空器整个寿命周期内可能出现的不可检测的冲击损伤源相一致。

7.4 复合材料结构静强度验证试验

在全尺寸的部件级静强度验证试验之前,安排充分的低级别试验是十分必要的。例如,应当采用多批次/多数量的试样和元件试验,例如 5 批×15 试验;分别考核室温、低温、高温和干湿态的组合;筛选敏感的液体;采用开口拉伸、冲击后压缩试验考核缺口敏感性、冲击后损伤敏感性;安排机械紧固件连接、铆接、胶接试验。

在全尺寸静强度试验中考虑先前重复加载和/或环境暴露,存在三种方法:

(1) 第一种方法,对要进行全尺寸静力试验的结构先施加重复载荷并且进行环境处理以模拟最严重的环境的暴露,然后再在这种环境下对该结构进行全尺寸静力试验。

(2) 第二种方法依赖试样、元件和子部件试验数据来确定重复载荷和环境暴露对静态强度的影响。通过这些试验表征的衰退应包含在全尺寸静态强度验证试验(例如采用过载系数)或者这些结果的分析中(例如表明包含由环境和重复加载导致衰退效应的设计值具有正的安全余量)加以考虑。

(3) 在实际中,可以联合采用以上两方面的方法来获得期望的结果(例如全尺寸静态试验在临界的服役温度下进行,采用载荷系数(实际上是环境系数)来考虑航空器结构寿命内的吸湿量)。申请人可以向局方申请批准通过证明试验或者分析(如采用增加等效温度而在化学上不改变材料来考虑湿度的影响)的有效性来评价环境影响的替代方法。

如果环境的影响可以通过积木式试验可靠地预测并在静强度试验或静强度试验结果的分析中进行考虑,则部件的静强度试验可以在周围大气环境下进行。

7.5 本章小结

尽管本章用了一定篇幅介绍了复合材料结构的"积木式"验证方法的细节并且提供了一些验证实例的介绍,但是应当着重把握的是这种"搭积木"的基本原则,即:

一方面,应当在尽可能低的层级上(试样的复杂程度低)完成尽可能多的试验项目,为上一层级的试验提供试验数据的收入;另一方面,永远不要忽视在更高层级上(试样的复杂程度高)的试验。尽管在高层级上进行试验、例如进行全尺寸试验通常耗时多、成本高,但是这种试验才更能代表真实的飞机上的复合材料结构,具有更加广泛的代表性。这种代表性是无论多少试片级、元件级、乃至部件级的试验所不能替代的。

8 复合材料结构的疲劳和损伤容限

复合材料损伤容限和疲劳特性强烈依赖于结构设计细节(例如蒙皮层压板的铺放顺序、纵桁和肋间距、加强筋元件的连接细节、损伤阻止特性和结构冗余)。

复合材料损伤容限和疲劳验证要求采用部件试验的方式,除非具有相似设计、材料体系。本章将介绍复合材料的疲劳和损伤容限评估的适航验证方法,其核心是验证复合材料结构的缺陷、损伤和结构强度的关系。

8.1 损伤的定义

外来物冲击是多数复合材料结构的隐患,需要注意损伤威胁的评定。这需要为设计和维护判定冲击损伤的严重性和可检测性。

第1类:在预定的或指导的检查中可能未发现的允许的损伤或允许的制造缺陷。对于第1类损伤的结构验证包括在可靠的服役寿命内承受极限载荷的能力。通过定义,这样的损伤要满足本资讯通告第6条的规定和指导。第1类损伤的例子包括BVID和由制造或服役导致的缺陷(例如小的分层、孔隙、小的擦伤、圆槽和微小的环境损伤),这些缺陷经验证表明能够在航空器结构的寿命内承受极限载荷。

第2类:在规定的检查间隔内预定或指导的检查可以可靠地发现的损伤。第2类损伤的结构验证包括可靠的检查方法和间隔的验证,同时具备承担限制载荷的能力。给定第2类损伤的残余强度可能依赖于所选择的检查间隔和方法。第2类损伤的例子包括目视可检冲击损伤,即VID(中等尺寸),深圆槽或擦伤,工厂中的不明显制造错误,可检测的分层和脱胶以及较大的局部热或环境衰退,这些缺陷在发现之前能保证具有足够的残余强度。这类损伤应该是不扩展的,如果缓慢扩展或发生止裂,在检查间隔内具有承担限制载荷能力的充足的残余强度。

第3类:在损伤发生之后的数次飞行内可以被不具备复合材料检查专业技能的机组或维护人员可靠地检查到的损伤。这样的损伤必须发生在目视具有明显迹象的显而易见的位置,或导致由于零件形状、配合或功能的丧失使潜在损伤的其他迹象在短时间内变得明显。对这两种显著损伤的迹象,要保证采取检查措施来确定零件和周围结构区域的全部损伤程度。实际上,结构设计特性需要提供足够大的损伤能力,保证在结构具有承受限制载荷或接近限制载荷的能力的同时使第 3 类损伤易于被检查出。第 3 类损伤和第 2 类损伤的区别主要在于:在能承担限制载荷或接近限制载荷的情况下的检测大损伤所需要的时间,前者要比后者短很多。第 3 类损伤的残余强度验证可能依赖于可靠的检查时间间隔的长短。第 3 类损伤的例子包括:大的目视可见的冲击损伤(VID)和其他在绕行检测或在正常运行过程中可以发现的明显损伤(例如漏油、系统障碍或客舱噪声)。

第 4 类:导致飞行机动受限制的已知事件造成离散源损伤。第 4 类结构验证包括规章指定的"返场"载荷要求的残余强度验证。第 4 类损伤的例子包括转子爆裂、鸟撞(条款中规定)、轮胎爆炸和飞行过程中的大冰雹。

第 5 类:由非正常的地面或飞行事件导致的未包含在设计准则或结构验证程序中的严重损伤。目前指导信息中包含这类损伤的目的是确保足够的设计内在损伤阻抗和陈述需要进行受限制检查的不言而喻的第五类损伤事件的现场知识。因此,负责复合材料结构设计的工程师和 FAA 需要与维修组织共同合作以使操作人员意识到由第 5 类事件导致的可能损伤影响很大和有立即向负责维修人员报告的必要性。需要从非正常事件获得的信息并采用工程学正确判定适当的检查措施。这样的措施将便于在维修之前获得所需要的损伤特征。第 5 类损伤的例子包括严重的服务车与航空器碰撞、非正常的飞行过载状况、非正常的硬着陆、维修顶撞错误和飞行中零件脱落以及后续对临近结构的高能、大面积(钝)冲击。第 5 类损伤可能不具有明显的目视损伤迹象。无论如何,需要有关于相关事件其他证据的知识来确保安全受到保护,这可以从操作人员完整地报告可能的损伤开始。

8.2　损伤的特点

金属材料在遭受外来物冲击的情况下,更多表现为通过塑性变形来吸收冲击。但是,复合材料更多表现出脆性材料的特点。复合材料在遭受低速或者中速外来物冲击时,通常的损伤情况如图 8-1 所示。

(1) 表面损伤、擦伤、裂口等,如图 8-1(a)所示。这种损伤对结构的承载能力影响微乎其微,通常不作分析。

(2) 由于基体出现裂纹和纤维失效产生的分层。这种损伤发生在复合材料铺层的内部。通常,在复合材料面板的外表面呈现出锯齿状的损伤。这种分层的损伤可以进一步细分为:

a. 在面板的两侧都存在目视不能发现的内部分层,如图 8-1(b)所示。通常,在受冲击表面相反的一侧会出现基体的裂纹,如图 8-1(c)所示。

b. 由于裂纹和断裂,在受冲击的表面的外部面板上出现目视可见的分层,如图 8-1(d)所示。

对于这种类型的损伤,复合材料结构内部的损伤区域要远大于外部面板上所表现出来的损伤区域。

（3）贯穿损伤——裂纹和穿孔。对于这种情况，损伤区域贯穿了复合材料的厚度方向。贯穿损伤通常带有穿孔或者损坏的材料，如图8-1(e)所示。穿孔的边缘通常出现分层和尖锐的裂纹，如图8-1(f)所示。

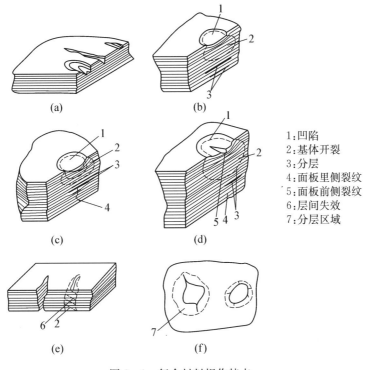

1:凹陷
2:基体开裂
3:分层
4:面板里侧裂纹
5:面板前侧裂纹
6:层间失效
7:分层区域

图8-1　复合材料损伤特点

（a）表面损伤、刮痕、断裂缺口　　　　（b）蒙皮表面两侧的目视不可见的内部分层
（c）受冲击表面相对一侧的基体开裂　　（d）目视可见的分层（由于开裂和破碎）
（e）贯穿损伤-裂纹和穿透伤　　　　　　（f）穿透伤的边缘通常出现分层和尖锐的裂纹

8.3　损伤和强度的关系

损伤和强度的关系如图8-2所示。

复合材料结构在受到损伤后强度会立即下降，一般来讲，当承载能力低于极限载荷时的损伤确定为，当承载能力低于限制载荷时的损伤确定为临界损伤门槛值。在小于许用损伤限制以下的损伤情况下，即结构的耐久性影响到检测、更换、修理或其他维护的频次与成本。在大于许用损伤限制且小于临界损伤门槛值的损伤情况下，结构的损伤容限就要保证在危及飞行安全前这些损伤能够通过维护计划被发现和检查到。当发生离散源事件时，如转子爆破、鸟撞等，能被飞行员觉察并安全返回以继续安全完成本次飞行。

在模拟意外冲击损伤的表征时，冲击能量、不同尺寸和形状的冲击头钝或尖的选择依据是，导致最严酷的且最不易检查的，同时要考虑载荷情况，如拉伸、压缩或剪切。

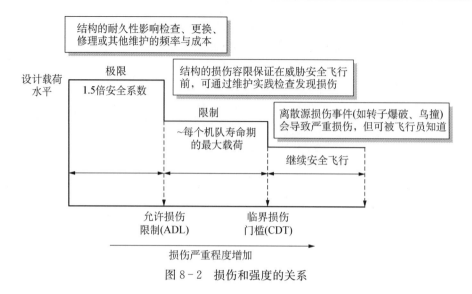

图 8-2 损伤和强度的关系

在没有充分的服役经验用于给出好的在能量与冲击头参变量的工程判断之前，需要采用广泛而保守的冲击测量，包括跑道或地面上的碎石、冰雹、工具掉落、轮胎爆破等。

这些假设非常重要，主要用于确定设计准则、检查方法、重复检查间隔。

不同的损伤形式可以归结为 5 种类型，这些损伤类型用于不同的目的，如图 8-3 所示的设计载荷与损伤类型的关系。这些损伤类型均与颤振和持续适航问题有关，型 2、3、4 及 5 的损伤与修理相关。

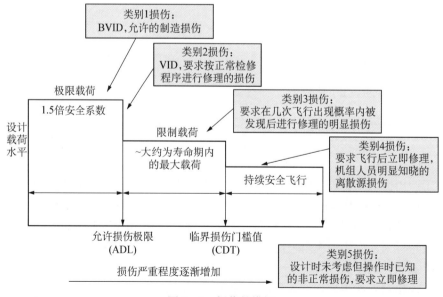

图 8-3 损伤的模拟

而且类类型1:这是允许的损伤,在预定的检查中无法检测到或不能直接检查到,或者是制造中允许的缺陷。

对于类型1损伤的结构验证包括:要证实在全寿命期内能可靠的保持极限载荷的能力。根据定义,这种损伤要承受静强度的验证(按照AC20-107B中的第7节)。类型1损伤包含BVID和制造及使用中允许的缺陷(小的分层、孔隙、小的划伤、缺口、较少的环境损伤),需要证明能够承受全寿命后极限载荷能力的缺陷数据。

类型2:在预定的检查中能可靠的检测到或在规定检查间隔中能直接检查到。

对于类型2损伤的结构验证包括:要证实采用可靠的检查方法在检查间隔内保持限制载荷的能力。类型2损伤的剩余强度依赖于所选择的检查间隔与检查方法。

类型2损伤包含可见冲击损伤(VID),VID(从小到大的尺寸范围),深的缺口或划伤,没有证明过的制造偏离,可检测的分层或脱胶,较多的受热或环境退化,这些损伤在直到发现前将承受足够的剩余强度。这种类型的损伤不允许扩展,如果有缓慢的或阻止扩展发生时,在检查间隔内的剩余强度水平需要保持在足够的限制载荷能力以上。每个正常的检查间隔需要修理。

类型3:损伤在发生后的几个起落内,维护人员可以不需要特殊的复合材料检测方法而只采用操作或维修梯就能可靠地检测出来。

这类损伤必定位于明显可见部位或者那些由于失去部分结构、连接件或功能而导致在短时间内变为明显的预示潜在损伤。这两种显著的损伤要保证扩大的检查能确定损伤零件和周围结构部分损伤范围。实际上,对于类型3的损伤,结构设计特点需要提供足够的限制载荷承载能力或者接近限制载荷的能力,并且很容易被检测出来。

对于类型3的损伤结构的符合性证明需要包括当保持或接近限制载荷承载能力时的可靠的、快速的检测方法。类型2和3的主要区别在于大损伤限制载荷或接近限制载荷的承载能力,后者的一定间隔时间要比前者短得多。对于类型3的剩余强度验证依赖于可靠的短时间的检查间隔。类型3的典型示例包括大的VID或其他明显,如可以被地面巡回检查或正常的操作程序(燃油泄漏、系统故障或舱内噪音)检查出来。在损伤发生的几个起落内发现后就需要修理。

类型4:由已知事件导致的离散源损伤其飞行机动是受到限制的。

对于类型4的结构验证包括条款规定的载荷下的剩余强度能力。必须注意到增压舱结构通常对于类型4的剩余强度要求比图中的要高。类型4的示例包括转子爆破、鸟撞(规章规定)、轮胎爆破、飞行服役中的冰雹。

类型5:因异常的地面或飞行事件造成的严重损伤,这些是不包含在设计准则或结构验证程序中的。在现有的指导文件中的这些损伤,要保证飞机结构设计工程师及FAA一同工作的维修组织都认识到类型5事件可能发生的损伤,并报告维修组织。同样结构工程师在设计中要有足够的抵御类型5损伤的能力,如操作人员能自行发现并采取维修工作。

需要通过工程的判断来确定合适的有条件的检查方法的界面，这些检查是基于异常事件的有效信息。这些行动将使损伤特征很容易确定，并要在修理之前。一些类型 5 的示例包括地面服务车的碰撞、异常的超载飞行、异常的重着陆、维修顶起错误、飞行中丢失部件、包含可能的接着发生的高能量、相邻结构大面积的冲击。

结构受到损伤后，结构的剩余强度能力将会有所下降，其承载能力与损伤尺寸有着密切的关系，如图 8-4 所示。

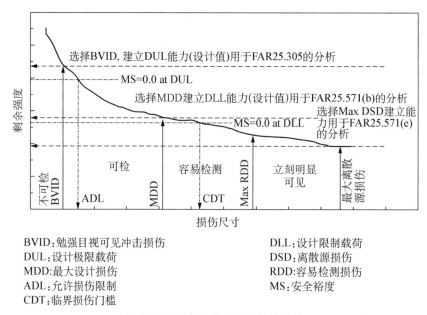

BVID:勉强目视可见冲击损伤　　　　　　DLL:设计限制载荷
DUL:设计极限载荷　　　　　　　　　　DSD:离散源损伤
MDD:最大设计损伤　　　　　　　　　　RDD:容易检测损伤
ADL:允许损伤限制　　　　　　　　　　MS:安全裕度
CDT:临界损伤门槛

图 8-4　剩余强度与损伤尺寸关系

(1) BVID:勉强目视可见损伤。用于确定设计许用值，带有小于等于 BVID 损伤的结构在全寿命期内应能承受极限载荷。BVID<ADL。

(2) ADL:许用损伤限制。带 ADL 损伤的结构极限载荷下强度裕度为零，ADL 确定结构损伤修理和不修理的界限。

(3) VID:目视可见损伤。带有小于等于 VID 损伤的结构在规定的检查间隔内应能承受限制载荷。ADL<VID<CDT。

(4) CDT:临界损伤门槛值。带有 CDT 损伤的结构剩余强度载荷(25.571b 要求的载荷)下强度裕度为零，CDT 确定结构损伤是否立即修理。

(5) RDD:易于检测的损伤。带有小于等于 MDSD 损伤的结构应能承受安全返回的载荷(离散源剩余强度载荷)。RDD<MDSD。

(6) MDSD:最大离散源损伤。带有 MDSD 损伤的结构离散源剩余强度载荷下强度裕度为零。MDSD 确定了任何损伤的下限值。

复合材料结构设计时要考虑各种缺陷与损伤，如图 8-5 所示。

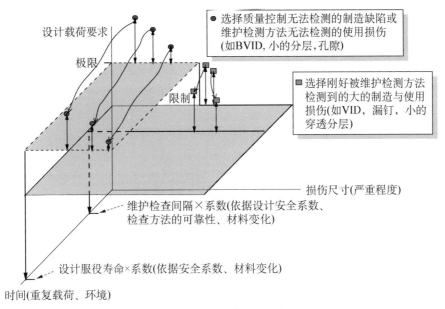

图 8-5　结构损伤的设计考虑

（1）选择和考虑制造中的各种缺陷、使用中的损伤，这些通过质量控制与服役检查都不可能监测到的损伤，如确定为 BVID（勉强目视可见损伤），含有这类损伤的结构必须具有极限载荷承载能力，在经过全寿命的疲劳试验后，其强度下降仍不得低于极限载荷承载能力。

（2）选择劣质的制造缺陷和服役中的损伤，且刚好可以被服役检查监测到的损伤，如确定为 VID（目视可见损伤），如漏钉、小的穿透损伤、分层等。含有这类损伤的结构必须具有限制载荷承载能力，在经过检查间隔寿命的疲劳试验后，其强度下降仍不得低于限制载荷承载能力。

（3）对于大的意外损伤和破损安全设计要考虑的损伤都视为明显的损伤，如大面积的脱胶和穿透损伤，这样不需要考虑重复载荷的要求，但必须具有限制载荷的承载能力。

（4）根据规章确定的离散源损伤，如转子爆破、鸟撞，其损伤后的结构必须具有承受该次飞行安全返回的剩余强度载荷，但对于增压舱结构必须承受增压的限制载荷要求。

8.4　裂纹的增长

复合材料结构裂纹增长包含三种类型：

（1）不增长：取决于止裂损伤尺寸的检查间隔。

（2）止裂增长：取决于止裂损伤尺寸的检查间隔。

（3）缓慢增长：与金属断裂力学类似。

　　复合材料与金属结构在受到损伤后其损伤或裂纹的扩展,以及剩余强度的能力是绝然不同的,这主要是复合材料是各向异性的脆性材料。一般来说控制复合材料的应变水平使得损伤不扩展,复合材料在遭受损伤后其承载能力是迅速下降的,而金属则是随着裂纹的扩展逐渐下降的。

　　应制订包括检查频率、范围和方法在内的检查大纲并包含在维护计划之中,建议的检查间隔如图8-6和图8-7所示。

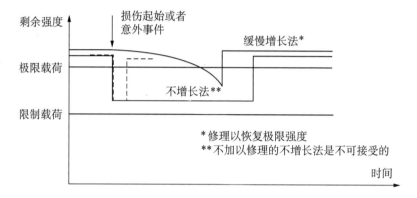

图8-6　裂纹不增长

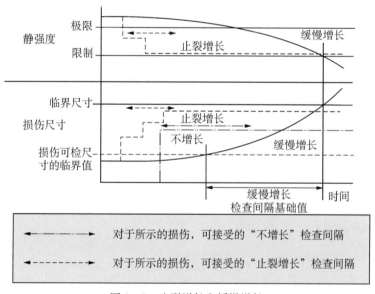

图8-7　止裂增长和缓慢增长

第1类损伤处于这种验证的门槛。

第2类损伤要求对受过训练的检测员在规定维修间隔内所采用的指定、可靠的检测方法进行验证。

第3类损伤可以利用较短的服役时间间隔,如果能提供充足的结构验证证据表明:(该类损伤)可被未经训练的旋梯维护或操作人员及时发现。

第4类损伤残余强度需要达到能够在规章要求载荷下采用限制的机动完成一次飞行的水平。由于导致第4类损伤的服役事件的性质,需要在后续的飞机维修和返回服役之前,确定适当的检查来评估全部的损伤程度。

第5类损伤没有相关的损伤容限限制准则或相关的结构验证任务。

8.5　复合材料结构疲劳和损伤容限验证实例

复合材料结构疲劳和损伤容限验证实例如图8-8和图8-9所示。该方法基于两组试验和分析的组合。第一组试验和分析用于表明,对于 BVID 大小的损伤,复合材料结构对极限载荷有正的安全余量。该试验大部分为试样级的试验和带有

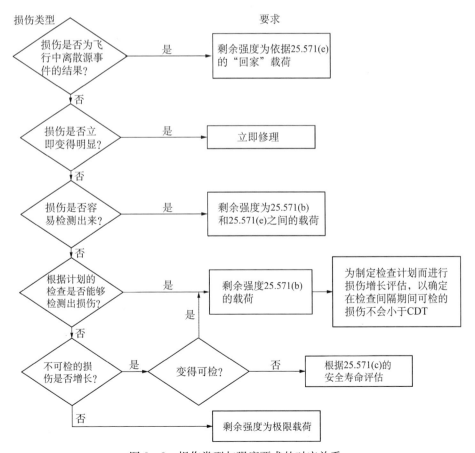

图8-8　损伤类型与强度要求的对应关系

BVID 的子部件试验。第二组试验表明对大尺寸损伤,复合材料结构对限制载荷有正的安全余量。该试验通常为子部件级和部件级,带上贯穿结构厚度的损伤、面板和加强筋的脱胶、大的冲击损伤等人为损伤。这些类型的损伤被认为是最大设计损伤(MDD)。试验应当表面,MDD 损伤易于发现,并且小于等于该尺寸的损伤在运行载荷下不应增长。

这样的两组试验解决了复合材料承受极限载荷和限制载荷的符合性。相对应地,BVID 必须小于许用损伤尺寸(ADL),MDD 必须小于临界损伤门槛值(CDT)。具体来说,不同的损伤类型对应适航标准中不同的强度要求,如图 8-8 所示。

对于尺寸在 BVID 和 MDD 之间的损伤,通常导致复合材料结构的强度在能够承受极限载荷和能够承受限制载荷之间变化。因此,还应当基于对损伤的可检概率进行详细的验证。

该方法包括对冲击损伤发生的概率评估,对于给定的冲击能量水平,评估载荷水平的概率以及损伤可检的概率。所确定的检查间隔和方法应当确保风险低于 10 的负 9 次方。该方法不仅要求图 8-8 中考虑的极限载荷和限制载荷的试验,还要求对于位于 BVID 和 MDD 之间的中间损伤进行试验。这需要对这种损伤、其发生概率以及检出概率的深入了解。

概率或半概率方法首先认为定期检测计划必须考虑损伤严重程度,图 8-9 给出了损伤类型与检查计划的对应关系。对无扩展设计概念的情况,应把检查间隔定为维护计划的一部分。在选择这样的检查间隔时,要考虑带有假定损伤时所对应的剩余强度水平。

也就是说,强度降越大,损伤检测应该越频繁。对检测的需求不能不考虑损伤的出现概率。损伤出现概率越大,损伤的检测应该越频繁。

概率方法的基础,是要证明检测计划将保证下列组合是可接受的:即载荷具有"$k \times LL$"水平,同时存在着漏检意外冲击损伤使结构强度降低到"$k \times LL$"载荷水平。"$k \times LL$"指的是限制载荷的倍数。对主结构出现灾难性破坏的情况,这一组合必须特别小(概率应小于等于次 / 飞行小时);对不太关键的零件,可以接受更高的概率。

除了冰雹冲击以外,可以考虑把载荷和损伤出现概率作为独立的现象,然后应证实:

$$概率载荷(k \times LL) \times 概率漏检损伤(k \times LL) \leqslant 10^{-9}$$

在所有的概率方法中都含有下列要素:
(1) 对结构中的所有关键零件,采用积木式方法得到强度—能量曲线。
(2) 研究冲击损伤情况来得到冲击威胁概率规律。
(3) 对小于 VID 门槛值的所有损伤,一般通过全尺寸疲劳试验来证实无扩展概念。
(4) 进行剩余静强度试验来校核含损伤结构具有所假设的强度。

概率损伤容限评定的第一步是按低速冲击损伤容限来鉴别结构中所有的关键零件。主要考虑会受到使用中意外冲击、并承受高压缩应力的飞机外蒙皮。对每个关键区域采用下列步骤:

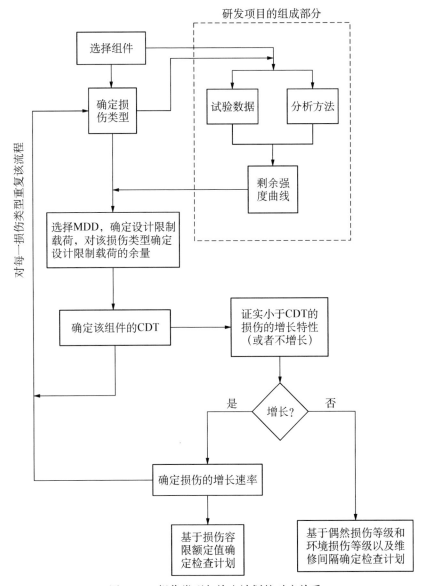

图 8-9 损伤类型与检查计划的对应关系

（1）由试验支持的分析得到整个剩余静强度—冲击能量曲线。

（2）按能量—概率曲线确定意外冲击威胁。

（3）在每个定期检测间隔内，计算结构上出现这种意外损伤的概率。

（4）确定载荷（或应力，或应变）出现次数—概率曲线。

（5）校核在超出概率目标以前定期检测程序是否能高概率地检出损伤。

在实际的验证过程中，可以将损伤容限和疲劳结合验证，如图 8-10 所示。

B777 安定面疲劳与损伤容限试验

静强度，疲劳和损伤容限验证

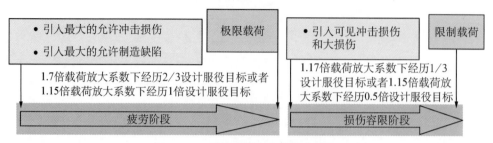

图 8-10　损伤容限和疲劳结合验证

　　试验件应具有代表性，所以选择与生产型的部件几乎一样的翼盒。试验件中包括了规范允许的典型制造异常，以及达到并超过目视门槛值的低速冲击损伤。

　　(1) 试验目的是：

　　a. 验证"无有害损伤扩展"的设计原理；

　　b. 证实结构的强度、耐久性和损伤容限能力；

　　c. 证实 CFRP 安定面设计和分析所使用的分析方法和材料性能；

　　d. 评定在飞行中尾翼结构可能经历的剪切、弯曲和扭转联合载荷作用的影响；

　　e. 证实应变分布预计的能力；

　　f. 证实修理方案与强度；

　　g. 对这类结构的制造提供成本验证数据。

　　(2) 试验步骤是：

　　a. 做出所有的小(BVID)损伤；

　　b. 限制载荷试验及应变测量；

　　c. 一倍寿命疲劳谱，50 000 次飞行，包括 1.15LEF(载荷放大系数)；

　　d. 限制载荷试验及应变测量；

　　e. 一倍寿命疲劳谱，50 000 次飞行，包括 1.15LEF(载荷放大系数)；

　　f. 限制载荷试验及应变测量；

　　g. 极限载荷试验及应变测量(选择情况)；

　　h. 两倍"C"检疲劳谱(8 000 飞行)，带目视可见的小损伤，包括 1.15LEF；

　　i. "破损—安全"试验；100%限制载荷试验及应变测量，带目视可见的小损伤；

　　j. "继续安全飞行"载荷试验；70%限制载荷试验及应变测量，带目视可见的小损伤和元件损伤；

　　k. 修理过的目视可见损伤与元件损伤，极限载荷试验及应变测量；

　　l. 破坏试验，直到破坏的应变测量。

　　试验目的之一是要证实损伤"无扩展"的设计原理。为此，在试验盒段上制造了目视勉强可见的冲击损伤。按代表两倍设计使用寿命的载荷循环进行了疲劳试验。周期性的超声检查没有发现有害的损伤扩展。这个试验中包括了 15%LEF(载荷放大系数),考虑典型复合材料平坦 $S-N$ 曲线中可能的疲劳分散性。

限制载荷应变测量和初始的极限载荷试验结果,证明了 FEA 内力模型进行内力预计的能力。

为了验证剩余强度能力,再对试验盒段进行冲击,制造目视可见损伤(即在周期性维护检查中能够容易发现的损伤)。再次进行代表两倍检查间隔的疲劳试验,验证无扩展方法。用限制载荷试验,验证结构在带有这些损伤时仍然能承受所需的载荷(FAR 25.571b)。然后,进一步在试验盒段上制造大损伤,在前梁和后梁的弦上锯出口子,并锯掉一个完整的桁条/蒙皮段,证明其承受继续安全飞行载荷(对安定面结构,约为 70% 的限制载荷)的能力(FAR 25.571e)。再次对故意制造的损伤进行超声检查,并证明无有害的损伤扩展。剩余强度试验证实了分析预计的结果,并证实了根据组合件试验表征所得到的经验性结果。

完成损伤容限试验后,用螺接钛金属板,对切割的元件损伤和穿透性大冲击损伤进行修理。所选择的构型代表了 B777-200 结构修理手册中所计划的机械修理。所有的修理都设计得将结构恢复到有能力承受设计极限载荷。进行修理时只模拟使用中的修理条件,从外部接近。对修理过的试验件加载到设计极限载荷(DUL)。

按对称的下弯载荷情况将试件加载到破坏,最终破坏载荷高于所需的载荷水平。采用分析方法和由 5-桁条压缩壁板组合件试验导出的设计值,预计了蒙皮壁板的破坏值。

A320 垂尾疲劳与损伤容限试验的试验步骤包括:

(1) 引入所有的小(BVID)损伤,包含制造缺陷、人工分层、不明显的小冲击、勉强可见的冲击等。

(2) 大气环境和温度环境(+70℃ 和 -50℃)下的限制载荷试验及应变测量。

(3) 大气环境下对湿化结构的疲劳试验,一倍寿命疲劳谱,48 000 次飞行,包括 1.15 载荷放大系数。

(4) 大气环境下限制载荷试验及应变测量。

(5) +70℃、最大层板湿度下极限载荷试验及应变测量。

(6) 引入较大制造缺陷:如大面积分层、方向舵连接区卸掉螺栓和铆钉、切去 1/3 方向舵支臂耳片、引入划伤、梁腹板加强筋分层等。

(7) 大气环境下的疲劳试验,1/4 倍寿命疲劳谱,12 000 次飞行,包括 1.15 载荷放大系数。

(8) 80% 限制载荷试验及应变测量。

(9) 大气环境下的疲劳试验,1/4 倍寿命疲劳谱,12 000 次飞行,包括 1.15 载荷放大系数。

(10) 引入严重冲击和雷击损伤。

(11) 大气环境下 1.1 倍限制载荷试验。

(12) 对严重冲击和雷击损伤进行修理。

(13) +70℃下 1.1 倍限制载荷试验。

(14) 吸湿度大于 0.72% 下的疲劳试验,3/4 倍寿命疲劳谱,36 000 次飞行,包括 1.15 载荷放大系数。

(15) 在最恶劣环境下(吸湿量 1.2%、结构温度 +70℃±2℃)剩余强度试验及应变测量。

8.6 复合材料结构的修理

复合材料结构的维护和修理必须符合设计与制造要求,满足静强度、疲劳/损伤容限、颤振要求以及对特殊结构与应用的各种因素考虑。

需要从以下几个方面去考虑和研究:维修性设计、维修实践、修理的验证、损伤检测、检查和修理能力。

1) 维修性设计

复合材料结构必须设计成修理环境下的可检和可修理。用于结构细节的检查和修理方法必须规定于特殊文件中,而且对于临界损伤类型需要培训。这些临界损伤类型是难于检测的、定性的和修理的。对于任何可能预测要修理的结构细节及损伤水平,其检查间隔和寿命限制必须清楚地写在持续适航文件中。

2) 损伤检测

用于损伤检测的程序必须证明是可靠的和可行的,能检测出在低于极限载荷能力下降低结构完整性的损伤,这些程序必须在持续适航文件恰当章节中写明。检测程序的验证要包括所有类型的损伤,如外来的冲击损伤、制造缺陷、受热引起的退化。提供结构保护的表面层退化(如漆、涂层)需要检测。影响结构完整性、燃油箱安全、电气系统的闪电防护系统的退化必须检测。

目视检查是主要的损伤检测方法,并在规定的光线下实施操作。目视检查程序要考虑通路、冲击损伤后的凹坑释放、颜色、磨光、表面的清洁。

3) 损伤检查

经常用于复合材料结构损伤检测的目视检查,如果结构零件损伤位于隐藏的细节需要进一步研究。作为结果,用于完整复合材料结构损伤特征的附加检查程序将不同于初始的损伤检测,需要很好的操作。修理前的无损检测和修理中破坏过程的无损检测执行需要确定损伤的范围。修理质量的过程控制和修理后的检查方法必须表明可靠的和有能力为工程人员提供数据并用于确定结构完整性的退化,而这是由于工艺本身导致的极限载荷能力的下降。在完成修理后,特定的工艺缺陷(如弱胶)不能可靠地检测出来。这种情况下,损伤的威胁、修理设计和限制都要保证具有足够的损伤容限。

4) 修理

飞机运营商需要具备经济修理损伤飞机的能力;当运营商将要修理飞机时,在缺少制造商提供的修理指南情况下,他们会研究自己的修理方案;飞机制造商需要考虑飞机的运营环境。

5) 结构修理区域划分

飞机结构各部位对强度和刚度要求的重要程度是不同的,对可维修性、修理方法的要求也不相同。在设计阶段应根据结构的特点和强度、刚度的要求,对构件进行分区,各分区具有不同的、可以接受的损伤程度以及相应的修理技术。

(1) 影响结构安全性的主要结构件。

按照损伤容限设计要求确定的主要结构件 PSE 进行区域划分,针对每个 PSE 部位(重点是那些会出现制造缺陷、容易受到使用损伤的 PSE 部位)根据损伤容限评定的结果(损伤接受程度、结构类型、修理方法)划分成不同的区域,并对每个区域给出检测方法、修理容限、修理时刻和修理方法。

(2) 影响结构功能完整性的结构件。

按照结构功能划分区域的结构件,这类结构虽然对安全性影响不大,但其损伤影响了功能的完整性。如翼面类结构的前缘、各类整流罩、客货舱地板等。根据这些结构部位的不同及对功能的影响不同,对每个区域给出不同的检测方法、修理容限和修理方法。

6) 结构修理原则

复合材料的结构修理:

(1) 复合材料结构的修理不能容易的恢复到原来的结构构型。

(2) 原来的修理概念:

a. 用机械连接板;

b. 拆下和更换。

修理原则是修理后的结构要求尽量恢复到原状态的强度:

(1) 有些修理概念很难实施。

(2) 对于原来的零件:

a. 采用高性能材料:要严格控制环境;

b. 制造环境:需要受过培训的技师;

c. 复杂的模具工装;

d. 先进的工艺过程:采用好的固化材料,在高温、高压下固化,清洁的环境。

(3) 修理限制:

a. 如修理材料不具备原来材料的强度:要考虑修理环境下的材料容差;

b. 修理环境:需要多方面、多专业的培训技师;

c. 限制模具:需要采用被修理的零件作为模具的基准;

d. 基本工艺过程:挑选周围环境、真空袋固化、热电毯;

e. 被修理的零件可能会由于修理过程再造成新的损伤,如由于过热和在某个温度下过长的时间而导致分层或脱黏。

7) 考虑复合材料修理的结构设计原则

对于所有复合材料结构,特别是容易受到意外损伤、离散源损伤的部件,在设计中应考虑到可修理性、修理方法和技术的可行性、有效性与经济性。同时,应使修理后的结构强度和刚度的恢复尽可能高,使结构重量的增加尽可能小,还要恢复原结构的使用功能、保证原结构的光滑完整。

设计中考虑修理时的结构设计原则如下:

(1)易损部件应留有修理通道,即提供足够的检查空间和使用钻孔、铆接工具的空间。

(2)易损部位复合材料结构的连接尽可能采用螺接,以便受到损伤时易于拆卸修理或更换。

(3)对易损部位应考虑修理余量,以保证修理时扩孔、加开连接螺栓孔后仍有足够强度。

(4)复合材料结构上安装金属接头等其他零件时应尽可能采用螺接,而不采用胶接,以便拆卸,易于复合材料结构的修理。

(5)组合结构构件的修理一般比整体结构构件的修理容易很多,因此在满足结构设计原则的前提下,复合材料构件应尽可能采用组合结构形式。

从结构修理角度讲,根据损伤的类型、损伤程度和损伤部位的重要性,可将复合材料飞机结构的损伤分为 3 类:

(1)允许的损伤:这类损伤不影响部件结构完整性和使用功能,但需要确定是否要修理(ADL 是确定结构损伤修理和不修理的界限,需要按各部位确定),若需修理则必须在规定的时间或飞行起落期限内进行永久性修理。这类损伤有表面损伤、轻微的冲击损伤等。

(2)可修理的损伤:这类损伤对部件的结构完整性和使用功能有轻微的影响,并且会降低强度和寿命,必须立即进行修理(CDT 是确定结构损伤是否立即修理的界限,需要按各部位确定)。如果一时无法进行永久性修理,则可先进行临时性修理,然后在规定的时间期限内再转换成永久性修理。

(3)不可修理的损伤:这类损伤对部件的结构完整性和使用功能有较大的影响,修理后无法满足强度、刚度及功能要求,或修理是不经济的。此时可以再考虑能否更换,或更换是否经济。

8) 结构修理容限确定方法

修理容限是指修与不修、能修与不能修的界限。影响复合材料结构损伤修理容限的因素很多,不同的结构形式、不同的材料体系、不同类型的飞机都有不同的规定。

对于主要结构件 PSE,根据损伤容限分析和验证的结果,确定各部位的 ADL,从而确定了结构损伤修理和不修理的界限。并确定各部位的 CDT,继而确定了结构损伤是否立即修理。对于功能类的结构件,主要依据其对使用的影响,确定需要修理的界限。

在飞机使用过程中,按照规定的 A 检、重复 A 检、C 检、重复 C 检的时间及所要检查的部位和检查方法,首先根据缺陷和损伤的类型,检测出其大小和范围,比照制定出的结构检查大纲,从而确定是否进行修理。

通常,每种结构都有自身特有的损伤包容能力,这种能力由结构的设计应变(变形)控制。如 F‑18 的修理指南规定压痕深度小于 0.4mm,分层直径小于 13mm,开胶直径小于 19mm,可不修理,照常使用。使用经验表明,大多数复合材料结构都能包容损伤当量直径小于 20mm 的各类损伤。

当缺陷和损伤的大小大大超过了一定的量值时,结构修理难于达到标准要求或在经济上已不合算时,只能报废更换构件。如波音飞机公司规定缺陷和损伤的范围大于构件面积的 15% 时报废不可修。如 F‑18 规定蜂窝结构分层直径大于 50mm,开胶直径大于 75mm,层压板分层直径大于 75mm 时报废不可修。

9) 复合材料结构修理方法

修理方法选择的一般原则:

(1) 尽可能选用与被修理构件相同的修理材料。

(2) 使用预浸料修理时,修理部分尽可能采用对称铺层。

(3) 采用台阶式修理时,表面至少要有一层将所有台阶覆盖。每个台阶不多于 2 层铺层,每个台阶长度最小为 5mm,一般取 10mm。

(4) 修理处表面覆盖层一般为 ±45° 铺层。

(5) 铆接修理用的复合材料补片铺层一般为 0°,90° 和 ±45° 各占 1/3,以提高各个方向的挤压应力。

(6) 复合材料构件加热一般不应超过 5 次,超过 5 次后构件强度将大幅度下降。

(7) 修理后应恢复原结构的保护系统,如环境保护层、防雷击保护、表面绝缘、耐腐蚀等。

10) 修理方法种类

修理方法可以分为两类:非补片式修理方法和补片式修理方法。

(1) 非补片法:

a. 树脂注射法:用于孔隙、小的分层、小的脱胶等修理;

b. 混合物填充法:用于小的凹陷、蜂窝蒙皮的损伤、蜂窝芯子的损伤等修理;

c. 热处理法:用于除湿、干燥、去除蜂窝结构潮气等修理;

d. 表面涂层法:用于密封、恢复表面保护层等修理;

e. 抽钉法:用于层压板内部的分层等修理。

(2) 补片法:

a. 外搭接补片胶接法:可以修理 16 层厚的蒙皮,适用于外场修理;

b. 外搭接补片螺接法:可以修理 50~100 层厚、损伤区直径 100mm 的蒙皮,适用于外场修理;

c. 嵌入式补片胶接法:可以修理 15~100 层厚、损伤区直径 100mm 的蒙皮,不适用于外场修理。

　　d. 胶接挖补：用于层压板和夹层结构较严重的损伤。

11）各种损伤的修理

（1）表面损伤的修理：

常见的表面损伤包括表面 1.5 mm 左右深的凹陷、起皱、划伤、气泡或分层，其中以表面划伤最常见。对压损、凹陷、起皱、轻度划伤以及内部气泡或分层可用的修理方法包括：

　　a. 用树脂充填掉漆部分，固化、重涂漆。

　　b. 用增强树脂充填吹砂后的损伤区。

　　c. 用清洗剂重复清洗，随后用胶粘剂充填凹陷区，固化后除去多余物。

　　d. 将冷树脂注入到气泡及分层区，固化及清洗。该方法适用于小于 25 mm 的损伤区，固化中可用加重物及夹紧法对构件施加压力。

（2）分层修理：

构件边缘是最易出现损伤的部位。边缘开胶和分层可采用粘接、加压、固化或同时采用连接件的常规程序进行修理。这种类型的修理已广泛用于碳纤维复合材料构件的边缘分层。层压板内分层的修理可采用抽钉加密封剂的方法。

（3）冲击损伤的修理：

修理时可用预固化复合材料补片，也可用未固化的预浸料。通常采用划窝来去除损伤材料，然后用预浸料修理，这种方法的效果较好。但在多数情况下，预固化的补片修理也是一种简单可行的方案。

12）各类结构的修理

（1）蒙皮/肋结构的修理：

通常采用外搭接复合材料补片胶接/螺接方法，修理中采用碳纤维复合材料补片胶接或加蒙乃尔埋头抽钉铆接的方法。当损伤面积较大时，补片除胶接外还需采用蒙乃尔埋头抽钉加强，如图 8-11 所示。

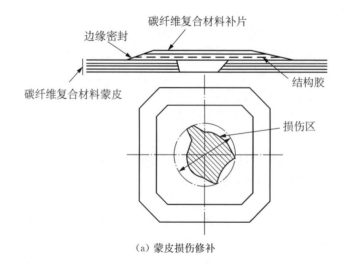

（a）蒙皮损伤修补

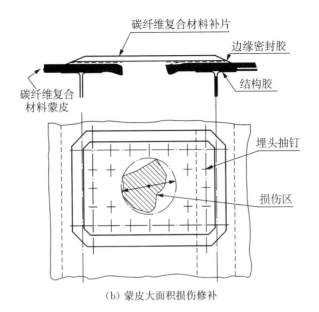

（b）蒙皮大面积损伤修补

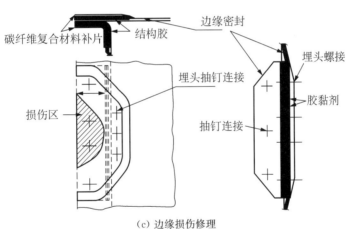

（c）边缘损伤修理

注：铆接修理适用于面积大于2 cm²的损伤区

（d）边角修理

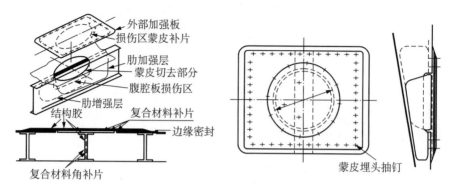

（e）单面蒙皮及肋损伤的修理

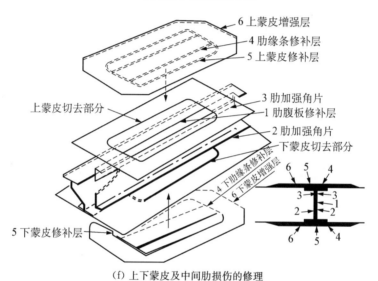

（f）上下蒙皮及中间肋损伤的修理

图 8 - 11　复合材料结构的修理

（2）蜂窝夹层结构的修理（见图 8 - 12）：

蜂窝夹层结构是容易出现损伤的构件。由于该结构的面板较薄，蜂窝状夹层有明显的胶接界面，所以常发生面板分层、板芯脱胶以及面板损伤和蜂窝塌陷等损伤。

a. 蜂窝夹层板的面板中发生分层损伤时，可采用抽钉铆接修理。

b. 面板和芯子间出现脱胶时可用注入胶粘剂的方法修理。

c. 当损伤仅出现在面板，蜂窝芯没有损伤时，可以按照对蒙皮的修理方法对面板进行修理。

d. 当蜂窝芯也有损伤时，需用树脂对损伤区进行填充或插入一个蜂窝填充件。如果芯区损伤区直径小于 25 mm 时，只需用树脂填充，然后用复合材料补片来增强损伤区蒙皮。

e. 对较大的单面蒙皮和蜂窝芯损伤或双面蒙皮和蜂窝芯损伤，可使用蜂窝填充件，再胶接上预固化的复合材料补片。

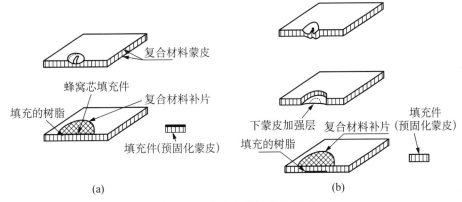

图 8-12　蜂窝夹层结构的修理

（3）厚蒙皮结构的修理

厚蒙皮结构损伤一般采用嵌入式修理方法。修理时需要切除损伤部位受损材料，将胶接面加工成斜面或台阶。根据损伤部位外形的不同，可采用不同的固化方法。如果损伤部位结构外形是平面，则既可采用预固化复合材料补片，也可用湿铺贴法或预浸料热胶接法。如果损伤部位结构外形是曲面，则一般只能用湿铺贴法或预浸料热胶接法。

13）影响结构修理的因素

（1）湿度：

a. 湿度是影响复合材料修理的一个重要因素。复合材料损伤结构在使用中由于环境因素可能出现潮湿，对损伤结构进行胶接修理时，高温固化可能引起层压板气泡、胶层破坏等，从而降低修补结构的强度。

b. 湿度对修理的影响取决于胶的种类、固化温度、使用温度、主层压板材料和修补材料以及层压板的厚度等。不同的主体材料采用不同的修补材料在干态和湿态下的强度也是不同的。在湿态下，湿铺贴法的修理效果好。

c. 在湿热条件下，修补结构的强度有所降低，主体层压板越厚，湿度对修理的影响越大

（2）补片的几何构型：

a. 补片的几何构形主要有：嵌入式修理的嵌入角 β、外层铺层数 n_e、搭接式修理的搭接长度 d_1、单面铺层数 n_1。

b. 随着嵌入角的增加，修补结构的强度降低。

c. 外层铺层数越多，修补结构的强度越高。

d. 搭接长度有一个极限值，当搭接长度超过这个极限值时，修补结构强度不随搭接长度的增加而增加。

e. 随着单面铺层数的增加，修补结构的强度也增加。

以上修理均采用湿铺贴法。

夹层板胶接修理的研究及试验：

（1）利用不同的试验确定修理的有效性，研究胶接修理参数和修理的强度特性。

（2）评估夹层板胶接修理设计和载荷参数。

（3）利用试验验证可靠的分析技术，并推荐使用：

a. 斜面比、芯格尺寸和 1D 与 2D 的修理；

b. 拉伸、压缩和剪切；

c. 斜面损伤（采用与不采用胶接修理）。

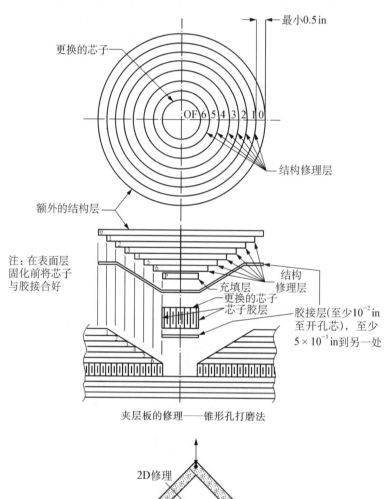

图 8-13　胶接修理

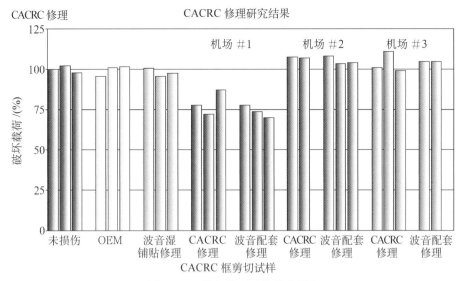

图 8 - 14　剪切修理后的强度研究

14) 修理方法的分析与验证

损伤的复合材料结构修理后其强度和刚度要达到或恢复到原结构的设计水平，完成结构原有功能，耐久性达到预定要求。

（1）静强度和稳定性：修理设计必须考虑修理后的复合材料结构能满足初始设计载荷要求，或恢复到适当的损伤容限水平。

a. 强度恢复：在进行损伤应力分析后确定强度恢复水平，或者恢复到原强度，或者恢复到设计强度。

b. 稳定性要求：在许多复合材料结构中人们最关心的问题是在压缩载荷下的屈曲失稳，进而明显影响复合材料结构的刚性，损伤的应力分析将确定是否存在结构失稳。

（2）耐久性：任何修理通常都应考虑飞机在整个服役使用过程中能保持其结构完整性。因此修理耐久性应在修理设计时充分考虑。

a. 结构疲劳载荷对螺接和胶接结构的影响，加强对损伤扩展和修理区域的监测，以满足适航要求；

b. 在修理中使用不同材料时，构件的接触腐蚀应加以考虑和注意，并采取有效措施防止；

c. 在修理设计中应考虑在使用环境中，因修理材料吸湿和湿/热环境的影响将降低设计许用值。

（3）刚度要求：为了减轻结构质（重）量，飞机结构往往设计成轻质结构。在这些结构中刚度有时比强度更为关键。对于修理来说必须保持结构整体刚度，在满足刚度要求的修理设计中，以下几个方面必须加以考虑：

a. 变形限制：机翼和飞行控制表面的最大变形限制是飞机气动性能的基础，结构修理不能改变飞机的气动性能。控制表面的最大变形限制是飞机气动性能的基础,结构修理不能改变飞机的气动性能。

　　b. 气动弹性稳定性:颤振和其他气动弹性严格限制了修理设计。气动弹性要求修理区域的刚度应几乎等于原来的刚度。增加刚度会降低颤振速度,降低刚度也会改变飞机的飞行特性。

　　c. 载荷传递路径:飞机结构的载荷传递路径明显的变化是不允许的。一般来说,修理区域的刚度和原结构刚度相当,可防止出现飞机结构中载荷传递路径明显的变化。

　　(4) 气动外形:气动外形变化会影响飞机达到最大速度和获得最佳油耗。飞机的机翼前缘和翼面结构等要求有光滑的气动外形,因此这些区域修理时所用的外补片必须非常薄。

　　(5) 重量和平衡:一般来说,修理引起的质(重)量变化是不明显的。但对于质(重)量敏感结构。如飞行控制表面,质量的变化对于平衡的影响是非常明显的。对于这些构件,修理时应注意将局部质(重)量变化控制在一定范围内。在某些情况下,修理后的制件有必要进行再平衡。

　　(6) 工作温度:工作温度决定修理材料选择,特别是胶粘剂和树脂体系的选择。必须选择在工作温度范围内有足够强度的修理材料,湿热条件是修理材料选择的关键条件。

　　(7) 环境影响:复合材料结构暴露的各种环境下,如流体和热交变条件下,其性能会有明显下降。吸湿会明显影响胶接修理结构的耐久性。修理必须和其他机载系统相容,典型的包括以下几点:

　　a. 燃油密封系统——飞机上燃料装在机翼整体油箱内,此任何对机翼蒙皮的修理都会和燃油密封系统接触。

　　b. 防雷击系统——如果原结构有防雷击要求,那么修理以后必须达到同样的导电率。

　　c. 飞机操纵系统——对于任何一个飞行过程中需运动的制件,修理盾必须保证其操纵性不受影响。

　　(8) 成本和周期:修理需要的花费和飞机停飞带来的经济损失需综合考虑。但一般来说,如采用适当的修理方法,修理的花费要比更换新部件便宜得多。

　　15) 修理方法的强度分析与验证

　　需要对修理结构进行强度分析与验证,以证明修理后的结构强度能恢复到原来的水平,至少要满足极限载荷的强度要求。

　　通常用与结构件的设计应变水平所对应的载荷进行复合材料结构修理的强度分析与验证。如果修理区域的容许应变水平超过了设计应变水平,用结构的实际应变确定储备系数。修理结构的层压板破坏分析中所应用的材料性能与未损伤结构中所应用的相同。

修理后的结构仍要保证其疲劳损伤容限特性能恢复到原来的状态。分析时要注意补片造成的偏心问题。

通常在复合材料飞机构件的研制过程,对于各重要结构件(PSE)通过分析和试验确定了 ADL 和 CDT,然后选择合适的并经过验证的修理方法对其进行修理,再进行一定的静力和疲劳试验验证及剩余强度验证。经验证后的修理方法编入结构修理手册。

对于各 PSE 的修理方法一般都要进行试验验证,其中包括静力试验、疲劳和损伤容限试验,以验证修理方法的可行性。

8.7 本章小结

本章着重介绍了复合材料结构的损伤与结构强度的关系。复合材料结构强度的适航验证具有如下的特点:

(1) 全尺寸复合材料结构的验证通常将静强度试验与疲劳和损伤容限评估试验结合起来进行,这是与传统金属结构最为不同的地方。

(2) 复合材料结构的疲劳和损伤容限评估同样适用于"积木式"验证方法的原则。即,尽管通常只使用有限的几个全尺寸复合材料结构进行最终的疲劳和损伤容限评估试验,但是引入损伤的尺寸、载荷放大系数的选择、载荷的筛选等试验的关键输入仍然有赖于大量在低级别层级上(元件级、组件级、部件级)的试验来确定。

(3) 复合材料结构的修理方法以及修理后是否能够恢复其原有的强度性能,将是民用飞机更多使用复合材料结构面临的最大挑战。

9 复合材料结构验证的其他考虑

在前面的章节的介绍中,重点关注了复合材料作为"材料"的材料性能获取方法、作为"制造工艺"的工艺稳定性确认方法以及作为"结构"的强度特性的验证方法。本章将补充介绍复合材料由于其非金属的特性而带来的一些特殊考虑,包括湿热环境的影响、复合材料的易燃性问题等等。

9.1 颤振和气弹稳定性

需要进行的气动弹性验证包含颤振、控制反效、发散以及任何由结构加载和产生变形导致的稳定性和控制的过分损失。颤振和其他气动弹性不稳定必须通过设计、质量控制、维护和对临近系统界面的仔细关注来避免。

复合材料结构的验证需要考虑重复载荷、环境暴露和服役损伤推测(例如,大的第 2、3 或 4 类损伤,和潜在的夹层板吸水增重)对例如刚度、重量和阻尼等关键性能的影响。注意预计遭受大损伤的某些操作表面保留有足够的残余强度余量,但潜在的刚度损失可能对颤振和其他气动特性产生不利影响。这对脆性的和易于因意外损伤、环境而导致性能衰退的操作表面特别重要。例如,由维修、制造缺陷和多层喷漆导致的重量和刚度改变等其他因素需要被评估。控制表面清洁度可能也是一个会随更改、损伤和维修而改变的问题。还可能存在与结构部件接近高温热源有关的问题(例如,尾翼结构在喷气发动机的排气流路径上)。这些影响可以通过由试验证据支持的分析或通过试样、元件或子部件水平的试验进行验证。

9.2 湿热环境

1) 试样的环境试验是采取预处理方式以获得吸湿平衡(如湿、热)

(1) 时间平衡(预处理环境、试样几何尺寸)。

(2) 预处理经常采用高温、高湿混合进行加速。

2) 湿气散布分析(基于物质传递规律)

(1) 对于选择的试样,预测预处理时间。

(2) 利用基本材料的特征性能控制环境。

(3) 分析飞机结构的实际时间和环境暴露(如厚尺寸零件在参与服役寿命期内最大可能的湿气含量)。

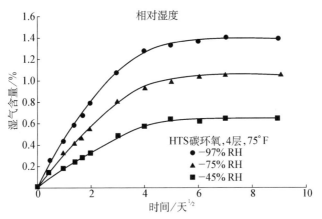

图 9-1 平衡吸湿含量是相对湿度的函数

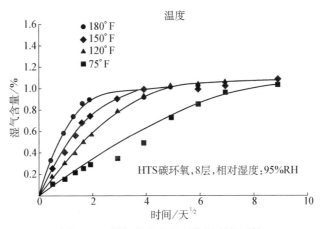

图 9-2 湿气散布率是环境温度的函数

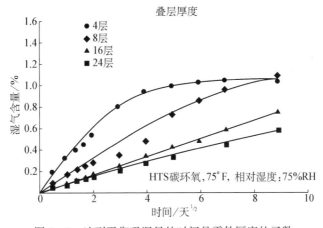

图 9-3 达到平衡吸湿量的时间是零件厚度的函数

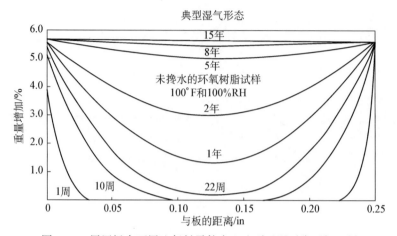

图 9-4　层压板表面层比复材零件中心达到吸湿平衡要好且早

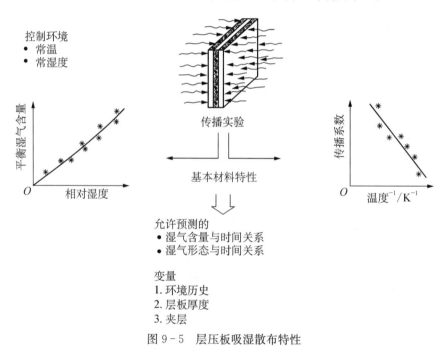

图 9-5　层压板吸湿散布特性

3）影响吸湿的环境因素

4）层压板厚度影响吸湿

5）预处理环境不能太严酷以致在服役期间使基体退化或发生化学改变

（1）不能导致基体开裂。

（2）不能提高基体固化度。

6）在湿热试验中控制湿气的丧失

（1）在试验前适当的试件储存。

（2）使用厚的试件。

（3）预测湿气干燥和控制试验程序，以使试验前湿气丧失最小。

（4）试验后立即测量湿度含量。

9.3 太阳光/热辐射环境

1）太阳照射热的设计考虑

（1）由于某些因素飞机结构的温度会上升到比周围环境还高。

（2）参数化热分析可以用于确定结构温度峰值：需要周围环境条件的设计准则。

（3）其他热源和温度的限制（如对于航空电子产品或在飞行手册中规定的其他限制）会导致飞机结构温度分别高些或低些。

（4）用于参数化热分析的环境条件。

时间	环境温度(℉)	太阳辐射(Btu/(ft² · hr))
1100	111	330
1200	114	355
1300	119	355
1400	122	330
1500	123	291
1600	124	231
1700	123	160

（5）从湿热浸泡最严酷的情况出发，可以考虑气流降温的影响。

飞机滑行、起飞、爬升到海平面 1000 ft。然后假定飞机从水平飞行加速到规定的飞行速度，不论是依靠临界的机动载荷还是突风载荷。

2）热分析考虑

（1）环境条件。

a. 周围温度；

b. 太阳辐射；

c. 空气速度。

（2）复合材料特性。

a. 热传导率；

b. 规定的热量；

c. 密度。

（3）表面光洁特性。

a. 太阳光吸收率；

b. 红外线发射率；

c. 依赖于漆的颜色、表面光洁度合材料。

3）国外初步研究结果

分析中的困难的部分主要是对随着气流降温的内部温度的传导模拟

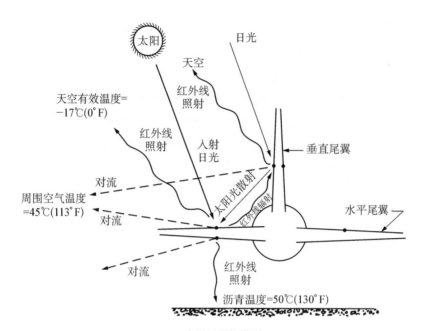

水平尾翼热模型

图 9-6　太阳热辐射

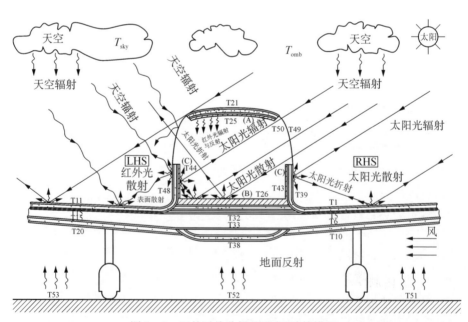

图 9-7　国外对热分析的研究(计算模型)

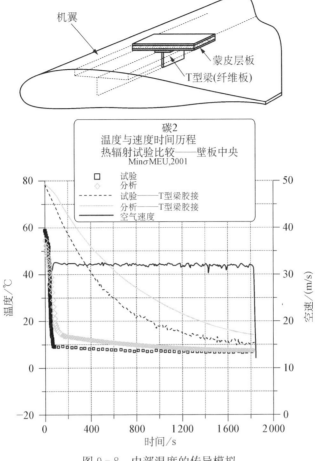

图9-8　内部温度的传导模拟

9.4　闪电防护

1）闪电防护要求

（1）飞机必须防止由于雷击导致灾难性的影响。

（2）闪电防护方法：

a. 雷击影响降至最低；

b. 有效的导电通路。

（3）复合材料的特点：

a. 复合材料对雷击损伤很敏感；

b. 不能驱散 P 静电荷；

c. 不能提供电流屏蔽；

d. 并不是所有复合材料结构响应都是相同的。

2）复合材料雷击损伤特性

（1）遭受雷电损伤的因素：

a. 热效应——高电流：

（a）树脂基体的退化与蒸发；

（b）纤维蒸发。

b. 机械效应：

（a）电磁场脉冲与冲击；

（b）爆炸效应；

（c）分层。

（2）复合材料雷击损伤结果。

图 9-9　遭雷击的后缘

图 9-10　方向舵遭雷击

图 9-11　活动面遭雷击

3）复合材料闪电防护评定方法

（1）采用试验或经试验验证的分析进行评定：

a. 驱散 P 静电荷；

b. 需要的地方提供电磁防护；

c. 能适应或转换雷电造成的电流。

（2）复合材料雷电防护设计：

a. 确定雷击区域：有两种方法，第一种是通过比较类似飞机的雷击经验及雷击分区来确定。第二种是用飞机比例模型进行雷电模拟试验来确定。

b. 确定雷电环境：确定在每个雷击区域里所预期的总的雷电放电电流分量，这些分量是必须设法防护的。雷电防护程度取决于雷电环境和所运用的试验标准。

c. 确定易受雷电损坏的系统或部件：确定可能易遭受雷电干扰或破坏的部件，无论这些干扰和破坏来自于雷电直接效应（机械损坏）还是间接效应（电磁耦合）。

d. 制定保护准则：根据对安全飞行的重要性、任务的可靠性或维护因素，确定需保护的系统和部件以及不需要保护的系统和部件。对需要被保护的项目建立雷电防护成功或失效判据。

e. 雷电防护设计：为需要保护的每个系统或部件设计合理的雷电防护措施，这在飞机设计之初就应进行。

f. 试验验证防护的合理性：通过试验验证雷电防护设计的合理性与有效性。

（3）雷电防护要求。

a. 区域 1 的要求：位于雷击 1 区的结构件应进行雷电防护，以避免遭到直接雷击而损坏。如果在这个区域采用全复合材料结构件，可选用防雷击金属条系统来保护这些结构。

b. 区域 2 的要求：雷击 2 区是扫掠雷击区，要求该区域内的复合材料结构进行免遭雷电扫击和反复雷击的防护。

c. 区域 3 的要求：雷击 3 区雷电附着的可能性很小，但它要传递很大的雷电电流，所以要求位于此区域内的复合材料结构能使雷电电流通过而不遭破坏。

（4）雷电的考虑。

a. 雷电初始接触：

（a）有赖于低概率的电弧；

（b）有赖于高概率的电弧。

b. 雷电扫击：

（a）有赖于低概率的电弧；

（b）有赖于高概率的电弧。

c. 其他区域：

传导来的多余电流。

d. 后缘区域；

e. 损伤情况依赖于材料、滞留时间和电流密度：

（a）雷电扫击：当雷电到达时，后缘区域将是雷电冲击滞留一段时间；

（b）雷电放射：雷电的驱散是通过高电流的传导。

（vi）对于非传导的复合材料，其损伤更加严重。

雷电冲击到潜在的传导结构：热、冲击、爆炸。

（5）雷电的防护方法。

a. 结构能容忍损伤：

（a）遭受雷击后结构仍持续具有原来的功能；

（b）或结构有损伤但不是危险的，如：当雷电造成蒙皮上有一个洞，但蜂窝板的剩余强度还足够；当雷电造成局部分层，但层板的剩余强度还足够；雷达罩或整流罩全部丧失。

b. 雷电转换：

（a）提供外表面的控制电流通路，使电流转移出去。

（b）表面布置传导介质：在外表面布置铜网或铝网来控制电流走向。

（c）在可能出现高电流区域使用传导材料：前缘布置传导的金属层、后缘布置传导金属。

c. 具有抵抗雷电冲击的固有能力或结构无损伤：

（a）厚的有传导能力的复合材料；

（b）除非在雷电冲击附着点，其他部位不会损伤；

（c）具有抵抗机械损伤的能力；

（d）低的电流密度；

（e）热量低。

（6）复合材料结构雷电防护系统。

复合材料结构的防护系统从原理上可分为两类：一类是提供雷电电流通道的导电防护统，如各种导电层防护系统；另一类是使防护对象与雷电电流通道隔离的绝缘防护系统，如金属条防护系统和绝缘涂层防护系统。目前，最常用的是导电层防护系统和金属条防护系统。

a. 对防护系统的要求：应满足最低防护效率要求并且可靠；增重要小，成本要低；引起的力学性能降低应在可接受的限度内；必须与飞机可能经受的湿热等使用环境和使用寿命相兼容并便于维修。

b. 涂层防护系统：分为导电层防护系统（如火焰喷涂铝、铝箔、铝丝网、镀镍碳纤维、导电树脂及导电漆等）和绝缘层防护系统（如聚氨酯漆和卡普顿薄膜等）。导电防护系统原则上是保护层，用以抵御雷电和静电荷，同时常常也增加了飞机的电磁屏蔽。在选用这些系统时，应通过试样的雷击试验加以筛选和评定，还要检查力学性能下降程度。

c. 复合材料的金属条防护系统：如果在区域1范围内采用全复合材料结构，可在边缘部分采用防雷击金属条系统来保护这些结构。为了防止有一定导电能力的复合材料结构遭到破坏,应采用非导电的胶接方法来使防雷击条与结构绝缘。需要进行雷击试验,以证明雷击电流确实通过金属条避开了复合材料结构这条通道。

　　d. 结构措施:用控制导电表面的外部半径来控制雷电附着点,并能以一种控制方式泄放静电荷,所以在气动外形设计时就应考虑雷电和静电防护因素。

　　(7) 防雷电的验证方法。

　　a. 确定雷电冲击要求:

　　初始附着点、雷电扫击区、传导元件、雷电放射点。

　　b. 评定对雷电冲击损伤敏感的结构。

　　c. 通过雷击试验验证可能的损伤:

　　(a) 飞机构型的验证试验;

　　(b) 与试验的结构类似。

　　d. 传导结构的验证:

　　考虑到可能的雷电损伤影响,证明飞机结构仍然能承受静载荷的要求。

　　e. 雷电防护特性必须在飞机全寿命期间都是有效的:

　　(a) 考虑使用中的退化;

　　(b) 考虑维护和修理。

9.5　适坠性

　　飞机的适坠性主要是考虑冲击的响应,通常规章的演变是基于飞机在服役中发生的事件或意外获得的经验,以及保证安全性的新设计要求。适坠性这种情况,规章的发展是通过实际飞机操纵使用中获得的经验。例如:应急着陆载荷系数和座椅载荷是建立在动力学条件下快速的反作用力。规章反映了在坠撞条件下传统铝合金飞机结构的能力。这种方法能够满足飞机可以继续使用传统的结构设计方法。随着复合材料机身结构设计和使用,这种传统的方法不再充分验证和保护乘员能与金属结构同等的安全水平。

　　飞机设计需要保证在发生现实的和幸存的坠撞条件下任何可能生存的逃离机会。复合材料的结构设计与传统的金属飞机结构设计相比需要考虑其特殊的结构特性,包括主要结构的修理或更换。结构的验证需要采用试验的方法或者经过试验验证的分析。服役的经验可以支持验证方法。

　　飞机的坠撞动力学和相关的能量吸收是非常难以模拟的,需要完全描述与结构要求相关的典型试验。每个飞机型号(如运输机、小飞机、螺旋桨飞机)都有相应的规章管理特种飞机结构的适坠性。因而必须使用与飞机型号相关的规章与指导材料。运输机和螺旋桨飞机的规章重点强调的内容远超出那些小飞机。

　　对于运输类的复合材料机身结构需要考虑特殊的条件来强调坠撞的生存性。复合材料机身结构的撞击响应必须得到验证,以保证与金属结构无大差异的生存性。撞击载荷和导致结构变形的支撑构件及地板结构必须验证。在验证中必须考虑四个主要的标准区域。

这四个标准区域中的每个临界状态依赖于特殊的坠撞条件。例如：乘员所经受的载荷及加速度可能在较小撞击速度下结构未开始破坏时就会较大。其结果是，验证的分析方法需要覆盖所有机身结构的适坠性准则。

已有的运输类飞机要求同样需要强调保证结构油箱的完整性，在发生幸存的坠撞事件时防火的安全。与适坠性有关，复合材料油箱结构必须不能破坏，而且也不能变形到极限而导致比金属结构更严重的着火灾难。

对于有幸存的坠撞，复合材料结构适坠性的物理和机械特性包含以下方面：局部强度、能量吸收特性、需要强调的复合材料结构的多种破坏模式等。对于采用各向异性、脆性的复合材料来说不是容易得出的。而作为结果的乘员和设备经受的加速度和载荷作用于复合材料飞机上是不同于作用在金属飞机上的，除非在复合材料结构设计中采用了特殊的考虑。此外还要特别注意采用复合材料替代金属的特殊特性。如改变金属结构的厚度很容易预测，但是增加和删除复合材料层板的层数同样需要考虑叠层顺序的影响，因为它会影响破坏模式和能量吸收特性。

典型的结构必须包含，并获得验证的试验和分析结果。依赖于载荷（需要考虑飞机不同的客载与商载的构型）的结构动力学考虑、变化的破坏模式、局部应变率、载荷情况，对于全部结构是不同的。起源于不同撞击方向的结构敏感特性必须考虑运输机和螺旋桨飞机的用途。这些可以通过经验证过的分析方法得到。

考虑与金属结构相比较和各种坠撞条件的需要，有充足试验验证的分析方法经常应用于运输机和螺旋桨飞机。分析方法需要深入研究各种模型参数（如网格优化、连接及接头的模拟与简化、单元材料的应力应变曲线）对模型的敏感性。试验同样需要研究试验设备对复合材料结构的敏感性（如频率滤波器可以测得预期的结构脉冲响应特性）。模型的验证需要采用积木式的验证方法，最终到复杂的结构（如具有足够结构细节的落振试验来验证恰当的适坠性评定准则）。

9.6　易燃性

较为常见的复合材料的飞机内饰件包括：地板、厨房、盥洗室、储存箱、隔板、天花板、导管和座椅元件等。

在对这些内饰件进行验证时，考虑到复合材料结构属于非金属类，应当重点考虑易燃性的验证，主要包括：烟雾释放、热量释放、燃烧率、自熄特性和火焰渗透特性。因此，通过25部附录F的阻燃试验是这些复合材料结构验证不可少的试验项目。

9.7　本章小结

尽管本章罗列了复合材料由于其非金属的特性而带来的一些特殊考虑，但是这远不能穷举实际应用中需要考虑的内容。

正如本书一开始所介绍的那样,在享受诸如可设计好、比强度/比模量高、化学性质稳定、耐腐蚀、疲劳性能好等复合材料用于航空器结构的优势的同时,我们也不得不面临相较于传统金属结构更多的、更复杂的适航验证考虑内容。细节决定成败,在将更多精力放在复合材料的材料性能获取、制造工艺确认和结构强度验证的同时,一定不要忽视本章所介绍的、影响复合材料验证的各种因素,特别是复合材料结构受湿热、闪电的影响以及复合材料结构自身的适坠性和易燃性的特性。

参 考 文 献

［1］ 中华人民共和国民用航空法［S］,1995.

［2］ 中华人民共和国民用航空器适航管理条例［S］,1987.

［3］ CCAR-25-R4,中国民用航空规章第25部:运输类飞机适航标准［S］. 北京:中国民用航空局,2011.

［4］ ICAO Chicago Convention Annex 8 Aircraft Airworthiness［S］. ICAO, 2013.

［5］ AC 20-107B. "Composite Aircraft Structure"［S］. FAA, 2009.

［6］ AC 23.629-1A. Means of Compliance with Section 23.629, Flutter［S］［10/85］.

［7］ AC 25.571-1D. Damage Tolerance and Fatigue Evaluation of Structure［S］. FAA, 2011.

［8］ AC 23-20 Acceptance Guidance on Material Procurement and Process Specifications for Polymer Matrix Composite Systems［S］. FAA, 2003.

［9］ AC 25.613-1 Material Strength Properties and Material Design Values［S］. FAA, 2003.

［10］ AC 21-26 Quality Control for the Manufacture of Composite Structures［S］. FAA, 1989.

［11］ AC 120-104 Establishing and Implementing Limit of Validity to Prevent Widespread Fatigue Damage［S］. FAA, 2011.

［12］ AC 120-93 Damage Tolerance Inspections for Repairs and Alterations［S］. FAA, 2011.

［13］ AC 120-73 Damage Tolerance Assessment of Repairs to Pressurized Fuselages［S］. FAA, 2011.

［14］ AP-21-03R4. 适航管理程序型号合格审定程序［S］. 中国民用航空局,2011.

［15］ Michael Chun-Yung Niu. Composite Airframe Structures［M］. Hong Kong: Hong Kong conmilit Press Ltd., 1992.

［16］ Timothy G. Gutowski. Advanced Composites Manufacturing［M］. USA: John Wiley & Sons, Inc., 1997.

［17］ Filippo De Florio. Airworthiness An Introduction to Aircraft Certification［M］. USA: Elsevier Ltd., 2006.

［18］ 沈真. 复合材料飞机结构耐久性/损伤容限设计指南［M］. 北京:航空工业出版社,1995.

［19］ 杨乃宾. 复合材料飞机结构设计［M］. 北京:航空工业出版社,2002.

［20］ 薛克兴. 复合材料结构的损伤与修补［M］. 北京:航空工业出版社,1992.

［21］ 中国航空研究院. 复合材料结构设计手册［M］. 北京:航空工业出版社,2001.

［22］ 陈祥宝. 复合材料结构损伤修理［M］. 北京:化学工业出版社,2001.

［23］ 中国航空研究院. 复合材料结构稳定性分析指南［M］. 北京:航空工业出版社,2002.

［24］ 王兴业. 复合材料力学分析与设计［M］. 长沙:国防科技大学出版社,1999.

［25］ 中国航空研究院. 复合材料连接手册［M］. 北京:航空工业出版社,1994.

［26］ MIL-HDBK-17 Composite Materials Handbook［M］. US DOT, 2002.

[27] DOT/FAA/AR - 02/109 Guidelines and Recommended Criteria for the Development of a Material Specification for Carbon Fiber/Epoxy Unidirectional Prepregs [S]. FAA, 2003.

[28] DOT/FAA/AR - 02/110 Guidelines for the Development of Process Specifications, Instructions, and Controls for the Fabrication of Fiber-Reinforced Polymer Composites [S]. FAA, 2003.

[29] DOT/FAA/AR - 06/10 Guidelines and Recommended Criteria for the Development of a Material Specification for Carbon Fiber/Epoxy Fabric Prepregs [S]. FAA, 2007.

[30] DOT/FAA/AR - 06/25 Preliminary Guidelines and Recommendations for the Development of Material and Process Specifications for Carbon Fiber-Reinforced Liquid Resin Molded Materials [S]. FAA, 2007.

[31] DOT/FAA/AR - 00/47 Material Qualification and Equivalency for Polymer Matrix Composite Material Systems [S]. FAA, 2001.

[32] DOT/FAA/AR - 03/19 Material Qualification and Equivalency for Polymer Matrix Composite Material Systems: Updated Procedure [S]. FAA, 2003.

[33] DOT/FAA/AR - 01/55 Probabilistic Design of Damage Tolerant Composite Aircraft Structures [S]. FAA, 2001.

[34] DOT/FAA/AR - 99/91 Damage Tolerance of Composite Sandwich Structures [S]. FAA, 1999.

[35] DOT/FAA/AR - 03/74 Bonded Repair of Aircraft Composite Sandwich Structures [S]. FAA, 2003.

缩 略 语

A

AA	Airworthiness Authority	适航当局
AA	atomic absorption	原子吸收法
AASA	Aging Airplane Safety Act	老龄飞机安全法案
AASR	Aging Airplane Safety Regulation	老龄飞机安全规章
AAWG	Airworthiness Assurance Working Group	适航保证工作组
ADL	Allowable damage limit	许用损伤限制
ALS	Airworthiness Limitation Section	适航限制章节
AMC	Acceptable Means of Compliance	可接受的符合性方法
ANOVA	Analysis of Variance	方差分析
ARAC	Aviation Rulemaking Advisory Committee	航空立法咨询委员会
ARINC	Aeronautical Radio Inc.	航空无线电股份有限公司
ASRA	Aviation Safety Research Act	飞行安全研究法案
ASTM	American Society for Testing and Materials	美国材料试验协会
ASTM	Association of Standard of Test and Material	试验和材料标准协会
ATA	Air Transport Association	航空运输协会
ATP	Automated tow placement	自动丝束铺层

B

BBA	building block approach	积木式方法
BVID	barely visible impact damage	目视勉强可见冲击损伤

C

CAA	Civil Aviation Authority	民用航空当局
CAAC	Civil Aviation Administration of China	中国民用航空局
CAR	Civil Aviation Regulation	民用航空规章
CCAR	Chines Civil Aviation Regulation	中国民用航空规章
CDT	Critical damage threshold	临界损伤门槛值
CFRP	carbon fiber reinforced plastic/polymer	碳纤维增强塑料/聚合物
CLC	Combined Planar Compression	联合加载压缩
CLS	crack lap shear	裂纹搭接剪切
CME	coefficient of moisture expansion	湿膨胀系数

CPT	Cured Ply Thickness	固化后层厚
CS	Certification Specification	合格审定规范
CTD	cold temperature dry	低温干燥
CTE	coefficient of thermal expansion	纤维热膨胀系数
CTE	coefficient thermal expansion	热膨胀系数
CV	coefficient of variation	样本变异系数

D

DCB	double cantilever beam	双悬臂梁
DMA	dynamic mechanical analysis	动态力学分析法
DOT	Department of Transportation	运输部
DSC	Differential Scanning Calorimetry	差示扫描量热(计)法
DSG	Design Service Goal	设计服役目标
DT	Destructive Testing	破坏试验
DTA	Differential Thermal Analyzer	差示热分析法
DUL	Design Ultimate Load	设计极限载荷

E

EASA	European Aviation Safety Agency	欧洲航空安全局
EDAX	energy-dispersive X-ray spectroscopy	能量色散 X 射线谱仪
ENF	end notched flexure	端部缺口弯曲
ERS	electron spin resonance	电子自旋共振
ESCA	electron spectroscopy for chemical analysis	化学分析用电子能谱
ETD	elevated temperature dry	高温干燥
ETW	elevated temperature wet	高温湿润

F

FAA	Federal Aviation Administration	美国联邦航空局
FAA	Federal Aviation Agency	联邦航空署
FAR	Federal Aviation Regulation	联邦航空规章
FP	Fiber placement	纤维铺放
FTIS	Fourier Transform infrared spectroscopy	傅里叶变换红外线光谱

G

GC	gas chromatography	气相色谱(分析法)
GFRP	glass fiber reinforced plastic/polymer	玻璃纤维增强塑料/聚合物
GM	Guidance Material	指导材料
GPC	gel permeation chromatography	凝胶渗透(色谱)表征

H

| HIRF | High Intensity Radiation Field | 外界的高强辐射场 |

HPLC/LC	High-performance liquid chromatograph/liquid chromatograph	高性能液相色谱/液相色谱

I

ICA	Instruction for Continued Airworthiness	持续适航文件
ICAO	International Civil Aviation Organization	国际民航组织
ICAP	Inductively Coupled Argon Plasma	感应耦合等离子体发射
IRS	infrared reflectance spectroscopy	红外反射光谱(分析法)
ISO	International Organization for Standardization	国际标准化组织

J

JAA	Joint Aviation Authority	欧洲联合航空当局
JAR	Joint Aviation Regulation	联合航空规章

K

KC	Key Character	关键特性
KPP	Key Process Parameters	关键工艺参数

L

LCM	liquid composite molding	液体复合材料成型
LOV	limit of validity	维修大纲有效性限制
LVDT	linear variable differential transformer	差动变压器式传感器

M

MDSD	Maxim discrete source damage	最大离散源损伤
MMB	mixed-mode bending	混合型弯曲
MMPDS	Metal Material Performance and Development Standard	金属材料性能和研制标准
MNR	maximum normed residual test statistic	最大赋范残差
MOC	Means/Method of Compliance	符合性方法
MPS	Minimum Performance Standard	最低性能标准
MRB	maintenance review board	维修审查委员会
MS	mass spectroscopy	质谱(分析法)
MW	molecular weight	相对分子质量
MWD	molecular weight distribution	相对分子质量分布

N

NDI	Nondestructive Inspection	无损检验
NPA	Notices of Proposed Amendment	修订提议通知
NPRM	Notice of Proposal Rule Making	立法提议通知
NTSB	National Transportation Safety Board	国家运输安全委员会

O

| OSL | Observed Significance Level | 观测显著性水平 |

P

| PCD | Process Control Documentation | 过程控制文件 |
| PSE | Principle structure element | 重要结构件 |

Q

| QA | Quality Assurance | 质量保证 |

R

RDD	Readily detectable damage	易于检测的损伤
RDS	Dynamic Spectroscopy	流变动态光谱法
RFI	Resin Film Infusion	树脂膜熔浸成型
RTA	Room Temperature Ambient	室温大气条件
RTCA	Radio Technical Commission for Aeronautics	航空无线电技术委员会
RTD	room temperature dry	室温干燥
RTM	Resin Transfer Molding	树脂转移成型/树脂传递模塑

S

SAE	Society of Automotive Engineers	汽车工程师协会
SANS	small angle scattering	小角中字散射
SEC	steric exclusion chromatography	尺寸排除色谱
SFC	supercritical fluid chromatography	超临界流体色谱
SIMS	secondary ion mass spectroscopy	二次离子质谱

T

TBA	torsional braid analysis	扭辫分析法
TC	Type Certificate	型号合格证
TCAS	Traffic Alert and Collision Avoidance System	警告与防撞系统
TCCA	Transport Canada Civil Aviation	加拿大运输部民航局
TGA	Thermo-gravimetric analysis	热重分析法
TLC	thin-layer chromatography	薄层色谱
TMA	Thermo-mechanical Analysis	热机械分析法
TSO	Technical Standard Order	技术标准规定

V

| VID | visible impact damage | 目视可见冲击损伤 |

W

| WFD | wide fatigue damage | 广布疲劳损伤 |

索　引

大飞机出版工程
书　　目

一期书目（已出版）

《超声速飞机空气动力学和飞行力学》（俄译中）

《大型客机计算流体力学应用与发展》

《民用飞机总体设计》

《飞机飞行手册》（英译中）

《运输类飞机的空气动力设计》（英译中）

《雅克-42M和雅克-242飞机草图设计》（俄译中）

《飞机气动弹性力学及载荷导论》（英译中）

《飞机推进》（英译中）

《飞机燃油系统》（英译中）

《全球航空业》（英译中）

《航空发展的历程与真相》（英译中）

二期书目（已出版）

《大型客机设计制造与使用经济性研究》

《飞机电气和电子系统——原理、维护和使用》（英译中）

《民用飞机航空电子系统》

《非线性有限元及其在飞机结构设计中的应用》

《民用飞机复合材料结构设计与验证》

《飞机复合材料结构设计与分析》（英译中）

《飞机复合材料结构强度分析》

《复合材料飞机结构强度设计与验证概论》

《复合材料连接》

《飞机结构设计与强度计算》

《飞机材料与结构的疲劳与断裂》（英文版）

三期书目

《适航理念与原则》

《适航性：航空器合格审定导论》（译著）

《民用飞机系统安全性设计与评估技术概论》

《民用航空器噪声合格审定概论》

《机载软件研制流程最佳实践》

《民用飞机金属结构耐久性与损伤容限设计》

《机载软件适航标准 DO‐178B/C 研究》

《运输类飞机合格审定飞行试验指南》(编译)

《民用飞机复合材料结构适航验证概论》

《民用运输类飞机驾驶舱人为因素设计原则》

四期书目

《航空燃气涡轮发动机工作原理及性能》

《航空发动机结构》

《航空发动机结构强度设计》

《风扇压气机气动弹性力学》(英文版)

《燃气轮机涡轮内部复杂流动机理及设计技术》

《先进燃气轮机燃烧室设计研发》

《燃气涡轮发动机的传热和空气系统》

《航空发动机适航性设计技术导论》

《航空发动机控制》

《气动声学基础及其在航空推进系统中的应用》(英文版)

《叶轮机内部流动试验和测量技术》

《航空涡轮风扇发动机试验技术与方法》

《航空轴流风扇压气机气动设计》

《燃气涡轮发动机性能》(译著)

其他书目

《民用飞机环境监视系统》

《民用飞机飞行管理系统》

《飞机内部舒适性设计》(译著)

《航空航天导论》

《航空计算工程》

《涡动力学》(英文版)

《尾涡流控制》(英文版)

《动态系统可靠性分析:高效方法及航空航天应用》(英文版)

《国际航空法导论》(译著)